高等教育“十三五”规划教材

制药工程专业实验

主　编　刘立华
副主编　陶洪文　赵云辉
　　　　刘　雄　谷　慧

中国矿业大学出版社

内 容 简 介

本教材围绕培养学生从事制药工程专业科研、生产、产品开发、管理、质量检验和技术监督等方面工作所需具备的实验技能安排实验教学内容；在内容编排上，选择能够代表制药行业发展方向、易于实验室进行的实验项目；将基础型实验、综合型实验和制药新技术实验内容有机结合，每个单元实验都有详细的实验要求和内容，并提出了注意事项和思考内容。本教材共分为八章，包括制药工程实验基本知识，药物中间体与药物合成，天然产物的提取、分离与鉴定，生物制药基础，生物技术制药，药物制剂，药物分析，制药过程常用检测手段等内容，共 81 个实验。该教材适用于制药工程专业各个方向多层次的实验教学需要，可选择一个方向实验，也可选择多方向组合实验。本教材力求通过专业实验训练，使学生巩固制药基本原理和基本知识，获得进行药物研发、药物生产及其质量监控和产品检验等方面实验操作技能的全面训练，提高学生从事制药工程专业工作的基本实验技能和解决制药企业生产过程中实际问题的能力。

本教材可作为制药工程、药学、中药学和生物医学工程等专业本科生教材，也可以作为研究生、药学相关实验技术人员和科研人员的参考书。

图书在版编目(CIP)数据

制药工程专业实验/刘立华主编. 一徐州：中国矿业大学出版社，2018.7

ISBN 978-7-5646-3997-6

Ⅰ. ①制… Ⅱ. ①刘… Ⅲ. ①制药工业－化学工程－实验－高等学校－教材 Ⅳ. ①TQ46－33

中国版本图书馆 CIP 数据核字(2018)第 119279 号

书　　名　制药工程专业实验
主　　编　刘立华
责任编辑　周　红
出版发行　中国矿业大学出版社有限责任公司
　　　　　　(江苏省徐州市解放南路　邮编 221008)
营销热线　(0516)83885307　83884995
出版服务　(0516)83885767　83884920
网　　址　http://www.cumtp.com　**E-mail**:cumtpvip@cumtp.com
印　　刷　徐州中矿大印发科技有限公司
开　　本　787×1092　1/16　**印张** 15.25　**字数** 380 千字
版次印次　2018 年 7 月第 1 版　2018 年 7 月第 1 次印刷
定　　价　29.80 元

前　言

制药工程专业教育最早始于1995年美国新泽西州立大学Rutgers分校化学与生物化工系在美国科学基金资助下制订的世界上第一个制药工程研究生教育计划，本科教育则始于1998年美国加州大学Fullerton分校设立的本科教育计划。我国制药工程专业则始于教育部在1998年颁布的新的《普通高等学校本科专业目录和专业介绍》中，在工学门中化工与制药类下新设立的制药工程专业。制药工程专业担负着为我国医药行业培养掌握化学药物、天然药物与生物药物制备、工程设计与生产的基本理论、基本知识和基本技能的，具备良好的专业素养、创新精神和实践能力的，能在医药、农药、精细化工和生物化工等部门从事医药产品的生产、科技开发、应用研究和经营管理等方面工作的，能适应我国药物研究开发战略由仿制向创制转轨的形势的高级创新型应用型人才的重任。培养学生具备化学药物的合成、天然药物的提取、生物制药、药物制剂以及药物的结构与性能的分析与检验等基本知识和基本实验技能是培养复合型、应用型高级制药工程专门人才不可或缺的重要环节。

制药工程专业实验可以帮助学生深化对理论课程知识的理解，加强感性认识，培养学生从事药物研发、药物制备和药物分析检验等工作的基本知识与实验技能，是制药工程专业实践教学的重要环节，是培养学生从事制药工程专业工作的基本实验技能和解决制药企业生产过程中实际问题能力的必修课程。本教材围绕培养学生从事制药工程专业科研、生产、产品开发、管理、质量检验和技术监督等方面工作所需具备的实验技能安排实验教学内容；在内容编排上，选择能够代表制药行业发展方向、易于实验室进行的实验项目，内容充分体现了制药行业的发展动态和制药工程专业的发展规律；将基础型实验、综合型实验和制药新技术实验内容有机结合，每个单元实验都有详细的实验要求和内容，并提出了注意事项和思考内容，引发学生思考问题，利于学生巩固制药基本原理和基本知识、加强实验操作技能和提高解决实际问题的能力。

本教材共分为八章，包括制药工程实验基本知识（实验室基本规则、实验室安全知识、实验准备与数据处理、常用计算机软件与资源），药物中间体与药物合成，天然产物的提取、分离与鉴定，生物制药基础，生物技术制药，药物制剂，药物分析，制药过程常用检测手段（取样检测、在线检测、常用物性的测定）等内容，共 81 个实验。可选择一个方向实验，也可选择多方向组合实验。本教材适于制药工程及相关专业实验教学的需要，可以作为制药工程、药学、中药学和生物医学工程等专业本科生教材，也可以作为研究生、药学相关实验技术人员和科研人员的参考书。

本书由刘立华教授任主编，陶洪文、赵云辉、刘雄和谷慧等四位博士任副主编，全书由刘立华修改定稿。各章节编写分工如下：第一章和附录由刘立华编写；第二章由赵云辉编写；第三、四、五章由陶洪文编写；第六、八章由刘雄编写；第七章由谷慧编写。本书编写得到了湖南科技大学化学化工学院应用化学与制药工程系全体教师的支持和帮助，特别是周智华教授对本书的编撰提出了许多宝贵建议。在本书编写过程中参考了许多专家、学者的文献资料，引用了参考文献中的部分内容和图表，在此特向文献作者致以诚挚的谢意！在本书编写过程中还得到了湖南科技大学和中国矿业大学出版社的大力支持，并得到了湖南省普通高校“十三五”专业综合改革试点项目（湘教通 2016[276]号）、“化工与材料”国家级实验教学示范中心建设项目（教高厅函 2016[7]）和 2017 年湖南省普通高等学校教学改革研究项目（湘教通[2017]452 号）（序号：238）的资助，在此一并表示感谢！

由于编者水平所限，书中的缺点、错误、疏漏和不当之处在所难免，恳切希望广大读者和同行不吝批评指正。

编　者
2018 年 4 月

目　录

第一章　制药工程实验基本知识

第一节　实验室基本规则

制药工程专业实验与化学实验一样，经常需用到一些易燃易爆、有毒和腐蚀性强的药品，所用仪器多为易破易碎的玻璃仪器，实验过程中常需用到水、电和气等。若在实验中粗心大意、操作不当或操作不慎都容易发生各种事故，导致严重后果。为了预防和处理各种事故，必须熟悉实验室一般的安全知识，重视安全操作。学生进行实验，必须遵守以下实验规则：

(1) 切实做好实验前的准备工作。

实验前的准备工作，包括预习，找全所需要的器材及与实验有关的其他物品。实验前预习，必须了解实验目的、原理和步骤，以及实验过程中可能出现的问题、应该注意的事项，写好预习报告。

(2) 进入实验室应穿实验服，禁止穿拖鞋、背心等裸露皮肤的服装；不得将食物、饮品带入实验室。

(3) 进入实验室应了解实验室的环境，熟悉灭火器材、急救药箱的放置地点和使用方法。实验开始前应先检查仪器是否完好无损，装置是否正确稳妥。

(4) 严格遵守实验室的安全守则和每个具体实验操作中的安全注意事项。若发生意外事故应及时报告，在教师指导下，采取应急措施，妥善处理。

(5) 必须遵守实验室的各项制度，听从教师和实验工作人员的指导。按照实验教材所规定的步骤、仪器及试剂的规格和用量进行实验；在实验过程中保持室内安静；未经教师许可，不得擅自离开实验岗位。

(6) 应经常保持实验室的整洁。在整个实验过程中，应保持桌面和仪器的整洁，严禁把废酸、废碱等废液和固体倒入水槽。废酸和废碱应分别倒入指定的容器中；废溶剂要倒入指定的密封容器中统一处理。严防水银及毒物流失污染实验室，破损温度计不能随意丢弃。

(7) 爱护仪器和工具，并保持整洁。要节约用水、电、煤气和化学试剂，如有损坏仪器要办理登记换领手续，并按规定予以赔偿。

(8) 实事求是地记录实验数据与结果，不得任意修改、伪造或抄袭他人实验结果。实验结束，需将实验记录交指导教师审阅、签字。

(9) 值日生负责清扫实验室，关好水、电、煤气。经检查合格后方可离开实验室。

(10) 对实验数据进行认真分析和处理，填写实验报告。

第二节 实验室安全知识

制药工程专业实验所用的药品种类繁多，有些药品和试剂有毒、腐蚀、有害，所用的仪器专业性强，如不仔细使用，容易损坏。在有机实验中工作，必须意识到实验室是潜在危险场所，同时也是公共财产保存场所。只要经常重视安全问题，提高警惕，实验时严格遵守操作规程，加强安全措施，事故是可以避免的，同时公共财产也能保全。下面介绍实验室的安全守则和实验室事故的预防和处理。

一、实验规则和实验室安全守则

1. 实验规则

(1) 应按规定量取用药品，如果书中未规定用量，应注意节约，尽量少用。

(2) 取用固体药品时，注意勿使其撒落在实验台上和地面。

(3) 药品自瓶中取出后，不应倒回原瓶中，以免带入杂质而引起瓶中药品变质。

(4) 用过试剂瓶后，应立即盖好塞子，并放回原处，以免和其他瓶上的塞子搞错，混入杂质。

(5) 同一滴管在未洗净时，不应在不同的试剂瓶中吸取溶液。

(6) 实验教材中规定的在实验做过后要回收的药品，都应倒入回收瓶中。

(7) 使用精密仪器时，必须严格按操作规程进行操作，细心谨慎，避免粗枝大叶而损坏仪器。如发现仪器有故障，应立即停止使用，报告教师，及时排除故障。

(8) 实验后应将玻璃器皿洗刷干净，放回规定位置。实验台和试剂架等必须揩净，最后检查水龙头是否关紧，电闸是否断开。

(9) 每次实验后由学生轮流值勤，负责打扫和整理实验室，并检查水龙头、门、窗是否关紧，电闸是否拉掉，以保持实验室的整洁和安全。

(10) 实验室的一切物品，未经实验室主任同意，不得带出实验室，一经发现，视情节轻重给以纪律处分。

(11) 如果发生意外事故，应保持镇静，不要惊慌失措；遇有烧伤、烫伤、割伤时应立即报告教师，及时急救和治疗。

2. 实验室安全守则

(1) 实验开始前应检查仪器是否完整无损，装置是否正确，在征得指导老师同意之后，才可进行实验。

(2) 实验过程中要注意以下安全问题：

① 不要用湿的手、物接触电源。水电一经使用完毕，就立即关闭水龙头，拉掉电闸。点燃的火柴用后立即熄灭，不得乱扔。

② 严禁在实验室内饮食、吸烟、喝水或把食具带进实验室。实验完毕，必须洗净双手。

③ 绝对不允许随意混合各种化学药品，以免发生意外事故。

④ 金属钾、钠和白磷等暴露在空气中易燃烧。所以钾、钠应保存在煤油中，白磷则可保存在水中，取用它们时要用镊子。一些有机溶剂，如乙醚、乙醇、丙酮、苯等，极易引燃，使用时必须远离明火、热源，用毕立即盖紧瓶塞。

⑤ 能产生有毒、有刺激性气体的实验，都要在通风橱内进行操作。要闻瓶中气体的气味时，鼻子不能直接对着瓶口或管口，而应用手把少量气体轻轻扇向自己的鼻孔。

⑥ 加热、浓缩液体的操作要十分小心，加热试管时，要用试管夹夹住试管，不要将试管口指向自己或别人，也不要俯视正在加热的液体，以免溅出的液体把人烫伤。浓缩溶液时，特别是有晶体出现后，要不停地搅拌，更不能离开实验岗位。

⑦ 使用酒精灯，应随用随点，不用时盖上罩。不要用已点燃的酒精灯去点燃别的酒精灯，以免酒精流出而失火。

⑧ 浓酸、浓碱具有强腐蚀性，使用时，不要溅在皮肤或衣服上，更应注意保护眼睛。稀释浓硫酸时，应将浓硫酸慢慢地注入水中，并不断搅动，切勿将水注入浓硫酸中，以免产生局部过热，使浓硫酸溅出，引起灼伤。

⑨ 有毒药品，如重铬酸盐、钡盐、铅盐、砷化物、汞及其化合物、氰化物等，不得进入口内或接触伤口。剩余废液不得倒入下水道，应倒入指定的容器，回收后集中处理。

⑩ 含氧气的氢气遇火易爆炸，操作时必须严禁接近明火。在点燃前，必须先检查并确保纯度。银氨溶液不能留存，因久置会变成氧化银，也易爆炸。某些强氧化剂（如氯酸钾、硝酸钾、高锰酸钾等）或其混合物不能研磨，否则将引起爆炸。

⑪ 金属汞易挥发，并通过呼吸道而进入人体内，逐渐积累会引起慢性中毒。所以做金属汞的实验，应特别小心，不得把金属汞洒落在桌上或地上。一旦洒落，必须尽可能地收集起来，并用硫黄粉盖在洒落的地方，使金属汞转化成不挥发的硫化汞。

⑬ 将玻璃管或玻璃棒切割后，应立即将断口烧熔保持圆滑。玻璃碎片要放在回收容器内，不要丢在地面或桌面上。

(3) 实验进行时，不得离开岗位，要注意反应进行的情况和装置有无漏气和破裂等现象。

(4) 当进行有可能发生危险的实验时，要根据实验情况采取必要安全措施，如戴防护眼镜、面罩或橡皮手套等，但不能戴隐形眼镜。

(5) 使用易燃、易爆药品时，应远离火源。实验试剂不得入口。严禁在实验室内吸烟或吃食物。实验结束后要细心洗手。

(6) 熟悉安全用具如灭火器材、沙箱以及急救药箱的放置地点和使用方法，并妥善爱护。安全用具和急救药品不准挪作他用。

二、化学药品的安全储存与正确使用

1. 化学药品的安全储存

一般实验室中不应贮存过多的化学药品和试剂，应实行需要多少，领用多少的原则。

在大多数情况下，实验室所用的化学药品都贮存在带磨口塞（最好是标准磨口）的玻璃瓶内，高黏度的液体放在广口瓶中，一般性液体存放在细颈瓶内，氢氧化钠和氢氧化钾溶液保存在带橡皮塞或塑料塞的瓶内。对于能够与玻璃发生反应的化合物（如氢氟酸），则使用塑料或金属容器存放，碱金属存放在煤油中，黄磷则需以水覆盖。对光敏感的物质，包括醚在内，都有形成过氧化物的倾向，在光线的作用下更是如此，应将其贮藏在棕色玻璃瓶中。对产生毒性或腐蚀性蒸气的物质（如溴、发烟硫酸、盐酸、氢氟酸等）建议放在通风橱内专门的地方。少量的或对潮湿气和空气敏感的物质常密封贮存于玻璃瓶中。某些毒品（如氰化物、砷及其化合物等)应按有关部门的规定进行贮存。

2. 化学药品使用中注意的事项

有机溶剂具有易燃和有毒两个特点。易燃的有机溶剂(特别是低沸点易燃溶剂)在室温时有较大的蒸气压,当空气中混杂易燃有机溶剂的蒸气达到某一极限时,遇有明火会立即发生燃烧爆炸。而且有机溶剂蒸气都较空气的密度大,会沿着桌面或地面飘移至较远处,或沉积在低洼处。因此,在实验室中用剩的火柴梗切勿乱丢,以免引起火灾。也不要将易燃溶剂倒入废物缸中,更不能用开口容器盛放易燃溶剂。

有机溶剂以较为隐蔽的方式产生对人的毒害,在使用中应注意最大限度地减少与有机溶剂的直接接触,不要掉以轻心。实验室中应充分通风。在正规、小心的操作下,有机溶剂不致造成任何健康问题。操作有毒试剂和物质时,必须戴橡皮手套或一次性塑料手套,操作后立即洗手。注意切勿让有毒物质触及五官或伤口。

(1) 防毒

大多数化学药品都有不同程度的毒性。有毒化学药品可通过呼吸道、消化道和皮肤进入人体而发生中毒现象。如 HF 侵入人体,将会损伤牙齿、骨骼、造血和神经系统;烃、醇、醚等有机物对人体有不同程度的麻醉作用;三氧化二砷、氰化物、氯化高汞等是剧毒品,吸入少量会致死。

防毒注意事项:

① 实验前应了解所用药品的毒性、性能和防护措施;

② 使用有毒气体(如 H_2S、Cl_2、Br_2、NO_2、HCl 和 HF)应在通风橱中进行操作;

③ 苯、四氯化碳、乙醚、硝基苯等蒸气经常吸入会使人嗅觉减弱,必须高度警惕;

④ 有机溶剂能穿过皮肤进入人体,应避免直接与皮肤接触;

⑤ 剧毒药品如汞盐、镉盐、铅盐等应妥善保管;

⑥ 实验操作要规范,离开实验室要洗手。

(2) 防火

① 防止煤气管、煤气灯漏气,使用煤气后一定要把阀门关好;

② 乙醚、酒精、丙酮、二硫化碳、苯等有机溶剂易燃,实验室不得存放过多,切不可倒入下水道,以免集聚引起火灾;

③ 金属钠、钾、铝粉、电石、黄磷以及金属氢化物要注意使用和存放,尤其不宜与水直接接触;

④ 发生火情时,应冷静判断情况,采取适当措施灭火;可根据不同情况选用水、沙、泡沫、CO_2或 CCl_4 灭火器灭火。

(3) 防爆

氢、乙烯、乙炔、苯、乙醇、乙醚、丙酮、乙酸乙酯、一氧化碳、水煤气和氨气等可燃性气体与空气混合至爆炸极限,一旦有一热源诱发,极易发生爆炸,应防止以上气体或蒸气散失在室内空气中,保持室内通风良好,当大量使用可燃性气体时,应严禁使用明火和可能产生电火花的电器;过氧化物、高氯酸盐、叠氮铅、乙炔铜、三硝基甲苯等易爆物质,受震或受热也可能发生爆炸;强氧化剂和强还原剂必须分开存放,使用时轻拿轻放,远离热源。

(4) 防灼伤

除了高温以外,液氮、强酸、强碱、强氧化剂、溴、磷、钠、钾、苯酚、醋酸等物质都会灼伤皮肤；应注意不要让皮肤与之接触，尤其防止溅入眼中。

3. 废品的销毁

碎玻璃和其他锐角的废物不要丢废纸篓或类似的盛器中，应该使用专门的废物箱。不要把任何用剩的试剂倒回试剂瓶中，因为这会对试剂造成污染，影响其他人的实验；并且，由于操作疏忽导致错误引入异物，有时会发生剧烈的化学反应甚至会引起爆炸。

危险的废品，如会放出毒气或能够自燃的废品（如活性镍、磷、碱金属等），决不能丢弃在废物箱或水槽中，不稳定的化学品和不溶于水或与水不混溶的溶液也禁止倒入下水道。应将它们分类集中后处理。对倒掉后能与水混溶、被水分解或腐蚀性液体，必须用大量的水冲洗。金属钾或钠的残渣应分批小量地加到大量的醇中予以分解（操作时须戴防护目镜）。

三、实验事故的预防、处理和急救

（一）实验事故的预防

1. 火灾的预防

物质的导热性是决定该物质向周围散发热量的因素之一。导热性低的物质易积累热量，就易燃。这些物质一旦在着火点以下进行缓慢氧化，加之通风不好，就会逐渐积累热量，当达到着火温度时会发生自燃，如实验室用过的浸过油或沾染油漆的破布和废物，常因自燃而引起燃烧以致造成火灾。实验室内常使用易燃物质，实验中也经常产生易燃物质，如果对此缺乏足够的认识，就会发生火灾。此外，煤气和乙醇等有机溶剂所发生的火灾也较为常见。在充满易燃物蒸气的室内，要特别注意烟火以及电闸、电机、电池、静电化学反应等所发生的火花，因为这些火种都能引起火灾。

业务知识的缺少也可以造成火灾。如某实验员把盛满水的圆底烧瓶，久放在木制的实验台上，因受强日光直射，引起聚光作用，结果烧了半个实验台。对这类活生生的教训，应引以为戒。在专业实验中，常使用酒精、乙酸乙酯、石油醚和丙酮等易挥发、易燃烧的溶剂，若操作不慎，易引起着火事故。

下面这些物质彼此混合，特别容易引起火灾，尤应注意：

活性炭与硝酸铵；

沾染了强氧化剂（如氯酸钾）的衣服；

抹布与浓硫酸；

可燃性物质（木材、织物等）与浓硝酸；

有机物与液氧；

铝与有机氯化物；

硝酸铵或氯酸钾与有机物混合；

磷化氢、硅烷、烷基金属及白磷等与空气接触；

易燃性气体、液体与火种。

为了防止事故的发生，必须随时注意以下几点：

① 在实验前应仔细检查仪器，要求操作正确、严格。

② 在操作和处理易挥发、易燃烧的溶剂时要特别注意远离火源。

③ 勿将易燃液体放在敞口容器中（如烧杯）明火加热。

④ 在进行易燃物质试验时，应养成先将酒精一类的易燃的物质搬开的习惯。

⑤ 蒸馏装置不能漏气，如发现漏气时，应立即停止加热，检查原因。在蒸馏低沸点易燃液体时应注意将尾气导入下水道或通风管。

⑥ 实验室里不许贮放大量易燃物。当处理大量的可燃性液体时，应在通风橱中或在指定地方进行，室内应无火源。

⑦ 不得把燃着或者带有火星的火柴梗或纸条等乱抛乱掷，也不得丢入废物缸中。

2. 爆炸的预防

激烈的氧化反应，或者有些放热反应里有气体、极细的粉尘以及反应能以爆炸速度激烈进行时，就会产生爆炸。爆炸极限是混合物蒸气在空气中的最高和最低浓度，在极限之外其是不会发生爆炸的，在这之内易发生爆炸。爆炸极限受压力、温度、催化剂的存在、容器容量大小、火焰的延伸方向等许多因素的影响。

易燃性物质与某些混合物（如炸药）接触是极易爆炸的；许多不稳定的物质易在分解时产生爆炸。这些物质的特性是分子中含某些原子团，如含—O—O—基的过氧化物，═N—Cl基的氮的氯化物，含有—N_3原子团的叠氮酸及某些盐，含有—C—C—基的烃化合物。

（1）易发生爆炸的典型情况

① 乙醚爆炸

乙醚在常温下蒸气压高，比空气重 2.6 倍，着火点是 18 ℃，空气中乙醚含量达 1 g/L 就能自燃，所以不能对它直接加热，而只能用水浴加热。

乙醚长期与空气接触时，会逐渐氧化而生成爆炸性极强的亚乙基过氧化物，所以在蒸发过程中，往往由于过氧化物的逐渐积累而产生爆炸。通常这种氧化物的沸点较乙醚高，因此，爆炸往往发生在蒸馏的末尾。但只要采取有效措施，乙醚的爆炸完全可以避免。在使用乙醚时，如果发现有过氧化物存在，可加入 2 mol/L 硫酸亚铁的酸性溶液来消除危险。为了除去氧化物分解出的乙醛和乙酸，可与铬酸液共同摇荡，然后加氢氧化钠使其呈碱性，分离后加入碳酸钠进行蒸馏，经过这样处理之后使用就安全了。

② 可能爆炸的物质

a. 高氯酸（$HClO_4$）与还原剂和有机物反应可能发生爆炸。无水的高氯酸自身也能爆炸，浓度在 60%～70%时它的性能较稳定，超过 85%以上，就会逐渐变色而爆炸。一般商品的浓度为 72.4%。

b. 高氯酸镁是一种干燥剂，很稳定，但与强酸或有机物混合使用就易爆炸。

c. 高氯酸酯类具有强烈爆炸性质，因此它的乙醇溶液（除含相当量的水之外），绝对不可加热。

d. 硝酸钴与硝酸、亚硝酸和某些有机物混合时，易产生雷酸及乙硝酸肟酸，两者都可能爆炸，如有痕量重金属存在，这一反应将被加快。

e. 高锰酸钾的晶体和浓硫酸相混加热立即爆炸。

f. 过氧化二苯甲酰中只要混入少量有机物或从热的氯仿中结晶时都易爆炸。

g. 硝酸铵是一种极强的氧化剂，所以与有机物混合特别危险。硝酸铵本身也极易受热分解，在处理大量硝酸铵时，分解反应一旦发生，就可能引起危害很大的爆炸。

h. 浓甲酸不稳定，易爆炸。

i. 碳化物，特别是铜、铁的碳化物更易爆炸。

j. 久存的银氨溶液会变成易爆炸的氮化银。

③ 下列物质混合，在条件合适时，也都可能引起爆炸：

a. 过氧化物与镁、锌或铝。

b. 硝酸与锌、镁或其他活泼轻金属。

c. 氯酸盐、硝酸盐与镁及铝。

d. 钠或钾遇水。

e. 铝粉与过硫酸铵遇水。

f. 硝酸镁与锌粉遇少量水。

g. 氯酸盐与硫化锑。

h. 氯酸盐与氰化物。

i. 氯酸盐及高氯酸盐与浓硫酸。

j. 氯酸盐、硝酸盐、硝酸与磷。

k. 硝酸盐与氯化亚锡。

l. 硝酸盐与酯类。

m. 亚硝酸盐与氰化钾。

n. 硝酸钾与醋酸钠。

o. 硝酸钠与硫氰化钡。

p. 三氧化铬与硫黄、甘油或有机物。

q. 高锰酸钾与硫酸、硫黄、甘油或有机物。

r. 二氧化锰与有机物。

s. 氯酸盐与有机物。

t. 有机物及铝合金在硝酸亚硝酸盐的加热浴里。

u. 硝酸与噻吩。

v. 液态空气或液态氧与有机物。

w. 粉尘引起爆炸。

x. 点燃不纯的氢气。

y. 某些易燃液体和易燃气体与空气混合在爆炸限度范围内遇到火星。

z. 违章操作高压气体，高压气体钢瓶所导致的恶性爆炸也是极为可怕的。

(2) 在使用危险物质时，为了消除爆炸的可能性，应遵守的规则

① 在保证实验精确度的条件下，使用易爆药物尽量减至最小量。

② 易爆物不能直接在火上加热。

③ 及时销毁爆炸性物质的残渣，去掉危险源。销毁之法：卤代化合物用氨，叠氮化合物及雷酸盐用酸化法，偶氮化合物可与水共同煮沸，乙炔化合物用硫化铵分解，过氧化物用还原法销毁。

④ 使空气中的粉尘量降低或混入惰性尘。

⑤ 按章操作高压气体、高压钢瓶。

⑥ 操作易燃气体、液体时要使室内空气流畅并严禁明火。

⑦ 使用安全套、罩和防护板。

(3) 在专业实验里一般预防爆炸的措施

① 必须正确安装蒸馏装置，不能造成密闭体系，应使装置与大气相连通。减压蒸馏时，要用圆底烧瓶作接收器，不可用三角烧瓶。否则，易发生爆炸。

② 易燃易爆的气体切勿接近火源，如醚类和汽油等有机溶剂的蒸气与空气相混时极其危险，可能会由一个热的表面或者一个火花、电花而引起爆炸。

③ 使用乙醚等醚类时，必须检查有无过氧化物存在，如果发现有过氧化物存在时，应立即用硫酸亚铁除去过氧化物，才能使用。同时使用乙醚时应在通风较好的地方或通风橱内进行。

④ 对于易爆炸的固体，如重金属乙炔化合物、苦味酸金属盐、三硝基甲苯等都不能重压或撞击，以免引起爆炸；对于这些危险的残渣，必须小心销毁。例如，重金属乙炔化物可用浓盐酸或浓硝酸使它分解，重氮化合物可加水煮沸使它分解，等等；芳香族多硝基化合物不宜在烘箱内干燥。乙醇和浓硝酸混合在一起，会引起极强烈的爆炸。

⑤ 卤代烷勿与金属钠接触，因反应会发生剧烈爆炸；钠屑须放在指定的地方。

3. 中毒的预防

① 剧毒药品应妥善保管，不许乱放，实验中所用的剧毒物质应有专人负责收发，并向使用毒物者提出必须遵守的操作规范。实验后的有毒残渣必须作妥善而有效的处理，不准乱丢。

② 有些剧毒物质会渗入皮肤，因此，接触这些物质时必须戴手套，操作后应立即洗手，切勿让毒品沾及五官或伤口。例如，氰化钠沾及伤口就会随血液循环至全身，严重的会造成中毒死亡事故。

③ 在反应过程中可能生成有毒或有腐蚀性气体的实验应在通风橱内进行，使用后的器皿应及时清洗。在使用通风橱时，实验开始后不要把头伸进橱内。

④ 在实验过程中破损了温度计，若水银(汞)洒在地上应马上收集，再撒上硫黄粉遮盖，使其生成硫化汞，再做处理。

4. 触电的预防

使用电器时，应防止人体与电器导电部分直接接触，不能湿手或握湿的物体接触电插头。为了防止触电，装置和设备的金属外壳等都应连接地线，实验后应切断电源，再将连接电源插头拔下。

(二) 实验室紧急事故的处理和急救

1. 火灾的处理

一旦发生火灾，不能惊慌失措，要冷静、果断、迅速地采取方法和措施进行扑救。灭火的方法要针对起火原因和着火物质，选用合适的方法。灭火的原则是：移去或隔绝燃料的来源，隔绝空气(氧)，降低温度。

(1) 火灾处置的一般方法

① 实验室一旦发生着火事故，要立即一面灭火，一面防止火势蔓延。应首先关闭电源，然后迅速把周围易燃、易爆物品移开，向火源撒沙子或石棉布覆盖火源。当有机溶剂燃烧时，正确使用灭火器，在大多数情况下，严禁用水灭火。

② 在失火初期，不能用口吹，必须使用灭火器、毛毡等。若火势小，可用数层湿布把着火的仪器包裹起来。如在小器皿内着火(如烧杯或烧瓶内)，可盖上石棉板或瓷片等，使之隔绝空气而灭火，绝不能用口吹。

③ 衣服着火时，决不要奔跑，应立刻用石棉布覆盖火处或赶紧把衣服脱下；若火势较大，应一面呼救，同时立刻卧地打滚，或到安全喷淋头下喷淋灭火。

④ 如果油类着火，要用砂或灭火器灭火，也可撒上干燥的固体碳酸氢钠粉末。

⑤ 如果电器着火，应切断电源，然后才用二氧化碳灭火器或四氯化碳灭火器灭火（注意：四氯化碳蒸气有毒。在空气不流通的地方使用有危险！）。因为这些灭火剂不导电，不会使人触电。绝不用水和泡沫灭火器，因为水能导电，会使人触电甚至死亡。

⑥ 实验人员衣服着火时，切勿惊慌乱跑，赶快脱下衣服，或用石棉布覆盖着火处；就地卧倒打滚，也可起到灭火的作用。

（2）灭火方法

对不同物质引起的火灾，扑救的方法也不同，具体灭火方法参见表 1-1。

表 1-1　　实验室灭火方法

燃烧物	灭火法	原理或说明
羊毛、纸张、纺织物、废物一类的普通易燃物	沙、水以及碱、酸，灭火器	隔绝空气，降温
石油、油、苯、油漆、油脂一类	二氧化碳灭火器泡沫灭火器、石棉布或普通麻袋	适用于室内一些珍贵物件或仪器，灭火隔绝空气
醇、醚之类	水	冲淡，降温，隔绝氧
在电表、仪器上或附近的燃烧	四氯化碳、溴代甲烷、二氧化碳灭火器	不导电，对人安全
电动机燃烧（电器）	四氯化碳、溴代甲烷、二氧化碳灭火器	使用沙、水及泡沫会损坏仪器
可燃性气体燃烧	任何液体或气体的灭火器	关闭气源尽量不通气，注意可能与空气混合后引起的爆炸
钠、钾、碳化物、磷化物等与水起反应而形成的燃烧	干沙	使用水或泡沫反而助长火灾，卤代烃与轻金属能起强烈反应

总之，当失火时，应根据起火的原因和火场周围的情况，采取不同的方法灭火。无论使用哪种灭火器材，都应从火的四周开始向中心扑灭，把灭火器的喷出口对准火焰的底部。在抢救过程中切勿犹豫。

一旦发生火灾，除互相配合奋力扑救外，更要及时报告消防部门，以便采取有效措施，从而减少损失。在失火时或救火中，衣服着火时，千万不要乱跑，因为这会由于空气的迅速流动而加剧燃烧，应当躺在地上，并就地滚动，这样一方面可压熄火焰，另一方面也免得火焰烧到头部。

救火时，灭火器是方便而有效的器具。但是，灭火器的种类很多，性能和效用各异，平时必须熟悉清楚，实验室常用的有以下几种：

a. 二氧化碳灭火器　利用 CO_2 气体的阻燃性质，可以扑灭轻微火灾，用完可以重装。

b. 二氧化碳泡沫灭火器　它具有二氧化碳灭火器的优点，同时产生的泡沫具有隔绝氧气的作用，但由于泡沫是良导体，所以不能用于扑灭电器失火。

c. 四氯化碳（或溴代甲烷）灭火器，它是常用的而且灭火效果最好的一种灭火器，但遇火能分解成烟或氯化氢，有时还会产生及毒的光气，所以，只适用室外或通风的室内灭火。但绝不可用于碱土金属存在时的火灾，因为那会引起爆炸。据报道，溴代甲烷的效力比其他灭火剂高几倍，但其毒性不低于四氯化碳。

d. 液体卤化碳氢化物灭火器　这类液体和四氯化碳一样，在燃烧物上，能形成惰性的沉重蒸气，达到隔绝空气的目的。此类灭火器可用于扑灭电火。

正如表 1-1 中提到，除灭火器外，沙箱(袋)、石棉布、水等在适宜的场合下都是有效的灭火器材，平时必须准备妥当，做到有备无患。

2. 创伤的处理

伤处不能用手抚摸，也不能用水洗涤。若是玻璃割伤，受伤后要仔细观察碎粒，如有则应先把伤口处的玻璃碎粒取出；若伤势不重，先进行简单的急救处理，如涂上紫药水、万花油、红汞、酒精或络合碘消毒液，必要时撒些消炎粉或敷些消炎膏，再用纱布或创可贴包扎；若伤口严重、流血不止，可在伤口上部约 10 cm 处用纱布扎紧，减慢流血，压迫止血，并随即到医院就诊。

3. 药品灼伤的处理

① 酸灼伤

皮肤上——立即用大量水冲洗，然后用 5% 碳酸氢钠溶液(或稀氨水、肥皂水)洗涤后，最后再用水冲洗，涂上油膏，并包扎好。

眼睛上——抹去溅在眼睛外面的酸，用水冲洗，用洗眼杯或将橡皮套上水龙头用慢水对准眼睛冲洗后，即到医院就诊，或者再用稀碳酸氢钠溶液洗涤，最后滴入少许蓖麻油。

衣服上——依次用水、稀氨水和水冲洗。

地板上——撒上石灰粉，再用水冲洗。

② 碱灼伤

皮肤上——先用水冲洗，然后用饱和硼酸溶液或 1% 醋酸溶液洗涤，最后用水冲洗，涂上油膏，并包扎好。

眼睛上——抹去溅在眼睛外面的碱，用水冲洗，再用饱和硼酸溶液洗涤后，滴入蓖麻油。

衣服上——依次用水洗，然后用 1% 醋酸溶液洗涤，再用氢氧化铵中和多余的醋酸，后用水冲洗。

③ 溴灼伤

如溴弄到皮肤上时，先用苯或甘油洗涤伤口，再用水冲洗，涂上甘油，敷上烫伤油膏，将伤处包好。如眼睛受到溴的蒸气刺激，暂时不能睁开时，可对着盛有酒精的瓶口注视片刻。

④ 磷灼伤

用 1% 硝酸银、5% 硫酸铜或高锰酸钾溶液洗涤伤口，再用水冲洗，然后包扎。

上述各种急救法，仅为暂时减轻疼痛的措施。若伤势较重，在急救之后，应速送医院诊治。

4. 烫伤的处理

对于烫伤，先不要用冷水洗涤伤处，应根据伤势情况酌情处理：伤处皮肤未破时，可涂擦饱和碳酸氢钠溶液或用碳酸氢钠粉调成糨糊状敷于伤处，也可涂玉树油、鞣酸油膏、烫伤膏或万花油；如果伤处皮肤已破，可涂些紫药水或 1% 高锰酸钾溶液，重伤者涂以烫伤油膏后即送医务室诊治。

5. 中毒的处理

(1) 一般性毒物

溅入口中而尚未咽下的毒物应立即吐出来，用大量的水冲洗口腔；如已吞下时，应根据毒物的性质服解毒剂，如将 5～10 mL 稀硫酸铜溶液加入一杯洒水，内服后，用手指伸入咽喉部促使呕吐，吐出毒物，然后立即送医院急救。

(2) 腐蚀性毒物

对于强酸，先饮大量的水，再服氢氧化铝膏、鸡蛋白；对于强碱，也要先饮大量的水，然后服用醋、酸果汁、鸡蛋白。不论酸或碱中毒都需灌注牛奶，不要吃呕吐剂。

(3) 刺激性及神经性中毒

先服用牛奶或鸡蛋白使之缓和，再服用硫酸铜溶液(约 30 g 溶于一杯水中)催吐，有时也可以用手指伸喉部催吐后，立即到医院就诊。

(4) 吸入刺激性或有毒气体

将中毒者移至室外，解开衣领及纽扣。吸入氯气、氯化氢气体时，可吸入少量酒精和乙醚的混合蒸气使之解毒；吸入硫化氢或一氧化碳气体而感到不适时，应立即到室外呼吸新鲜空气。但应注意氯气、溴中毒不可进行人工呼吸；一氧化碳中毒不可施用兴奋剂。

6. 触电

首先切断电源，然后在必要时进行人工呼吸。

7. 急救用具

(1) 消防器材

泡沫灭火器、四氯化碳灭火器(弹)、二氧化碳灭火器、沙、石棉布、毛毡、棉胎和淋浴用的水龙头。

(2) 急救药箱

碘酒、双氧水、饱和硼酸溶液、1%醋酸溶液、5%碳酸氢钠溶液、70%酒精、玉树油、烫伤油膏、万花油、药用蓖麻油、硼酸膏或凡士林、磺胺药粉、洗眼杯、消毒棉花、纱布、胶布、绷带、剪刀、镊子、橡皮管等。

第三节　实验准备与实验报告

进行制药工程实验前，必须做好充分的实验准备工作。实验准备主要包括实验预习、实验器材与原辅料的准备等。实验预习的主要任务是：弄懂实验的原理与方法，所用仪器的工作原理，所用药品、试剂的理化性质，实验装置的组成与安装，实验步骤，需要注意的事项等，为此，需进行文献检索。

一、文献检索

进行实验准备，必须把实验内容和实验中需用到的原辅材料、试剂的理化性质等搞清楚，因此必须进行文献检索，查阅相关文献资料。查阅文献可采用手工检索和计算机网络检索。计算机网络检索具有快速、高效、准确等特点，随着网络飞速发展，计算机网络检索成为主要的文献检索方法。但计算机网络检索通常采用关键词检索，由于关键词设置和选择不一定适当，因此，易出现漏检的问题。这种不足一般可通过手工检索工具书和纸质文献资料予以补足。

1. 实验室需要常备的工具书

(1)《化学化工药学大辞典》

该书由黄天守编译，是一本关于化学、医药及化工方面的工具书。该书取材广泛，收录近万个化学、医药及化工等常用物质，采用英文名称按序排列方式。每一名词各自成一独立单元，其内容包括组成、结构、制法、性质、用途(含药效)及参考文献等。本书取材新颖，叙述详细。书末附有600多个有机人名反应。

(2)《药物化学百科》(导读版)

该书由张礼和主编，科学出版社出版(2007)(第1～16册)，是一部有关现代药物化学的策略、技术、原理和应用的综述；提供全球公认的现代药物的发明、加工技术和主要的治疗学分类和目标的论述；搜集了主要药物的发现、发展、个案研究和临床化验回顾。

第二版以八卷(16册)形式出版，包括药物发现的理论基础和普遍原理，并以复杂的治疗应用为实例，全面介绍了现代药物发现与发展的研究内容。第一卷(1～2册)(Peter D. Kennewell编)详细地阐述了一般社会经济学和政治因素在发达和发展中国家对现代药物研发的影响。第二卷(3～5册)(Walter H. Moos编)全面地介绍了现代药物研发的各种策略和组织。第三卷(6～7册)(Hugo Kubinyi编)综合地论述了支撑当前药物发现和发展的现代技术。第四卷(8～9册)(Jonathan S. Mason编)强调了计算机辅助药物设计领域取得的历史性进步、现状以及前景。第五卷(10～11册)(Bernard Testa和Han van de Waterbeemd编)综述了药物分子的体内过程(ADMET)，其中包括应用“电子”工具进行相关研究取得的最新研究进展。第六卷(12～13册)(Michael Williams编)和第七卷(14～15册)(Jacob J. Plattner和Nanoj C. Desai编)讲述了在整合所有科学数据时，药物化学家和药理学家在设计和合成新药的过程中所发挥的重要作用。第八卷(16册)(John B. Taylor和David Jōggle编)通过甄选著名科学家的生平经历，结合药物研发的成功案例，描述了现代药物化学的变迁。

(3)《医药化学》

该书由帕特里克(G. Patrick)编著，科学出版社出版(2003)。全书共13章，综合了化学、生物学和计算机科学的内容，扼要介绍了药物设计与发现、新药开发与应用、临床试验及专利申请等。

(4) *The Merk Index*

该书为定期出版物。它收集了近10 000种化合物(主要是有机化合物和药物)的性质、制法和用途，4 500多个结构式及42 000条化学产品和药物的命名。化合物按名称字母的顺序排列，冠有流水号，依次列出重要的化学文摘名称以及可供选用的化学名称、药物编码、商品名、化学式、相对分子质量、文献、结构式、物理数据、标题化合物的衍生物的普通名称和商品名。在“*Organic Name Reactions*”部分中，对在国外文献资料中以人名来称呼的反应作了简单的介绍。一般是用方程式来表明反应的原料和产物及主要反应条件，并指出最初发表论文的著作者和出处，同时将有关这个反应的综述性文献资料的出处一并列出，便于进一步查阅。此外，还专设一节谈到中毒的急救；并以表格形式列出了许多化学工作者经常使用的有关数学、物理常数和数据、单位的换算等。卷末有分子式和主题索引。

(5) *Lange's Handbook of Chemistry*

本书于 1934 年出第 1 版，从第 1 版至第 10 版由 N. A. Lange 主编，第 11 版至第 13 版由 J. A. Dean 主编，McGraw-Hill Company 出版。该书内容包括数学、综合数据和换算表、原子和分子结构、无机化学、分析化学、电化学、有机化学、光谱学、热力学性质、物理性质、其他等共 11 章。该书的一大特点是详细地辑录了各学科的一些重要理论和公式。该书已翻译为中文，名为《兰氏化学手册》（尚久芳等译，科学出版社，1991 年）。

(6) *CRC Handbook of Chemistry and Physics*

这是每个实验室应该必备的基本工具书，该书逐年修订，但不同版本间变化不大。全书一般收录 1.5 万种有机化合物和 1 000 余种无机化合物的基本数据。

(7) 化学试剂供应商的产品目录

主要的化学试剂产品目录包括 Aldrich、Sigma、Fluka 等公司产品手册，其中都收录了其产品的基本理化数据，如分子量、CAS 登录号、熔点、沸点、试剂规格和参考文献等。虽然相对于大型工具书而言比较简单，但因是免费赠送的，故获取比较方便，能够满足实验室的简单使用要求。

(8) *Organic Synthesis*

该书最初由 R. Adams 和 H. Gilman 主编，后由 A. H. Blatt 担任主编，于 1921 年开始出版，每年一卷。该书主要介绍各种有机化合物的制备方法，也介绍了一些有用的无机试剂制备方法。书中对一些特殊的仪器、装置往往是同时用文字和图形来说明。书中所选实验步骤叙述得非常详细，并有附注介绍作者的经验及注意点。书中每个实验步骤都经过其他人的核对，因此内容成熟可靠，是有机制备不可多得的参考书。同时，该书可以在 www. orgsyn. org 上有条件浏览查阅。

(9) *Organic Reactions*

该书由 R. Adams 主编，自 1951 年开始出版，刊期并不固定，约为一年半出一卷。该书主要是介绍有机化学中有理论价值和实际意义的反应。每个反应都分别由在这方面有一定经验的人来撰写。书中对有机反应的机理、应用范围、反应条件等都作了详尽的讨论，并用图表指出在这个反应的研究工作中作过哪些工作。卷末有以前各卷的作者索引和章节及题目索引。

(10) *Reagents for Organic Synthesis*

该书由 L. F. Fieser 和 M. Fieser 主编，是一本关于有机合成试剂的书，书中收集面很广。每个试剂按英文名称的字母顺序排列。该书对入选的每个试剂都介绍了化学结构、相对分子质量、物理常数、制备和纯化方法、合成方面的应用等，并提出了主要的原始资料以备进一步查考。每卷卷末附有反应类型、化合物类型、合成目标物、作者和试剂等索引。

(11) *Synthetic Method of Organic Chemistry*

该书由 Alan F. Finch 主编，是一本年鉴，第 1 卷出版于 1942～1944 年。当时由 W. Theilheimer 主编，所以现在该书名为 *Theilheimer's Synthetic Method of Organic Chemistry*，每年出一卷。该书收集了生成各种键的较新及较有价值的方法。卷末附有主题索引和分子式索引。

(12) *Vogel's Textbook of Practic Organic Chemistry*

这是一本较完备的实验教科书(4th Ed. ,Lonmn Group Limited,1978 年)，内容主要分三个方面，即实验操作技术、基本原理、实验步骤和有机分析。很多常用的有机化合物的制备方法大都可以在这里找到，而且实验步骤比较成熟。

2. 科技期刊

(1) 中文期刊

目前世界各国出版的有关化学的期刊有近万种，直接的原始性化学杂志也有上千种。主要的中文化学和药物化学期刊如下：

①《中国科学》

月刊，本期刊英文名 *Scientia Sinica*，于 1951 年创刊(1951～1966；1973～)。原为英文版，自 1972 年开始出中文和英文两种文字版本。刊登我国各个自然科学领域中的研究成果，中国科学分为 A、B 两辑，B 辑主要包括化学、生命科学、地学方面的学术论文。

②《科学通报》

半月刊(1950 年创刊)，它是自然科学综合性学术刊物，有中、外文两种版本。

③《化学学报》

月刊(1933～)，原名《中国化学会会志》。主要刊登化学方面的学术论文。

④《高等学校化学学报》

月刊(1980～)。它是化学学科综合性学术期刊，除重点报道我国高校师生创造性的研究成果外，还反映我国化学学科其他各方面研究人员的最新研究成果。

⑤《中国药物化学杂志》

双月刊(1990～)，是由中国药学会与沈阳药科大学共同主办的国内唯一专门反映药物化学领域科研成果及科技信息的专业性学术期刊。其办刊宗旨为：站在当今药物化学发展的最前沿，报道该学科最新的科技动态与科研成果，为广大医药科技工作者提供了解新药研究、制药工艺研究、天然药物化学研究的窗口，促进世界医药事业的发展；已被美国化学文摘(CA)等文摘性杂志所收录，并进入 CA；是国家科技部中国科技论文统计源期刊、《中国学术期刊综合评价数据库》来源期刊、《中国期刊网》《万方数据》《中国学术期刊(光盘版)》全文收录期刊。主要栏目：新药研究、合成与工艺、快报、综述。

⑥《药学进展》

月刊(1959～)，是由中国药科大学主办、国家教育部主管的国家级医药科技期刊，服务于广大从事医药教学、科研、生产、管理及临床工作的人士，以促进行业技术进步为宗旨，全面报道医药科研创新链、学科链、技术链、产业链的国内外研究前沿与进展，是一本提供新药研发动态、学科发展趋势、临床药学应用、药事法规政策等领域研究思路、方法和技术信息的专业媒体。为了在国家医药创新体系中更好地发挥科技传媒的作用，《药学进展》于 2014 年起重新定位并全新改版，以促进行业技术进步为宗旨，全面报道医药科研创新链、学科链、技术链、产业链的国内外研究前沿与进展，为协同创新搭建平台。为了及时跟踪全球药学领域的前沿发展动态，《药学进展》与世界领先专业智能信息提供商汤森路透携手合作，每期独家刊载汤森路透享有著作权的白皮书和《制药事务》系列报告，包括药物全球概览、药业新观察、个性化药物专题、孤儿药专题及焦点等，帮助药物研发一线的人员获得全面、可靠、及时、延续和深度的前沿科研信息，从而在研发早期做出正确决策。

⑦《药学研究》

月刊(1982～)，是山东省唯一一家国内外发行的药学综合性科技期刊，由山东省食品药品监督管理局主管，山东省食品药品检验研究院、山东省药学会主办，山东省执业药师协会承办，山东大学药学院合办，青岛黄海制药有限责任公司、山东齐都药业有限公司、齐鲁制药有限公司、辰欣药业股份有限公司协办。集知识性、学术性、实用性、服务性于一体，重点介绍国内外医药研究的新动态、新趋势、新理论和安全用药知识，交流药品研发、检测技术、新知识和新方法，为药品研究、生产、经营、使用服务，为医药经济快速、协调、健康发展服务，为人民群众用药安全有效服务。本刊栏目有：专家论坛、实验研究、制剂研究、综述、临床药学、工业药学、流通药学、药学教育、药品不良反应、药物信息。

⑧《中国药剂学杂志》

双月刊（2003～），由沈阳药科大学主办。本刊是面向全国的有关药剂学方向的科研、生产专业性期刊，既兼顾高水平的基础性研究与应用性研究，同时也为企业、科研部门和医院提供广泛的信息与技术服务。它将充分利用网络杂志的优越性，快速地传递信息、生动活泼地发布广告，加速科研成果的转化以及新产品、新技术的推广，真诚地为工作在第一线的广大药剂学领域的科技工作者服务。主要栏目：工业药剂学、物理药剂学、生物药剂学与药物动力学、中药药剂学、临床药剂学、药用高分子材料学及药剂学进展等。读者对象为大专院校教师、科研院所的科研人员、制药企业的技术管理与生产人员、医院的药师和医师等。

⑨《有机化学》

双月刊（1981～），刊登有机化学方面的重要研究成果等。

⑩《化学通报》

月刊（1952～1966，1973～），以报道知识介绍、专论、教学经验交流等为主，也有研究工作报道。

⑪ *Chinese Chemical Letters*

英文月刊（1990～），刊登化学学科各领域重要研究成果的简报。

（2）外文期刊

①《化学文摘》

据报道目前世界上每年发表的化学、化工文献达几十万篇，如何将如此大量、分散的各种文字的文献加以收集、摘录、分类、整理，使其便于查阅，这是一项十分重要的工作，化学文摘就是处理这种工作的杂志。

美国、德国、俄罗斯、日本都有文摘性刊物，其中，以《美国化学文摘》最为重要。在此仅简单介绍如下：

《美国化学文摘》（*Chemica Abstracts*）简称为 CA，创刊于 1907 年。自 1962 年起每年出二卷。自 1967 年上半年即 67 卷开始，每逢单期号刊载生化类和有机化学类内容；而逢双期号刊载大分子类、应化与化工、物化与分析化学类内容。有关有机化学方面的内容几乎都在单期号内（即 1、3、5、…、25 等）。

CA 包括两部分内容：

• 从资料来源刊物上将一篇文章按一定格式缩减为一篇文摘。再按索引词字母顺序编排，或给出该文摘所在的页码或给出它在第一卷栏数及段落。现在发展成一篇文摘占有一条顺序编号。

• 索引部分，其目的是用最简便、最科学的方法既全又快地找到所需资料的摘要，若有必要再从摘要列出的来源刊物寻找原始文献。CA 的优点在于从各方面编制各种索引，使读者省时、全面地找到所需要的资料。因此，掌握各种索引的检索方法是查阅 CA 的关键。

② *Pharmaceutical Chemistry Journal*

月刊(1967～),致力于报道新药创制科学与技术研究,药物和中间体制造技术等最新研究成果的综合性学术期刊。涵盖新药物研究的整个范围,包括:合成方法、药理学、毒理学和生物化学研究,新化合物的构效关系预测,方法与技术设施,与工业生产相关的生态安全和经济可行的相关问题,以及新近报道的本领域文献的分析综述等。

③ *Journal of Pharmaceutical and Biomedical Analysis*

半月刊,由美国制药科学家协会主办。致力于报道制药、生物医学和临床科学等领域分析方法学、使用仪器、计算与解释等的最新研究成果和研究进展,包括药物的纯度与稳定性、药物动力学、治疗监控、代谢组学、分析生物化学、法医毒理学、制药行业的质量保证等。主要栏目有:药物分析、药物代谢动力学、天然药物化学、分析方法、热加工、含量测定、药用植物、中药材提取、临床药理、中药药剂、药物监测、分析生物化学等。

④ *Pharmaceutical Development and Technology*

双月刊,主要报道药物的设计、开发、制造、传统与新颖的药物传输系统的评价,重点报道药品开发和技术领域具有重大创新的原创性科研成果。栏目有:研究论文、综述、研究简报、书评与技术说明等。

此外,与制药相关的外文科技期刊还有很多,在此不再一一列举。

3. 化学资源导航系统 ChIN

ChIN(http://chin.icm.ac.cn 或 http://www.chinweb.com.cn)不仅链接了丰富的化学化工信息,而且还链接了国内外许多与化学相关的教学资源。在 ChIN 一级目录 Resource for Chemistry Education 下的二级目录 Selected Sites for Chemical Education(教学资源精选)中有 100 多个资源链接,包括课程材料、在线课程、学习软件和实验教学软件、常用的数据库、化学知识介绍、*J. Chem. Edu.*《化学教育》杂志目录、与教学有关的会议信息及中学化学教学资源等;在 Other Lists for Chemical Education Resources(其他化学教育资源导航站点)链接了 17 个网站,包括 Chemistry Resources for the Secondary Education/High School(中等教育化学资源)、Asian-Pacific Chemical Education Network(ACEN,亚太化学教育网)、cbe 21. com(中国基础教育网)、Education World(教育世界)等。

二、预习、实验记录和实验报告

在具体实验开始时,必须认真地阅读本书实验室基本规则和实验室安全知识,在进行每个实验时,必须做好预习、实验记录和实验报告。

1. 预习

为了使实验能够达到预期的效果,在实验之前要做好充分的预习和准备,预习时除了要求反复阅读实验内容,领会实验原理,了解有关实验步骤和注意事项外,还需在实验记录本上写好预习提纲。以药物中间体制备实验为例,预习提纲一般包括以下内容:

① 实验目的;

② 主反应和重要副反应的反应方程式;

③ 原料、产物和副产物的物理常数,原料用量,计算理论产量;

④ 正确而清楚地画出装置图;

⑤ 用图表形式表示实验步骤。

例:对羟基苯乙醇的合成

(1) 实验目的

学习一种利用二氯亚砜缩合成酯的反应,掌握利用硼氢化钾还原酯基制备醇的方法。

(2) 实验原理与方法

反应方程式:

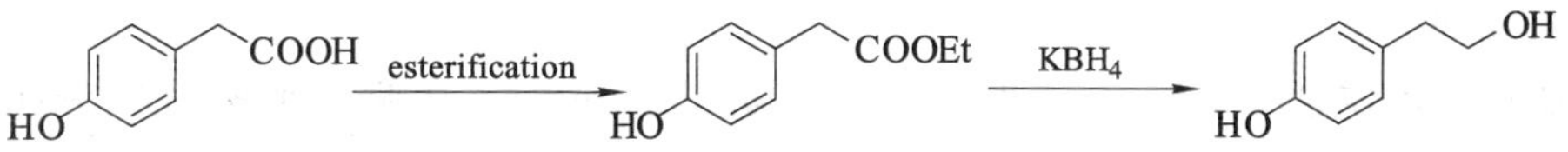

以四氢呋喃作溶剂,用氢化铝锂直接将对羟基苯乙酸还原得到对羟基苯乙醇,收率达85%。该方法的优点是反应简单、快速,不需要对羟基进行保护,无须添加其他助剂,但是氢化铝锂价格昂贵,生产成本比较高,而且对试剂的无水处理要求非常严格。改用硼氢化钾系列还原剂虽然还原性比氢化铝锂弱,但是价廉、温和以及选择性高的特点使其在羧酸酯的还原上应用越来越广泛。

(3) 主要实验仪器与试剂

三颈圆底烧瓶,回流冷凝管,恒压滴液漏斗,玻璃塞,布氏漏斗,抽滤瓶,分液漏斗,pH试纸,锥形瓶;对羟基苯乙酸,硼氢化钾,四氢呋喃,无水甲醇,二氯亚砜,氯化锌,碳酸钠,乙酸乙酯,氯仿,饱和食盐水,无水硫酸镁。

(4) 实验步骤

包括对羟基苯乙酸乙酯和对羟基苯乙醇的制备两步。

① 对羟基苯乙酸乙酯的制备

对羟基苯乙酸(30.4 g)、无水乙醇(147 g) —250 mL带回流冷凝装置和恒压滴液漏斗的三颈瓶,氮气保护,冰水浴中→ 降温至0 ℃

—缓慢滴加$SOCl_2$,维持在0～5 ℃→ 滴毕 —(1) 撤去冰水浴;(2) 升温至40～46 ℃,反应4 h→ TLC检测原料点消失

—减压蒸干→ 浅黄色黏稠状物

② 对羟基苯乙醇的制备

装有回流冷凝管与恒压滴液漏斗的实验装置 —无水处理,氮气保护→ —6.8 g氯化锌,80 mL THF→ 完全溶解,搅拌15 min —3.98 g硼氢化钾,室温下搅拌2 h→ (8.3 g 对羟基苯乙酸乙酯,20 mL THF → 溶解,滴加)1 h 滴完→

搅拌约30 min —回流→ TLC监控至原料点消失 —加稀盐酸水解,冷至室温→ —常压蒸馏回收THF,10%碳酸钠溶液→

—中和,pH值约为8→ —静置约1 h,抽滤→ 白色固体 —20 mL乙酸乙酯洗涤→ 粉色固体

滤液 —减压蒸除部分水,(50×3)mL 乙酸乙酯萃取→ —合并乙酸乙酯溶液,饱和食盐水洗涤,无水硫酸镁干燥→ —浅黄色透明溶液,蒸出乙酸乙酯→ 粉色固体

—氯仿重结晶→ 最终产物

(5) 实验记录

记录实验条件、过程、各试剂的实际用量,对羟基苯乙酸乙酯和对羟基苯乙醇的质量。利用高效液相色谱检测产物的纯度,记录产物的性状与颜色。

(6) 实验数据分析

分别计算对羟基苯乙酸乙酯和对羟基苯乙醇的收率,以及总产率。

2. 实验记录

实验记录本应是一装订本,不得用活页纸或散纸。记录本按照下列格式做实验记录:

(1) 空出记录本头几页,留作编目用。

(2) 把记录本编好页码。

(3) 每做一个实验,应从新的一页开始。

(4) 若你对实验操作没有变动时,不必再把操作细节记上。但应记录:试剂的规格和用量,仪器的名称、规格、牌号,实验的日期,实验所用去的时间,实验现象和数据。对于观察的现象,应忠实地详尽地记录,不能虚假。判断记录本内容的标准是记录必须完整,且组织得好和清楚,不仅自己现在能看懂,甚至几年后也能看懂,而且还使他人能看得明白。如漏记了主要内容,就将难于补救了。

实验记录参考形式如表 1-2 所示。

表 1-2　　实验记录参考形式表

日期　　年　　月　　日

时间	步骤	现象	备注

3. 实验报告的基本要求

实验报告应包括实验的目的要求、反应式、主要试剂的规格、用量(指合成实验)、实验步骤和现象、产率计算、讨论等。要如实记录填写报告,文字精练,图要准确,讨论要认真。关于实验步骤的描述,不应照抄书上的实验步骤,应该对所做的实验内容作概要的描述。实验报告应包括以下项目:

实验题目

(1) 实验目的;

(2) 反应式。

主反应:

副反应:

(3) 主要试剂及产物的物理常数;

(4) 仪器装置图;

(5) 实验步骤和现象记录;

(6) 产品外观、质量、产率;

(7) 讨论。

第二章　药物中间体与药物合成

实验一　对羟基苯乙醇的合成

对羟基苯乙醇化学名称为2-(4′-羟基苯基)乙醇，分子式 $C_8H_{10}O_2$，相对分子质量为138.12，极易溶于水、乙醇、乙醚、丙酮和醋酸，从氯仿中能得到针状晶体。它广泛存在于橄榄油、酱油、覆盆子以及发酵制品，如啤酒、果酒、日本米酒中。对羟基苯乙醇是一种重要的医药和香料中间体，能合成许多有用的药物如美多心安、倍他洛尔、红景天甙、麦芽碱等。美多心安是治疗心血管的重要药物，而对羟基苯乙醇就是合成心血管药物美多心安的中间体。在现在心血管疾病高发的年代，对羟基苯乙醇的合成方法引起广泛关注。目前对羟基苯乙醇的合成方法存在路线长，条件苛刻，成本高等缺点，限制了其工业化生产的规模，国内使用的产品主要依靠进口。

一、实验目的

(1) 学习一种利用二氯亚砜缩合成酯的反应。

(2) 掌握利用硼氢化钾还原酯基制备醇的方法。

二、实验原理与方法

Yoo 等在2000年提出一种较简单的制备对羟基苯乙醇的方法，即以四氢呋喃作溶剂，用氢化铝锂直接将对羟基苯乙酸还原得到对羟基苯乙醇，收率达85%。该方法的优点是反应简单、快速，不需要对羟基进行保护，无须添加其他助剂，但是氢化铝锂价格昂贵，生产成本比较高，对试剂的无水处理要求非常严格，且反应剧烈和选择性差，这些缺点限制了其在工业上的应用。采用硼氢化钾系列还原剂虽然还原性比氢化铝锂弱，但具有价廉、条件温和、选择性高等优点，因此，在羧酸酯的还原上应用越来越广泛。

反应方程式如下：

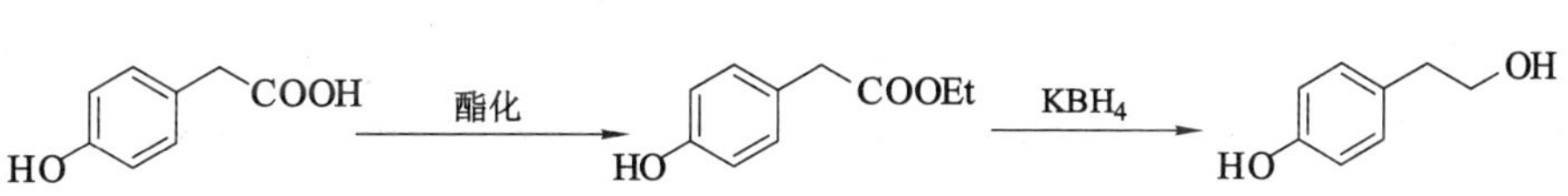

三、实验仪器与试剂

1. 主要仪器

三颈圆底烧瓶、回流冷凝管、恒压滴液漏斗、玻璃塞、布氏漏斗、抽滤瓶、分液漏斗、pH试纸、锥形瓶等。

2. 主要试剂

对羟基苯乙酸、硼氢化钾、四氢呋喃、无水甲醇、二氯亚砜、氯化锌、碳酸钠、乙酸乙酯、氯仿、饱和食盐水、无水硫酸镁等。

四、实验步骤

1. 对羟基苯乙酸乙酯的制备

将对羟基苯乙酸(30.4 g,0.2 mol)和无水乙醇(147 g,3.2 mol)溶于 250 mL 的三颈烧瓶中,装上回流冷凝管与恒压滴液漏斗,氮气保护装置,$SOCl_2$(20 mL,0.28 mol)[1]倒入恒压滴液漏斗中,待用。将反应体系置于冰水浴中冷却,搅拌下降温至 0 ℃,缓慢滴加 $SOCl_2$,并保持温度在 0～5 ℃。滴毕,撤去冰水浴,并升温至 40～46 ℃反应 4 h,薄层色谱法(TLC)检测原料点消失。减压蒸干得到浅黄色黏稠状物。

2. 对羟基苯乙醇的制备

8.3 g(50 mmol)对羟基苯乙酸乙酯溶于 20 mL THF[2]中备用。将装有回流冷凝管与恒压滴液漏斗的实验装置进行无水处理后,氮气保护下将新熔融的氯化锌 6.8 g(50 mmol)放入 250 mL 三口烧瓶中,加入 80 mL THF 搅拌使氯化锌完全溶解,继续搅拌 15 min 后加入 3.98 g(75 mmol)硼氢化钾,室温下搅拌 2 h。缓慢滴加对羟基苯乙酸乙酯的 THF 溶液,约 1 h 滴完,滴完后搅拌约 30 min,加热至回流状态后,TLC 监控反应至原料点消失时停止加热,冷却至室温,加入稀盐酸溶液将体系完全水解。

常压蒸馏回收 THF,滴加 10%碳酸钠溶液至剩余的水溶液中,至水溶液的 pH 值约为 8 时停止滴加;静置约 1 h 后抽滤出白色固体,烘干,固体用 20 mL 乙酸乙酯洗涤;抽滤后得到的水溶液减压蒸馏除去部分水,剩余的液体用(50×3)mL 乙酸乙酯萃取,合并乙酸乙酯溶液,用饱和食盐水洗涤,无水硫酸镁干燥,得到略带浅黄色的透明溶液;蒸出乙酸乙酯,得到略带粉色的固体。用氯仿进行重结晶,得到无色针状晶体 5.69 g,收率 82.7%,纯度 98.6%。

五、实验结果与讨论

(1) 记录实验条件、过程和各试剂的实际用量。

(2) 分别计算步骤 1 中对羟基苯乙酸乙酯、步骤 2 中对羟基苯乙醇的收率和总产率,利用高效液相色谱检测产物的纯度,记录产物的性状与颜色。

六、注意事项

(1) 为保证反应效果,$SOCl_2$使用前最好重蒸。

(2) 加稀盐酸到反应体系中水解时应注意添加速度,不要太快。

七、思考题

(1) 可否用对羟基苯乙酸直接还原制备对羟基苯乙醇?用什么还原试剂合适?

(2) 分析影响产物收率的因素有哪些?

八、注释

[1] 放置久了的 $SOCl_2$会吸收空气中的水分而发生分解,为不影响反应产率,使用前需要进行纯化处理。

[2] 购买的商品试剂 THF 中含有较多的水,水的存在会影响还原试剂的还原效果,因

此，需要使用现蒸的 THF（一般采用钠丝回流，再蒸馏而得）。

实验二 3,5-二氯苯甲酰氯的制备

3,5-二氯苯甲酰氯遇水易分解为白色粉末，易溶于二氯亚砜，是一种重要的医药中间体，可广泛用作生产农药、医药的原料。例如，进行甲酰化反应合成改善植物生长的衍生物或制成杀虫剂、平衡利尿激素的三苯甲酰叠氮药物等，和硒反应的产物可以用来做照片的感光剂。其作用随着新的反应衍生物不断被发现而日益受到人们的关注。近年来，随着化工行业的发展，对该产品的需求量也呈逐年上升的趋势，从而引起化工医药领域对该产品研发的重视。

一、实验目的

(1) 学习重氮化反应的原理与操作方法，了解芳环上定位氨基的消除方法。

(2) 学习并掌握酰氯的一般制备方法和制备医药中间体 3,5-二氯苯甲酰氯的方法。

二、实验原理

3,5-二氯苯甲酰氯常用的合成方法有以下 3 种：

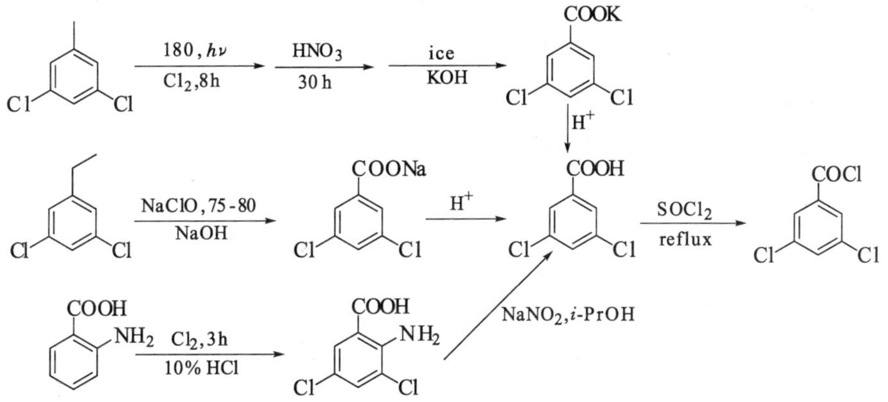

本实验采用第三条合成路线。

三、实验仪器与试剂

1. 主要仪器

三颈圆底烧瓶、玻璃导管、蒸馏头、温度计、冷凝管、尾接管、圆底烧瓶、布氏漏斗、抽滤漏斗等。

2. 主要试剂

邻氨基苯甲酸、10%盐酸、氯气、异丙醇、$NaNO_2$、二氯亚砜等。

四、实验步骤

1. 3,5-二氯苯甲酸的制备

称取 41.1 g 邻氨基苯甲酸加入三颈烧瓶中，然后量取 600 mL 10%的盐酸倒入三颈烧瓶中，密封好各个瓶口。升温至 28～30 ℃，在此温度下以 100 mL/min 的速度通入氯气

4 h,然后停止。在上述反应瓶中加入异丙醇 300 mL,升温至 80～85 ℃,将 30 g $NaNO_2$溶解于 40 mL 水中,在此温度下,滴加配制的 $NaNO_2$溶液,滴加时间控制在 1.0～1.5 h 之间,然后保温反应 30 min。

将上述反应液进行简单蒸馏,收集 80～90 ℃的馏分,得异丙醇和水的混合物;剩余物在 20～25 ℃之间进行结晶,然后进行抽滤,用水洗涤滤饼,直至中性。在 100～105 ℃下干燥 3 h 即得 3,5-二氯苯甲酸[1]。

2. 3,5-二氯苯甲酰氯的制备

将上面制得的 3,5-二氯苯甲酸与 40 g $SOCl_2$一并加入三口烧瓶中,升温回流反应 4 h。然后进行蒸馏,收集 78～80 ℃的馏分,将剩余物在 −0.07 MPa 下进行减压蒸馏,收集 180～190 ℃的馏分,即得 3,5-二氯苯甲酰氯。

五、实验结果与讨论

(1) 记录实验条件、过程和各试剂的实际用量。

(2) 分别计算步骤 1 中 3,5-二氯苯甲酸、步骤 2 中 3,5-二氯苯甲酰氯的产率和总产率。利用核磁氢谱验证 3,5-二氯苯甲酸,并且通过水解的方法检验 3,5-二氯苯甲酰氯的化学活性与极性。

六、注意事项

(1) 制备苯甲酰氯前,$SOCl_2$一定要进行重蒸。

(2) 亚硝化反应一定要在通风橱中进行,并控制好反应速度。

七、思考题

亚硝化反应的作用是什么,它的反应机理是怎样的?

八、注释

[1] 如果在反应体系中加入 1～2 滴 DMF,可以加快反应的进程。

实验三　4-乙基吡啶的合成

吡啶及其衍生物是医药、农药的重要基础原料,应用范围很广,涉及医药、医药中间体、农药、农药中间体、饲料原料以及其他许多领域。4-乙基吡啶是一种药物,可作为杀虫剂的中间体,熔点 −91 ℃。

一、实验目的

学习利用锌粉的偶联与还原作用制备 4-乙基吡啶的方法。

二、实验原理

4-乙基吡啶的合成以吡啶为原料,经锌粉发生还原偶联反应,然后发生芳构化重排得到 *N*-乙酰基-4-乙酰基吡啶,再经由锌粉还原羰基并且芳构化得到 4-乙基吡啶。反应方程式如下:

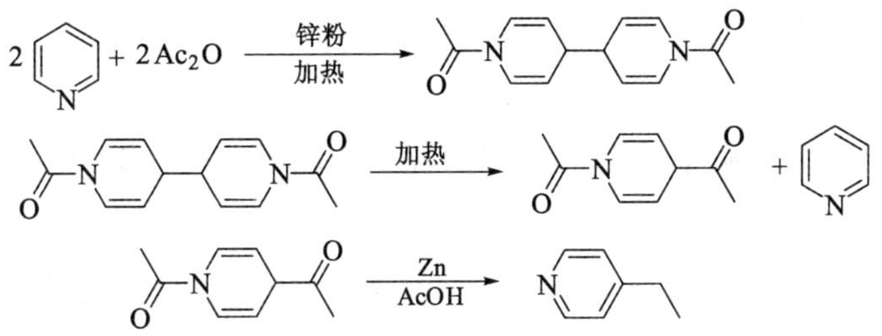

三、实验仪器与试剂

1. 主要仪器

三颈圆底烧瓶、冷凝管、磁力搅拌器、分液漏斗、锥形瓶、分馏柱、冷凝管、圆底烧瓶、温度计、温度计套管等。

2. 主要试剂

吡啶、醋酸酐、锌粉、醋酸、氯仿等。

四、实验方法

在装有冷凝管与磁力搅拌子的三颈圆底烧瓶中加入 150 mL 的醋酸酐与 30 mL 的无水吡啶，然后在搅拌作用下分批（每批 5～10 g）加入 30 g 锌粉，3 h 内加完，反应开始 20 min 后，体系开始变成绿色[1]。在加料过程中保证整个体系的温度维持在 25～30 ℃之间，必要时可以使用冰水浴冷却。在第一批 30 g 锌粉添加完毕后再加入 300 mL 的醋酸，然后分批加入 12 g 锌粉。在加料的过程中可能会出现剧烈放热。回流搅拌 30 min 后，第三次一次性加入 18 g 锌粉，继续回流搅拌 30 min，溶液变成黄褐色。

将反应体系冷却，转移反应物至 500 mL 的圆底烧瓶中，然后小心用 200 mL 40%的 NaOH 溶液进行中和。在蒸汽浴的条件下进行蒸馏，直到收集到 300 mL 馏出液，弃掉残留液。馏出液开始分成两层，然后加入 150～180 g 的碳酸钾至饱和[2]。有机相通过倾析法进行分离，水相分成两部分，分别用 15 mL 的氯仿进行萃取，氯仿层合并到有机相。

混合物用高效分馏柱进行蒸馏分离，首先蒸馏出来的是氯仿、吡啶和水，然后升温，收集 145～165 ℃的馏分，大约 14～17 g。再次进行蒸馏，收集 163～165 ℃的馏分。

五、实验结果与讨论

（1）记录实验条件、操作过程和各试剂的实际用量。

（2）最后收集得到的 4-乙基吡啶大约为 13～15 g，观察产物的颜色，折光率 1.501 0。

六、注意事项

吡啶一定要是新蒸馏的。

七、思考题

（1）4-乙基吡啶还有哪些合成路径？

（2）实验中碳酸钾的作用是什么？

八、注释

[1] 锌粉使用前需要活化：830 g 的锌粉放入 300 mL 10% HCl 中搅拌 2 min，过滤，使用 600 mL 的蒸馏水洗涤，然后用 200 mL 丙酮洗涤。

[2] 碳酸钾可以使用等量的氯化钠代替。

实验四　对氨甲基苯磺酰胺的合成

磺胺类药物为广谱抑菌剂,对多种革兰阴性及阳性菌都有效,对绿脓杆菌有较强作用。在结构上类似对氨基苯甲酸(PABA)的物质,可与 PABA 竞争性作用于细菌体内的二叶酸合成酶,从而阻止 PABA 作为原料合成细菌所需要叶酸的过程,减少了具有代谢活性的四氢叶酸的量,而后者则是细菌合成嘌呤、胸腺嘧啶核苷和脱氧核糖核酸(DNA)的必需物质,因此抑制了细菌的生长繁殖。磺胺药的作用可被 PABA 及其衍生物(普鲁卡因、丁卡因)所拮抗。此外,脓液以及组织的分解产物存在也起拮抗作用,因此可提供细菌生长的必需物质。

一、实验目的

(1) 学习利用傅克反应制备磺酰氯的方法。

(2) 学习乙酰基保护基的脱除方法,了解保护基的基本常识。

二、实验原理

对氨甲基苯磺酰胺的合成可以分为两步,其中以氯磺酸的傅克反应作为关键步骤,然后再进行磺酰氯的胺化,最后在盐酸的作用下脱除乙酰基。反应方程式如下:

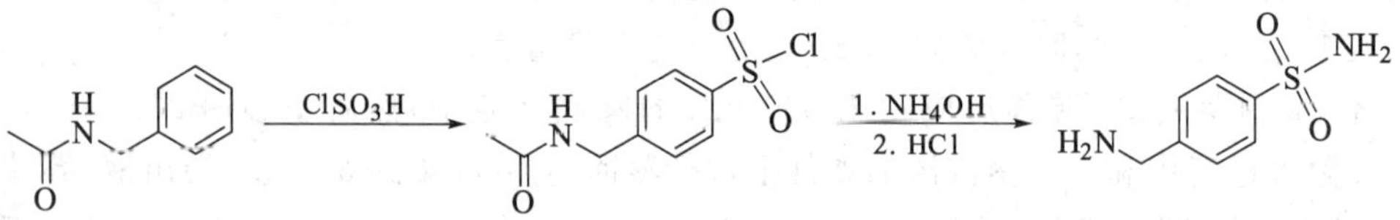

三、实验仪器与试剂

1. 主要仪器

三颈圆底烧瓶、回流冷凝管、烧杯、抽滤瓶、布氏漏斗、锥形瓶、圆底烧瓶等。

2. 主要试剂

N-乙酰基苄胺、氯磺酸、氨水、浓盐酸、无水硫酸镁、95%乙醇、氯仿、正己烷等。

四、实验步骤

1. *N*-乙酰基-4-氨甲基苯磺酰氯的制备

30 mL 氯磺酸预先冷却到 15 ℃以下,然后加入 10 g *N*-乙酰基苄胺,继续保温 30 min,然后升温至 50～60 ℃,继续搅拌 30 min 后反应结束,冷却,将反应液倒入碎冰中,有结晶析出。过滤,滤饼用冰水洗涤 2 次。然后将粗产物溶于氯仿中,用无水硫酸镁干燥 30 min。过滤除去硫酸镁,然后用 3～4 倍体积的正己烷沉淀。熔点 95～97 ℃,产量约 7.4 g,产率约 44.6%。

2. 对氨甲基苯磺酰胺的制备

将 100 mL 浓氨水预冷却到 15 ℃以下,然后加入 40 g *N*-乙酰基-4-氨甲基苯磺酰氯,继续在此温度下搅拌 2 h,然后将反应体系保存到冰箱中过夜,有晶体析出,过滤滤出晶体并用水洗涤。滤液浓缩至干，用95%乙醇重结晶得到另一部分产品。*N*-乙酰基-4-氨甲基-苯磺酰胺的总产量约25 g，产率约36.9%。

将25 g *N*-乙酰基-4-氨甲基-苯磺酰胺溶于250 mL 95%乙醇与250 mL 10%盐酸中进行水解，回流6 h后，冷却过滤，真空干燥，然后用95%乙醇进行重结晶，得到约18.4 g纯对氨甲基苯磺酰胺盐酸盐固体[1]，并测定熔点。

五、实验结果与讨论

(1) 记录实验条件、操作过程和各试剂的实际用量。

(2) 计算目标产物的理论产量与实际产率，记录产物的颜色，测定产物的熔点。

六、注意事项

磺酰化反应一定要控制好反应温度，以免反应过于激烈。

七、思考题

(1) 为什么使用 *N*-乙酰基苄胺为原料，而不是使用对氨基苄胺进行磺酰化反应？

(2) 产物为什么要制成盐酸盐的形式？

八、注释

[1] 对氨甲基苯磺酰胺盐酸盐的参考熔点为256 ℃。

实验五 双酮酞嗪的制备

酰肼类化合物，分子中含有一类活性结构片段(CONHNHCO)，提供的氧和氮等配位原子能与许多金属形成较稳定的结构特殊的螯合物，因而表现出良好的螯合金属的性能，是目前农药、除草剂、有机凝胶因子、配位化学等方面的研究热点之一。

一、实验目的

(1) 学习双酮酞嗪的简便合成方法。

(2) 学习使用酸酐制备酰肼的方法。

二、实验原理

邻苯二甲酰肼(Phthalhydrazide)，分子式 $C_8H_6N_2O_2$，用作医药双肼酞嗪的中间体。反应方程式如下：

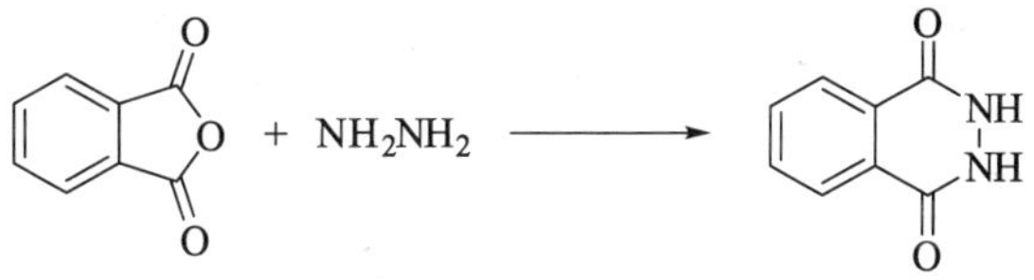

三、实验仪器与试剂

1. 主要仪器

三颈圆底烧瓶、回流冷凝管、恒压滴液漏斗、布氏漏斗、抽滤瓶、烧杯、锥形瓶等。

2. 主要试剂

邻苯二甲酸酐、乙醇、水合肼、冰等。

四、实验方法

邻苯二甲酸酐(2.98 g,2 mmol) 溶于 30 mL 乙醇中,搅拌 30 min 后,冰浴条件下,将水合肼(2 mmol)慢慢滴加到反应体系中,滴加完毕,撤去冰浴,然后升温至 70 ℃搅拌 3 h。TLC 检测反应完全后,再用冰浴冷却到 0 ℃,有白色固体析出。过滤,滤饼用少量乙醇洗涤,收集滤饼固体物质,真空干燥得到双酮酞嗪化合物[1]。

五、实验结果与讨论

(1) 计算目标产物的理论产量与实际产率;

(2) 记录产物的性状,测定产物的熔点并进行红外光谱测定,指认—CONH—的吸收波峰。

六、注意事项

滴加水合肼的速度不要过快,以免反应过于激烈。

七、思考题

该反应会有什么副产物产生?

实验六　丙二酸亚异丙酯的合成

丙二酸亚异丙酯,亦称 Meldrum's acid,制备简便,含有活性亚甲基和在温和条件下易水解的酯基,其 pK_a 为 5.1,并具有固定的环状结构,可以发生多种新型反应,是有机合成中具有多种反应性能的中间体,同时也是一些热解反应的有效前体。

一、实验目的要求

(1) 学习一种丙二酸酯的简便合成方法。

(2) 学习硫酸催化下的丙酮叉的制备。

二、实验原理

丙二酸亚异丙酯的合成通常采用丙二酸与丙酮在硫酸的催化作用下完成。反应方程式如下:

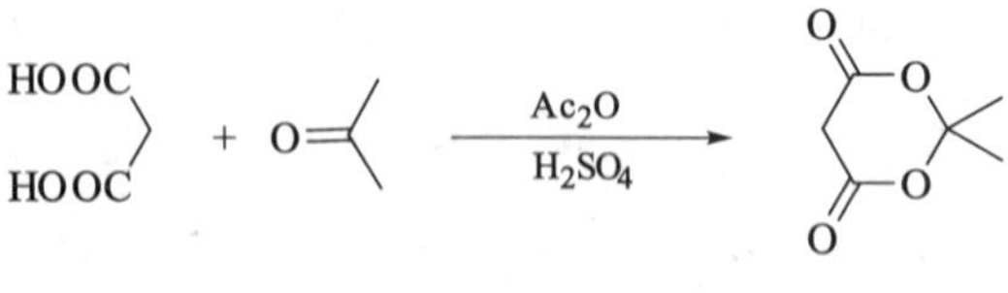

三、实验仪器与试剂

1. 主要仪器

三颈圆底烧瓶、恒压滴液漏斗、布氏漏斗、抽滤瓶、烧杯、锥形瓶、显微熔点仪等。

2. 主要试剂

丙二酸、丙酮、醋酸酐、浓硫酸等。

四、实验步骤

在 50 mL 圆底烧瓶中加入 12 mL(0.12 mol)醋酸酐,然后称取 10.4 g(0.10 mol)丙二

酸粉末溶于醋酸酐中(溶解不完),在冰水冷却和搅拌下加入 0.4 mL 浓硫酸,20 min 后滴加 8 mL(0.11 mol)丙酮,继续在 20～25 ℃下反应 4 h,并不时搅拌或振荡反应混合物。反应混合物置于冰箱中过夜结晶。

抽滤产生的固体,用水洗涤,得到粗产品。粗产品分成两份,一份用 30%的丙酮一水重结晶;另一份用水重结晶,计算收率,用显微熔点仪测定熔点[1]。

五、实验结果与讨论

(1) 计算粗产物的产率,比较两种重结晶方式的优劣以及收率;

(2) 测定两种结晶方式得到的产物的熔点。

六、注意事项

滴加丙酮的速度不要过快,并控制好温度。

七、思考题

(1) 反应中醋酸酐的作用是什么?可否用醋酸代替?

(2) 反应中浓硫酸的作用是什么?

八、注释

[1] 丙二酸亚异丙酯熔点的文献值为 94～95 ℃。

实验七　*N*-苄基乙酰苯胺的合成

N-苄基乙酰苯胺是一种重要的医药和有机中间体,可用于农药、染料等工业的合成,如用作染料原料可制造酸性艳蓝 6B、酸性淡绿 SF 以及其他蓝色染料,市场前景良好。

一、实验目的

(1) 掌握酰胺的制备方法。

(2) 了解胺基的 *N*-烷基化方法,以及相转移催化剂在有机合成中的应用。

二、实验原理

N-苄基乙酰苯胺的合成分为两步:先合成乙酰苯胺,然后乙酰苯胺与苄氯在相转移催化剂和 $NaHCO_3$ 存在下反应,生成 *N*-苄基乙酰苯胺。具体反应方程式如下:

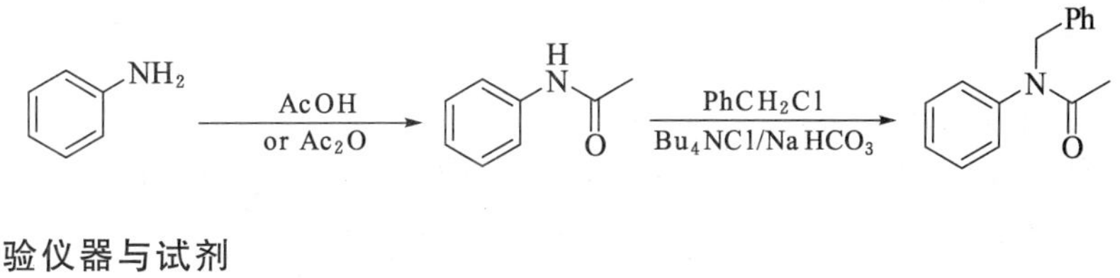

三、实验仪器与试剂

1. 主要仪器

烧杯、布氏漏斗、抽滤瓶、锥形瓶、显微熔点仪、梨形烧瓶、回流冷凝管等。

2. 主要试剂

苯胺、醋酸酐、甲苯、四丁基溴化铵、氢氧化钠等。

四、实验步骤

1. 乙酰苯胺的合成

在 250 mL 烧杯中加入 5 mL 苯胺(5.1 g,0.055 mol),再加入 25 mL 水,搅拌下分批加入 6.3 mL 醋酸酐,反应液冷却后减压抽滤,并用少量冷水洗涤产物。将抽滤出的粗乙酰苯胺在 250 mL 烧杯中用水重结晶,干燥得精制乙酰苯胺。用显微熔点仪测定熔点[1]。

2. *N*-苄基乙酰苯胺的合成

在 50 mL 梨形烧瓶中加入 10 mL 甲苯、2.7 g 乙酰苯胺、0.6 g 四丁基溴化铵、2.5 mL 氯化苄和 10 mL 30%氢氧化钠水溶液,剧烈搅拌,加热回流 6 h,冷却后,水洗,旋干得淡黄色油状产物。

五、实验结果与讨论

(1) 记录实验条件、操作过程和各试剂的实际用量。

(2) 计算目标产物的理论产量与实际产率,记录产物的颜色,测定产物的熔点。

六、注意事项

醋酸酐的加入要分批次,不要一次性投入。

七、思考题

(1) 乙酰苯胺的常用合成方法有哪些?

(2) 本实验中为何要使用四丁基溴化铵,其作用是什么?是否还有其他替代品?

八、注释

[1] *N*-苄基乙酰苯胺熔点的文献值为 115~116 ℃。

实验八 (*R*)-四氢噻唑-2-硫酮-4-羧酸的合成

(*R*)-四氢噻唑-2-硫酮-4-羧酸甲酯可作为不对称合成试剂。研究发现,(*R*)-四氢噻唑-2-硫酮-4-羧酸(简称(*R*)TTCA)对 *R*,*S*-胺、*R*,*S*-氨基酸等有很好的手性识别功能。

一、实验目的

(1) 了解手性物及手性合成的概念。

(2) 初步掌握以手性源方法合成手性物的原理和方法。

(3) 学会旋光仪的使用及测定手性物光学纯度的方法。

二、实验原理

本实验是利用手性源方法合成手性物的原理,使手性原料 L-半胱氨酸盐酸盐水合物和 CS_2 在碱性条件下,以五水硫酸铜为催化剂,发生如下非对称反应来制得另一手性化合物(*R*)TTCA。反应方程式如下:

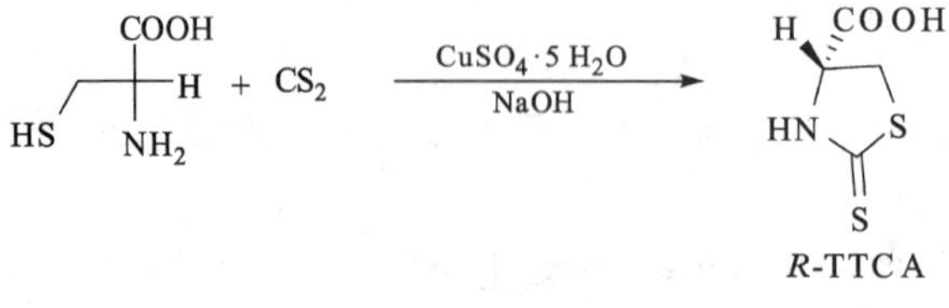

三、实验仪器与试剂

1. 主要仪器

电子天平、三口烧瓶、分液漏斗、磁力搅拌器、吸滤瓶、布氏漏斗、真空泵、旋转蒸发仪、显微熔点测定仪等。

2. 主要试剂

L-半胱氨酸盐酸盐水合物、氢氧化钠、二硫化碳、研细的 $CuSO_4 \cdot 5H_2O$、浓盐酸、亚硫酸钠、无水 Na_2SO_4 或无水 $CaCl_2$、乙酸乙酯、1∶1 的盐酸、0.1 mol/L 盐酸等。

四、实验步骤

称取 4.8 g NaOH 溶于 90 mL 蒸馏水，搅拌至全溶后将溶液移入 250 mL 圆底三口烧瓶中；然后加入 5.25 g L-半胱氨酸盐酸盐、6.75 g $CuSO_4 \cdot 5H_2O$、2 g 左右亚硫酸钠和 3.0 mL CS_2，在 55 ℃下回流 2 h。待反应液冷却后过滤至锥形瓶中，用 1∶1 盐酸调节 pH 值至 1，用总量 120 mL 乙酸乙酯分 4 次萃取，将有机相收集入烧杯中，再加入无水 Na_2SO_4 或无水 $CaCl_2$ 干燥，放置 0.5～1 h。过滤除去干燥剂，用旋转蒸发仪蒸发溶剂乙酸乙酯，得到(*R*)TTCA的粗产品。

粗产品用重结晶提纯：先用适量 1∶1 HCl 在 90 ℃加热至产品完全溶解（HCl 稍过量 3%～4%）；然后趁热过滤，在室温冷却，有少量白色晶体析出；再将滤液置于冰箱或冰柜冷却，放置时间为 4 h 以上。将晶体过滤，烘干。

取微量产品用显微熔点测定仪测定熔点，称取 0.080 g 左右产品溶于 12 mL 0.1 mol/L HCl，配成 12 mL 溶液，测旋光度[1]。

五、实验结果与讨论

(1) 记录实验条件、操作过程、各试剂用量及产品(*R*)TTCA 的质量及观察到的现象。

(2) 产品为无色晶体，计算理论产率和实际产率。

(3) 通过所测旋光度计算比旋值，与文献比较，可计算相对光学纯度。

六、注意事项

(1) 萃取一定要完全，分液漏斗多振荡几次，否则产率可能降低。

(2) 注意重结晶中所加 1∶1 HCl 的量。如果太多，晶体出来得慢，甚至有的就溶在溶剂出不来了，这样会损失产品；如果太少，晶体出来太快，晶形不好，且产品纯度降低。

七、思考题

(1) 萃取过程中，120 mL 的乙酸乙酯是一次萃取还是分多次进行萃取效果好？

(2) 1∶1 HCl 该如何配制？

八、注释

[1] 目标产物的比旋光值文献报道为：$[\alpha]_D^{20}$ −87.5°(c1.03，0.1 mol/L HCl)。

实验九　L-抗坏血酸钙的制备

L-抗坏血酸又名维生素 C，是广泛存在于动植物体内的一种有机物质，是人体内必需的营养成分。该分子具有烯醇式结构，使它不仅可作为营养强化剂应用于食品、医药工业，而且还可作为抗氧剂而获得了广泛的应用。但由于其易于氧化变质的特点，使用效果不太理想。但它的钙盐(简称 VC-Ca)则克服了这个缺点。实验证明，VC-Ca 不仅比 VC 稳定，而且吸收效果好，在体内具有 VC 的全部作用，其抗氧化作用优于 VC，且由于 Ca 的引入，也增强了它的营养强化作用。

L-抗坏血酸钙早在 1964 年由美国人 Ruskin 研制成功，不久后该产品便在美国、瑞士、日本等国上市。随着研究的深入，其用途不断拓展。研究表明它还可作为保鲜剂、杀菌剂，作为钙盐可预防骨质疏松，应用于茶及饮料中可降血压。该产品需要量呈日益扩大的趋势。目前，VC-Ca 在国外如瑞士罗士、日本武田等都在大量生产；在国内，东北制药厂已有大批量生产，湖北宜昌制药厂已形成了年产 1 000 t 的生产能力。

一、实验目的

(1) 了解 L-抗坏血酸的基本化学性质。

(2) 掌握 L-抗坏血酸钙制备的基本方法。

二、实验原理

抗坏血酸钙一般由抗坏血酸与钙盐中和制得。反应方程式如下：

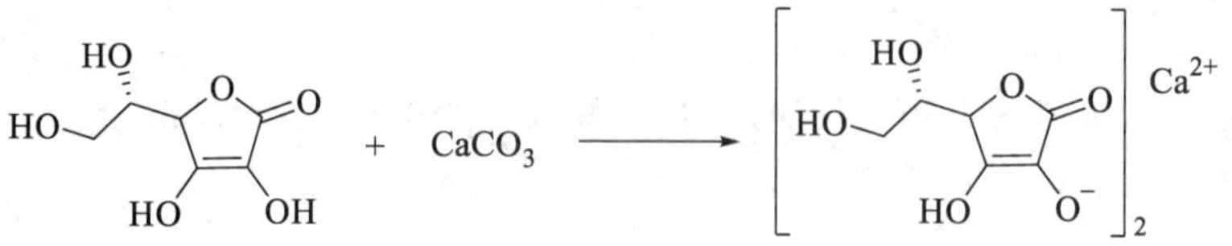

三、实验仪器与试剂

1. 主要仪器

圆底烧瓶、磁力搅拌器等。

2. 主要试剂

L-抗坏血酸、碳酸钙、无水乙醇、丙酮、蒸馏水等。

四、实验方法

在 100 mL 圆底烧瓶中，加入 5.4 g(0.03 mol)L-抗坏血酸和 10 mL 水，加热(50 ℃)溶解，于剧烈搅拌下缓慢加入 1.5 g(0.015 mol)碳酸钙粉末，待无气泡逸出时停止搅拌。反应物在室温下难于自行结晶，用无水乙醇或丙酮沉淀，抽滤，真空干燥得产品。

五、实验结果与讨论

(1) 记录实验条件、操作过程和各试剂用量；

(2) 记录并分析实验过程中出现的现象。

六、注意事项

水不要过量，否则会影响目标产物的收率。

七、思考题

L-抗坏血酸还可以生成哪些为生理正常发育所需要的金属盐？

实验十 γ-苯基-γ-氧代-α-丁烯酸的合成

γ-苯基-γ-氧代-α-丁烯酸是一种重要的医药中间体，用于合成血管紧张素转化酶抑制剂ACEI等普利类化合物，其开发研究对普利类药物合成及工业化生产有着重要意义。

一、实验目的

（1）掌握芳环酰基化的方法。

（2）掌握 Fried-Crafts 反应（傅-克酰化反应）的常规操作。

（3）掌握不同 Fried-Crafts 反应中催化剂的用量比例。

二、实验原理

γ-苯基-γ-氧代-α-丁烯酸是几个普利类抗高血压药物的重要中间体，其合成主要为苯与顺丁烯二酸酐在 $AlCl_3$ 催化剂的作用下进行傅-克酰化反应。反应方程式如下：

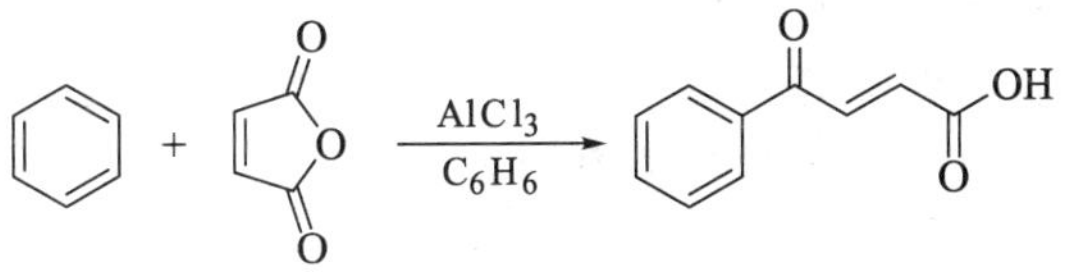

三、实验仪器与试剂

1. 主要仪器

三颈圆底烧瓶、回流冷凝管、抽滤瓶、布氏漏斗、锥形瓶等。

2. 主要试剂

苯、无水 $AlCl_3$、顺丁烯二酸酐、2 mol/L 盐酸、蒸馏水等。

四、实验步骤

在 50 mL 三颈圆底烧瓶中加入 10 mL 干燥的苯，2.1 g 无水 $AlCl_3$，1.0 g 顺丁烯二酸酐，在 90～100 ℃搅拌反应 1 h；冷却至室温，加入 3 mL 水，搅拌 30 min，加入 10 mL 2 mol/L 盐酸，搅拌 15 min；冷却，抽滤，水洗至中性，真空干燥，得粗产物，约 1.6 g。

五、实验结果与讨论

（1）记录实验条件、过程和各试剂用量。

（2）计算目标产物的理论产量与实际产率，并测定产物的熔点[1]。

六、注意事项

（1）该反应是酸酐与苯之间的傅-克酰化反应，因此催化剂的用量至少应为酸酐的 1.5 当量。

（2）苯使用前应进行干燥蒸馏，以免影响反应产率；同时，由于苯为强致癌物质，应严格在通风橱中进行，并且做好防护措施。

七、思考题

（1）傅-克酰化反应有几种类型，每种类型反应中催化剂的用量如何？

(2) 为什么要加入 2 mol/L 盐酸到反应体系中，其作用是什么？

八、注释

[1] 4-苯基-4-氧代-2-丁烯酸的熔点参考值为 61～63 ℃。

实验十一　4-氨基-1,2,4-三唑-5-酮的制备

三唑类杀菌剂是杀菌剂发展史上最引人注目的一类新型杀菌剂，为含氮的五元杂环化合物。S. Schulze 等研究发现某些三唑类衍生物具有抑制植物病毒的活性，对麦角甾醇生物合成的某些过程有着不同的抑制作用。4-氨基-1,2,4-三唑-5-酮(ATO)是一种白色粉末状固体，具有含氮量高、结构致密等特点。它可用作杀菌剂及中间体，也可用作制备高能炸药的中间体。

一、实验目的

(1) 掌握三唑类化合物的制备方法。

(2) 了解三唑类化合物的理化性质。

(3) 了解利用关环反应制备化合物的方法。

二、实验原理

1964 年，Kroeger 等人首次提出利用碳酰肼关环制备 4-氨基-1,2,4-三唑-5-酮(ATO)。美国 Odenthal 等人利用碳酰肼与结构不同的腈反应制得了带有不同取代基的三唑酮。反应方程式如下：

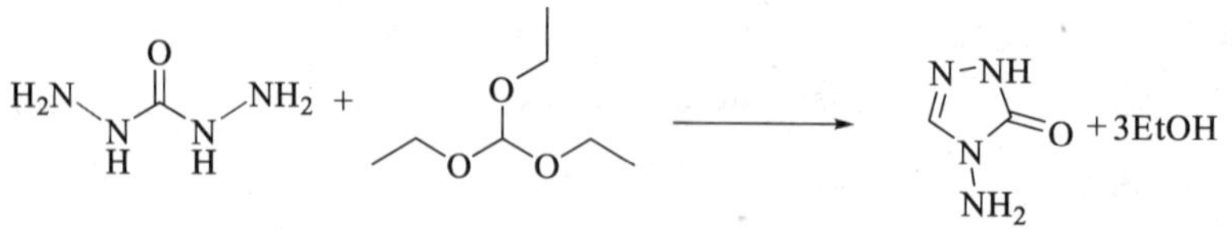

原甲酸三乙酯是一种原碳酸的衍生物，可利用其使碳酰肼发生关环反应制备 ATO。由于原甲酸三乙酯的中心碳原子受三个乙氧基的吸电子作用，使其带有部分正电荷，当受亲核试剂碳酰肼分子中带负电荷较多的端基氮原子进攻时，发生亲核取代反应。反应时，首先发生亲核加成，再发生消除反应，脱去一个乙醇分子，进而生成一种缩酮四面体中间体；然后由羰基邻位氮原子进攻缩酮碳，又脱去一个乙醇分子，生成化合物 ATO。

三、实验仪器与试剂

1. 主要仪器

三颈圆底烧瓶、温度计、回流冷凝管、蒸馏头、直形冷凝管、尾接管、圆底烧瓶、锥形瓶、X-4 数显显微熔点测定仪、布氏漏斗、抽滤瓶等。

2. 主要试剂

碳酰肼、甲酸三乙酯、95%乙醇、蒸馏水等。

四、实验步骤

1. ATO 的合成

采用装有温度计、回流冷凝管和搅拌器的三口烧瓶做反应瓶，称取精制过的碳酰肼 9 g，量取 18 mL 原甲酸三乙酯和 2 mL 蒸馏水一次加入到反应器中。控制反应温度在 65～85 ℃，保持回流反应 3 h。然后，改为蒸馏装置，蒸出反应体系中的副产物乙醇和水。反应到时后，搅拌降温，冷却至室温过程中析出粉红色固体，出料，抽滤，烘干后备用。

2. ATO 的精制

先用少量蒸馏水将 ATO 粗品溶解后，再加入 2 倍量的 95%乙醇，加热至回流，趁热抽滤，冷却后得到白色细颗粒晶体。

取少量的 ATO 晶体，干燥。然后按照 X-4 数显显微熔点测定仪的操作规程进行熔点的测定，多次测定，取平均值[1]。

五、实验结果与讨论

(1) 记录实验条件、操作过程和各试剂实际用量。

(2) 计算目标产物的理论产量与实际产率，并测定产物的熔点。

六、注意事项

实验中反应温度最好控制在 76～78 ℃，反应时间应该控制在 3～3.5 h 为宜。

七、思考题

加入 2 mL 蒸馏水的作用是什么？

八、注释

[1] 产物熔点参考值为 187 ℃。

实验十二　阿司匹林的制备

乙酰水杨酸即阿司匹林(Aspirin)，是 19 世纪末合成成功的一个有效的解热止痛、治疗感冒的药物，至今仍广泛使用。其结构式如下：

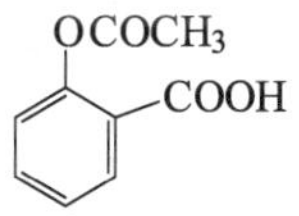

一、实验目的

(1) 学习用乙酸酐作酰基化试剂酰化水杨酸制阿司匹林的酯化方法。

(2) 巩固重结晶、抽滤、熔点测定等基本操作。

(3) 了解乙酰水杨酸的应用价值。

二、实验原理

阿司匹林是由水杨酸(邻羟基苯甲酸)与醋酸酐进行酯化反应而得的。水杨酸可由水杨酸甲酯，即冬青油(由冬青树提取而得)水解制得。反应方程式如下：

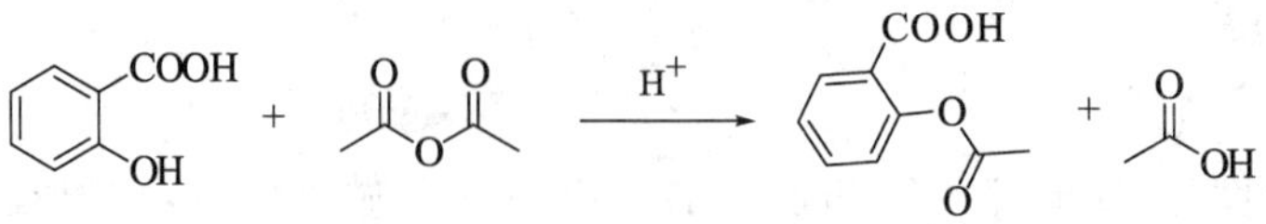

本实验中，由于合成是在酸存在下进行的，会发生缩聚副反应，因此，有少量聚合物产生。副反应方程式如下：

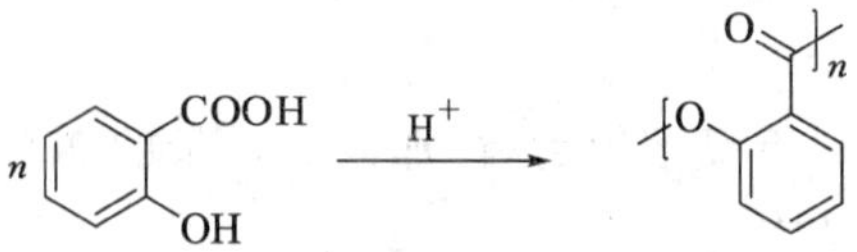

该聚合物不溶于 $NaHCO_3$ 溶液，而阿司匹林可与 $NaHCO_3$ 生成可溶性钠盐，可借此将聚合物与阿司匹林分离。

三、实验仪器及试剂

1. 主要仪器

锥形瓶、温度计、水浴锅、玻璃棒、吸滤瓶、布氏漏斗、循环水真空泵、滤纸、烧杯、天平、表面皿、量筒等。

2. 主要试剂

水杨酸、醋酐、浓硫酸、饱和 $NaHCO_3$、浓盐酸等。

四、实验步骤

(1) 在干燥的锥形瓶中加入 5 mL 乙酸酐、2 g 水杨酸和 5 滴浓硫酸，旋摇锥形瓶，使水杨酸全部溶解后，将混合液在水浴上加热 15 min。控制水浴温度 80～90 ℃，冷却至室温后析出结晶。再加 50 mL 水，用冰水冷却使结晶析出完全，抽滤。用少量冷水淋洗锥形瓶，并将洗涤液淋洗结晶，继续抽滤，直至所有晶体被收集到布氏漏斗中，得阿司匹林粗产物。

(2) 将阿司匹林的粗产物转移至另一锥形瓶中，在搅拌下加入 25 mL 饱和 $NaHCO_3$ 溶液碱化，加完后继续搅拌几分钟，直至无 CO_2 放出，抽滤。用少量水洗涤，将洗涤液与滤液合并，弃去滤渣(为何物?)。

(3) 接着在烧杯中放入约 5 mL 浓盐酸并加入 10 mL 水，配好盐酸溶液，再将上述滤液倒入烧杯中，使阿司匹林沉淀析出，并用冰水冷却令结晶完全析出，抽滤，冷水洗涤 2～3 次，抽干水分，将结晶移至表面皿上，干燥后称重并计算产率，取样测定产物熔点[1]。

五、实验结果与讨论

(1) 记录实验条件、操作过程和各试剂实际用量。

(2) 计算目标产物的理论产量与实际产率，记录产物的性状，测定产物的熔点。

六、注意事项

(1) 仪器要全部干燥，药品也要经干燥处理，醋酐要使用新蒸馏的，收集 139～140 ℃的馏分。

(2) 乙酰水杨酸受热后易发生分解，分解温度为 126～135 ℃，因此，重结晶时不宜长时间加热，需控制水温，产品采取自然晾干。

(3) 为了检验产品中是否还有水杨酸，利用水杨酸属酚类物质可与三氯化铁发生颜色反应的特点，取几粒结晶加入盛有 3 mL 水的试管中，然后再加入 1～2 滴 1% $FeCl_3$溶液，观察有无颜色反应(紫色)。

(4) 本实验的几次结晶都比较困难，要有耐心。在冰水冷却下，用玻棒充分摩擦器皿壁，才能结晶出来。

(5) 由于产品微溶于水，所以水洗时，采用少量冷水洗涤，用水不能太多。

七、思考题

(1) 水杨酸与醋酐的反应过程中，浓硫酸的作用是什么？

(2) 为什么控制反应温度在 70 ℃？

(3) 本实验中可产生什么副产物？加水的目的是什么？

八、注释

[1] 纯乙酰水杨酸为白色针状或片状晶体，m. p. 135～136 ℃，但由于它受热易分解，因此熔点难测准。

实验十三　苯佐卡因中间体的合成

苯佐卡因(Benzocaine)为局部麻醉药，外用为撒布剂，用于手术后创伤止痛，溃疡痛，一般性痒等。苯佐卡因化学名为对氨基苯甲酸乙酯，其化学结构式为：

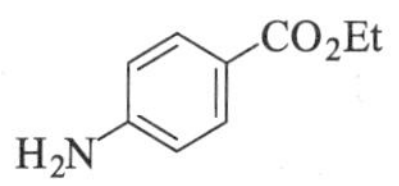

苯佐卡因为白色结晶性粉末，味微苦而麻；m. p. 88～90 ℃；易溶于乙醇，极微溶于水。

一、实验目的

(1) 通过苯佐卡因的合成，了解药物合成的基本过程。

(2) 掌握氧化、酯化和还原反应的原理及基本操作。

二、实验原理

合成路线如下：

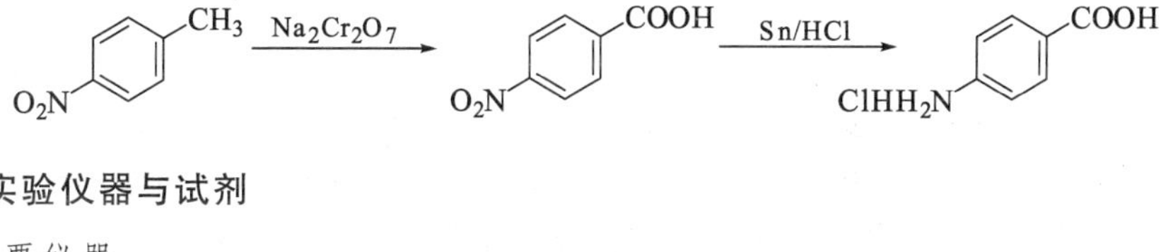

三、实验仪器与试剂

1. 主要仪器

三颈圆底烧瓶、温度计、恒压滴液漏斗、回流冷凝管、蒸馏头、直形冷凝管、尾接管、圆底烧瓶、锥形瓶、显微熔点测定仪、布氏漏斗、抽滤瓶等。

2. 主要试剂

对硝基甲苯、重铬酸钠(或重铬酸钾)、浓硫酸(密度 1. 84 g/cm^3)、5%氢氧化钠溶液、15%硫酸、对硝基苯甲酸、锡粉、浓盐酸、浓氨水、冰乙酸、对氨基苯甲酸、无水乙醇、浓硫酸、碳酸钠等。

四、实验方法

1. 对硝基苯甲酸的制备

在装有搅拌棒和球型冷凝器的 250 mL 三颈瓶中加入 6 g 研碎的对硝基甲苯、18 g 重铬酸钠和 22 mL 水，开启搅拌器。在滴液漏斗中放 30 mL 浓硫酸，然后慢慢滴加入烧瓶。随着浓硫酸的加入，氧化反应随之开始，反应温度迅速上升，料液颜色逐渐变深。注意要严格控制滴加浓硫酸的速度，严防反应温度高于沸腾温度（滴加时间约 20～30 min）。硫酸加完后，关闭滴液漏斗，稍冷后再将烧瓶放在石棉网用小火加热，使反应混合物微沸 30 min，然后停止加热。冷却后，慢慢加入 76 mL 冷水[1]，然后关闭搅拌器。冷却后析出固体，将混合物抽滤，压碎粗产物，用 20 mL 水分 2 次洗涤，粗制的对硝基苯甲酸呈深黄色固体。将固体放入 100 mL 烧杯中。

为了除去粗产物夹杂的铬盐，向烧杯中加入 76 mL 5%氢氧化钠溶液，温热（不超过 60 ℃）使粗产物溶解[2]，冷却后抽滤。在玻璃棒搅拌下将滤液慢慢倒入盛有 60 mL 15%硫酸的另一大烧杯中，浅黄色沉淀立即析出。用试纸检验溶液是否呈酸性。呈酸性后抽滤，固体用少量水洗至中性，抽干后放置晾干，然后称重。必要时再用 50%乙醇重结晶[3]，可得到浅黄色小针状晶体。

实验所需时间：6～7 h，产量：约 4 g。纯对硝基苯甲酸为浅黄色单斜叶片状晶体，熔点 242 ℃。

2. 对氨基苯甲酸的制备

在 100 mL 圆底烧瓶中放置 4 g 对硝基苯甲酸，9 g 锡粉和 20 mL 浓盐酸，装上回流冷凝管，小火加热至还原反应发生，移去热源，不断振荡烧瓶，必要时可再微热片刻以保持正常反应。

20～30 min 后，大部分锡粉均已参与反应，反应液呈透明状，稍冷，将反应液倾入烧杯中，加入浓氨水，直至溶液对 pH 试纸刚好呈碱性。滤去析出的氢氧化锡沉淀[4]，沉淀用少许水洗涤，合并滤液和洗液（若总体积超过 55 mL，在水浴上加热浓缩至 45～55 mL，浓缩过程中若有固体析出，应滤去）。向滤液中小心地滴加冰乙酸，至对蓝色石蕊试纸恰好呈酸性[5]并有白色晶体析出为止。在冷水浴中冷却，滤集产品[6]，在空气中晾干后称重。

实验所需时间 2～3 h，产量约 2 g。纯对氨基苯甲酸为白色絮状晶体，于 186 ℃熔融并分解。

3. 对氨基苯甲酸乙酯的制备

在干燥的 250 mL 圆底烧瓶中加入 2 g 对氨基苯甲酸，20 mL 无水乙醇，2.5 mL 浓硫酸，混匀后投入沸石，水浴加热回流 1～1.5 h。将反应液趁热倒入装有 85 mL 冷水的 250 mL 烧杯中，得透明溶液。在不断搅拌下加入碳酸钠固体粉末至液面有少许白色沉淀出现时[7]，慢慢加入 10%碳酸钠溶液，使溶液对 pH 试纸呈中性，滤集沉淀，少量水洗涤，抽干，空气中晾干。必要时可用 50%乙醇重结晶。

实验所需时间 3～4 h，产量 1～2 g。

五、实验结果与讨论

（1）记录实验条件、操作过程和各试剂实际用量。

（2）计算各步反应产率，记录产物性状。

六、注意事项

（1）本氧化反应十分激烈。采用机械搅拌和滴加硫酸的方法可使反应较平稳、安全。装置安装完毕后应经教师检查无误后再加料使用。

（2）滴液漏斗在使用前要检查其开关的密封性是否完好。

（3）若滴加硫酸时烧瓶内有较多白色烟雾或火花出现，则应迅速减慢或暂停滴加，必要时用冷水浴冷却烧瓶。

（4）反应温度过高，一部分对硝基苯甲酸会挥发，凝结于冷凝管内壁上。此时可适当关小冷凝水，让其熔融滴入。

（5）观察沸腾情况时，可将搅拌器暂停片刻，当看到反应物在微微起泡时则可继续搅拌反应。若因故无法搅拌，也可以采用分批加硫酸、不断振荡烧瓶的方法进行实验。

（6）加浓硫酸时要慢，且不断振荡烧瓶使之在反应液中分散均匀，以防加热后引起碳化。

七、思考题

（1）氧化反应完毕，将对硝基苯甲酸从混合物中分离出来的原理是什么？

（2）酯化反应为什么需要无水操作？

八、注释

[1] 可将反应混合物在玻棒搅拌下倒入水中。但由于反应物较干黏而难以倒净，因此，加入水时要充分利用搅拌器进行搅拌。

[2] 反应式为：$Cr_2(SO_4)_3 + 6NaOH \longrightarrow 2Cr(OH)_3 + 3Na_2SO_4$

由于 $Cr(OH)_3$ 是两性物质，在温度较高时又会溶于碱中，发生如下反应：

$$Cr(OH)_3 + NaOH \longrightarrow NaCrO_2 + 2H_2O$$

故加热溶解时，温度须控制在 60 ℃以下。

[3] 本产品也可用升华法精制。

[4] 锡在还原作用中最终变成四氯化锡，溶于水。但加入浓氨水至碱性后，四氯化锡变成氢氧化锡沉淀可被滤去，而对氨基苯甲酸的盐酸盐成铵盐仍溶于水。

[5] 产品对氨基苯甲酸为两性物质，故酸化或碱化时都须小心控制酸碱用量，否则严重影响产品的质量与产量。

[6] 为使产品少受损失，可采用分步抽滤的方法。即在有产品析出后，先滤集之，再将滤液加酸，如此反复抽滤，至无沉淀析出为止。

[7] 加碳酸钠粉末时要少量多次，每次加入后必须等反应完全后才可补加，切忌过量。

实验十四　扑热息痛的制备

扑热息痛，商品名称有百服宁、必理通、泰诺、醋氨酚等。该品国际非专有药名为 Paracetamol。它是最常用的非抗炎解热镇痛药，解热作用与阿司匹林相似，镇痛作用较弱，无抗炎抗风湿作用，是乙酰苯胺类药物中最好的品种，特别适合于不能应用羧酸类药物的病人，也可用于感冒、牙痛等症。对乙酰氨基酚也是重要的有机合成中间体，还可以作为过氧化氢的稳定剂。

一、实验目的

（1）通过扑热息痛的制备，学习乙酰化反应的基本原理和操作。

（2）掌握活性炭脱色和重结晶提纯药物的方法。

二、实验原理

对氨基酚与醋酸酐经乙酰化反应生成对乙酰氨基酚。反应式如下：

使用醋酸时，该反应为可逆反应，水分的存在不利于正反应的进行，为使反应完全，可蒸除稀醋酸。常用的乙酰化剂有醋酸、醋酐、乙酰氯等。

三、实验仪器与试剂

1. 主要仪器

三颈圆底烧瓶、温度计、恒压滴液漏斗、回流冷凝管、蒸馏头、直形冷凝管、尾接管、圆底烧瓶、锥形瓶、烧杯、显微熔点测定仪、布氏漏斗、抽滤瓶等。

2. 主要试剂

对氨基酚、冰醋酸、醋酸酐、活性炭、蒸馏水等。

四、实验操作

在一干燥的250 mL圆底瓶中加入氨基酚25 g，醋酐31g和冰醋酸44 g，油浴上加热回流（110～115 ℃）4 h后，改成蒸馏装置，减压蒸去冰醋酸，残留物倾入约等量的冰水中，搅拌均匀，静置使结晶。结晶后抽滤，滤饼用冰水洗至中性、提干，得粗品。

粗品用适量的热水溶解（0.1 g约2 mL水），但产量不纯时，用水量少得多，此与原料的质量有关，pH约6。加适量活性炭，煮沸，脱色10 min[1]，趁热抽滤，脱色后的滤液冷却，析晶、抽滤，用少量冰水洗涤，抽干。干燥称重、计算收率，m.p.168～170 ℃。

五、实验结果与讨论

（1）记录实验条件、过程和各试剂实际用量。

（2）记录产物性状，计算反应产率。

六、注意事项

（1）反应阶段所用仪器应事先干燥。

（2）蒸馏出大部分冰醋酸即可，千万不能蒸得太干，否则瓶内产物结块不易倒出。同时应注意趁热倒出产物，以免其在烧瓶内冷却结晶倒不出来。

（3）洗涤时，应先打开放空阀停抽真空，然后加少量溶剂在滤饼上，溶剂用量以使晶体刚好湿润为宜，再将溶剂抽干。

七、思考题

试比较冰醋酸、醋酐、乙酰氯三种乙酰化试剂的优缺点，工业生产上为何以醋酸为此反应的主要酰化剂？

八、注释

[1] 脱色速率要快，产物在高温下加热太久容易分解。

实验十五　美沙拉嗪的制备

美沙拉嗪又名5-氨基水杨酸（Mesalamine，5-Aminosalicylicacid），化学结构式如右图。它对肠壁的炎症有显著的抑制作用。美沙拉嗪通过抑制引起炎症的前列腺素的合成和炎性介质白三烯的形成，从而对肠黏膜的炎症起显著抑制作用。对有炎症的肠壁的结缔组织效果更佳。主要用于治疗溃疡性结肠炎、溃疡性直肠炎和克隆氏病。

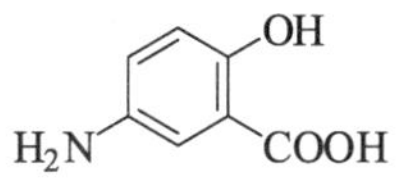

一、实验目的

（1）掌握硝化、还原反应原理。

（2）熟悉硝化、还原反应的基本操作技能。

二、实验原理

文献报到，美沙拉嗪的合成主要有：① 从水杨酸出发经硝化、还原制备；② 苯偶氮水杨酸还原制取；③ 对氨基苯酚与二氧化碳一步合成。方法②偶氮还原需要在高压条件下合成，方法③的催化剂未明确，而方法①在常压下即可操作，操作相对简单，在实验室条件下易于实现。本实验采用方法①，并对其进行一点改进。

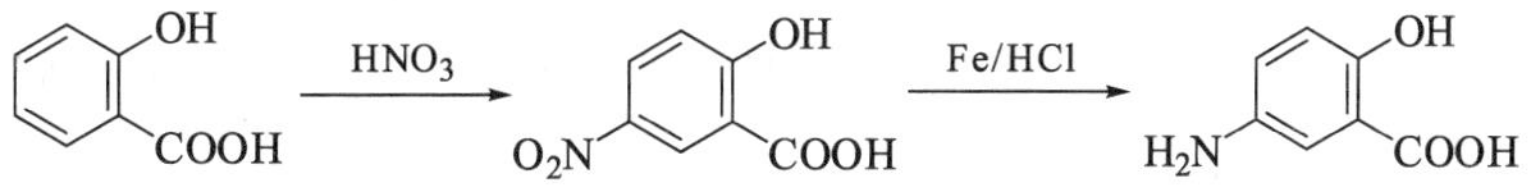

三、实验仪器与试剂

1. 主要仪器

三颈圆底烧瓶、温度计、恒压滴液漏斗、回流冷凝管、圆底烧瓶、锥形瓶、烧杯、显微熔点测定仪、布氏漏斗、抽滤瓶等。

2. 主要试剂

水杨酸、浓硝酸、冰醋酸、铁粉、浓盐酸、pH 试纸等。

四、实验步骤

1. 水杨酸的硝化

14 g 水杨酸（0.1 mol）、30 mL 水、3 mL 冰醋酸，搅拌下于70 ℃下缓慢滴加70% 12 mL 浓硝酸，控制温度在70～80 ℃之间，保温反应1 h。倒入150 mL 冰水中，放置1 h 后抽滤。取滤渣，加水150 mL 加热至沸腾，热抽滤，得浅黄色固体11.2 g，熔点227～230 ℃[1]。

2. 5-硝基-2-羟基苯甲酸还原

50 mL 水加温至60 ℃以上，加入3.4 mL 浓盐酸和3.5 g 铁粉，加热至沸腾。将其余铁粉和 5-硝基-2-羟基苯甲酸交替加入，保温搅拌 1 h。降温至 80 ℃，以 40%氢氧化钠溶液调节 pH 至 10，抽滤，水洗，合并滤液和洗液。然后加入 1.3 g 保险粉和少量活性炭，搅拌，脱色 10 min，抽滤，取滤液用 40%硫酸调节 pH 至 5，析出固体，抽滤，干燥，得到粗品。向粗品中加 100 mL 水和 4.5 mL 浓硫酸，加热至固体物全部溶解，趁热过滤，冷却，滤液用 15%氨水调节 pH 为 5，析出固体，过滤，水洗，干燥，得灰白色结晶或结晶状粉末，测定熔点[1]。

五、实验结果与讨论

(1) 记录实验条件、过程和各试剂实际用量。

(2) 记录产物性状，测定各步产物的熔点，并与标准品对照以进行验证，计算各步反应产率。

六、注意事项

滴加浓硝酸的速度不能过快。

七、思考题

硝基的还原还有哪些方法？

八、注释

[1] 5-硝基水杨酸的熔点为 227～230 ℃，5-氨基水杨酸的熔点为 274 ℃。

实验十六　盐酸萘替芬的合成

盐酸萘替芬属烯丙胺类广谱抗真菌药，为内烯胺类局部抗真菌药，化学名为 3-苯基-2-丙烯-*N*-甲基-1-萘甲胺盐酸盐，由瑞士 Sandoz 公司开发，1985 年上市，剂型为软膏和凝胶。该药属于皮肤科用药，适用于敏感真菌所致的皮肤真菌病如体股癣、手足癣、头癣、甲癣、花斑癣、浅表念球菌病。其作用机制为抑制真菌角鲨烯环氧化酶，干扰真菌细胞壁的麦角固醇的生物合成，影响真菌的脂质代谢，使真菌细胞损伤或死亡而起到杀菌和抑菌作用。

一、实验目的

(1) 学习曼尼奇反应的原理和应用“一锅法”反应的实验方法。

(2) 学习并掌握萘替芬的合成方法。

二、实验原理

萘替芬(Naftifine)是 1985 年国外上市的第一个烯丙胺类抗真菌药物，具有结构新颖，作用机理不同于以往临床上所用的抗真菌药。一般采用 *N*-甲基-1-萘甲胺与苯乙酮缩合后还原脱水的方法合成。反应方程式如下：

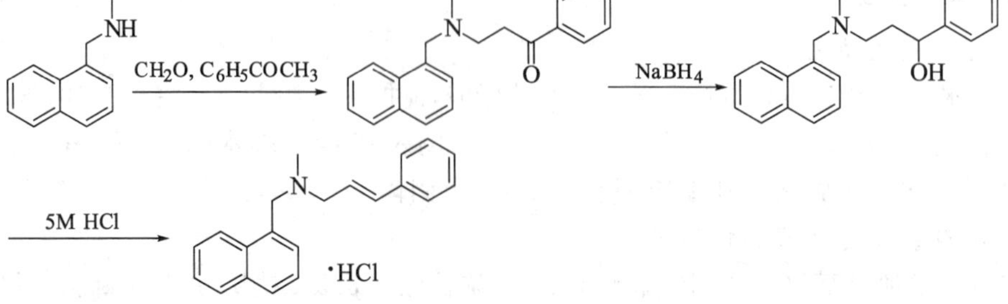

三、实验仪器与试剂

1. 主要仪器

三颈圆底烧瓶、温度计、恒压滴液漏斗、回流冷凝管、蒸馏头、直形冷凝管、尾接管、圆底烧瓶、锥形瓶、烧杯、显微熔点测定仪、布氏漏斗、抽滤瓶等。

2. 主要试剂

30%甲胺的乙醇溶液、1-氯甲基萘、无水乙醇、氯仿、氢氧化钠、无水硫酸钠、浓盐酸、35%甲醛水溶液、苯乙酮、聚甲醛细粉、乙酸乙酯、$NaBH_4$、异丙醇、乙醚等。

四、实验步骤

1. *N*-甲基-1-萘甲胺

在冰浴冷却搅拌下，向 300 mL 30%甲胺的乙醇溶液中滴加 120 mL 由 51 g 1-氯甲基萘(0.29 mol)溶于无水乙醇中配制的溶液，约 2 h 加完，在室温放置过夜。蒸去乙醇，将残留物溶于 150 mL $CHCl_3$ 中，用 300 mL 1 mol/L NaOH 溶液洗涤，然后水洗，加无水Na_2SO_4干燥，然后蒸去 $CHCl_3$，减压蒸馏，得产物，b. p. 133～134 ℃/4 mmHg，计算产率[1]。

2. 2-(*N*-甲基-*N*-(1-萘甲基)氨基)乙基苯基酮

将 5.2 g *N*-甲基-1-萘甲胺(30 mmol)溶于 13 mL 乙醇中，加入 2.6 mL 浓盐酸、2.5 g 35%甲醛水溶液(30 mmol)和 3.7 g 苯乙酮(30 mmol)，加热回流 1 h，再加入 1.4 g 聚甲醛细粉(45.7 mmol)，继续回流 2 h；然后将反应液倒入 100 mL 水中，冷却，用 30% NaOH 溶液碱化至强碱性，滤出固体，水洗，得产物，粗品可直接用于下步反应。分析样品用甲醇重结晶，m. p. 87～88 ℃。

3. 萘替芬

将 27.5 g(24.7 mmol)2-(*N*-甲基-*N*-(1-萘甲基)氨基)乙基苯基酮溶于 80 mL 乙酸乙酯中，加 10 mL 水及催化量相转移剂，在搅拌下分次加入 1 g $NaBH_4$(26 mmol)。加完后，在室温继续搅拌 1 h，分出有机层，蒸去乙酸乙酯。在残留物中加入 300 mL 5 mol/L HCl，加热回流 3 h，冷却，用玻棒摩擦使油状物固化，过滤，用水洗涤，干燥，得粗品。用异丙醇-乙醚重结晶，得精制产物[2]。

五、实验结果与讨论

(1) 记录实验条件、过程和各试剂实际用量。

(2) 记录产物性状，测定各步产物的熔点，并与标准品对照以进行验证，计算各步反应产率。

六、注意事项

甲胺的滴加一定要缓慢，过快会使副产物增多。

七、思考题

(1) 加入 5 mol/L HCl 的作用是什么？

(2) 相转移催化剂有哪些？

八、注释

[1] *N*-甲基-1-萘甲胺的产率大约为 60%，文献 b. p. 85～87 ℃/0.01 mm Hg。

[2] 盐酸萘替芬产物大约 7 g，m. p. 175～177 ℃。

实验十七　苯妥英钠的合成

苯妥英钠为抗癫痫药，适于治疗癫痫大发作，也可用于三叉神经痛，及某些类型的心律不齐。苯妥英钠化学名为5,5-二苯基乙内酰脲，化学结构式为：

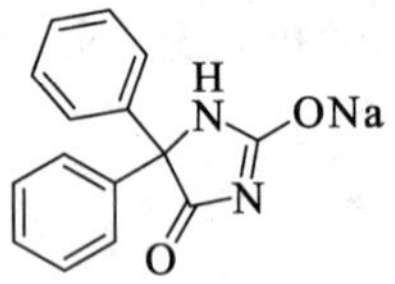

苯妥英钠为白色粉末，无臭、味苦；微有吸湿性，易溶于水，能溶于乙醇，几乎不溶于乙醚和氯仿。

一、实验目的

(1) 学习安息香缩合反应的原理和应用维生素 B_1 为催化剂进行反应的实验方法。

(2) 学习使用 $FeCl_3$ 氧化羟基的方法。

(3) 学习二苯乙二酮与脲素缩合过程重排反应的机理。

二、实验原理

合成路线如下：

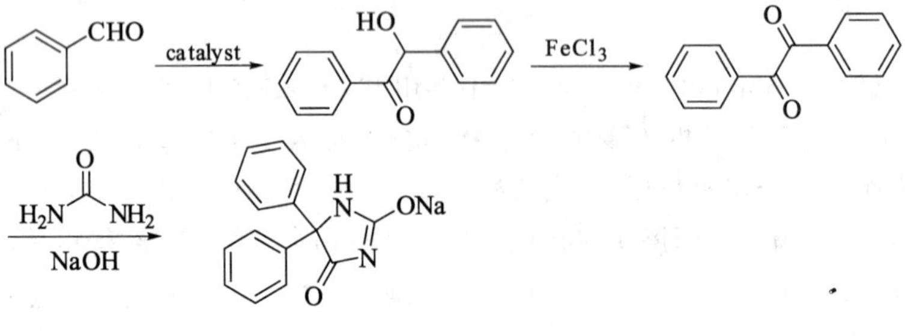

三、实验仪器与试剂

1. 主要仪器

锥形瓶、三颈圆底烧瓶、圆底烧瓶、回流冷凝管、布氏漏斗、抽滤瓶等。

2. 主要试剂

VB_1、苯甲醛、安息香、冰醋酸、$FeCl_3 \cdot 6H_2O$、脲素、盐酸、NaOH、乙醇、活性炭等。

四、实验步骤

1. 安息香的制备

于锥形瓶内加入2.7 g VB_1、10 mL水和20 mL 95%乙醇。不时摇动，待 VB_1 溶解，加入7.5 mL 2 mol/L NaOH，充分摇动，加入新蒸馏的苯甲醛7.5 mL，放置一周。抽滤得淡黄色结晶，用冷水洗，得安息香粗品。

2. 二苯乙二酮的制备

在250 mL的圆底烧瓶中加入20 mL冰醋酸，10 mL水及18.0 g $FeCl_3 \cdot 6H_2O$，装上

回流冷凝管，小火加热至沸，且不时加以振荡。停止加热，待沸腾平息后，加入 4.24 g 安息香，继续加热回流 50 min，加入 100 mL 水，煮沸，然后冷却反应液，有黄色固体析出，抽滤，并用少量冷水洗涤固体，得粗品。

3. 苯妥英的制备

在 100 mL 装有搅拌、温度计和球型冷凝器的三颈瓶中，投入 4 g 二苯乙二酮、1.4 g 脲素、12 mL 20%NaOH 溶液和 20 mL 50%乙醇溶液，开动搅拌，直火加热，温和回流反应 90 min。反应完毕，反应液倾入到 120 mL 沸水中，加入活性炭，煮沸 10 min，放冷，抽滤。滤液用 10%盐酸调至 pH=6，放置析出结晶，抽滤，结晶用少量水洗，得苯妥英粗品。

4. 成盐与精制

将苯妥英粗品置 100 mL 烧杯中，按粗品与水质量比为 1∶4 之比例加入水，水浴加热至 40 ℃，加入 20%NaOH 溶液至全溶，加少许活性炭，在搅拌下加热 5 min，趁热抽滤，滤液加氯化钠至饱和。冷却，析出结晶，抽滤，少量冰水洗涤，80 ℃干燥得苯妥英钠，称重，计算收率。

五、实验结果与讨论

(1) 记录实验条件、过程和各试剂实际用量。

(2) 记录产物性状，利用熔点仪、红外光谱仪对产物进行表征，对各官能团的特征吸收峰进行归属。

六、注意事项

(1) 苯妥英（二苯乙内酰脲）是极强的抗痉挛药，处理时务必小心，防止在实验室中产生苯妥英的蒸气，不要测定它的熔点。

(2) 制备钠盐时，水量稍多，可使收率受到明显影响，要严格按比例加水。

七、思考题

(1) 试述 VB_1 在安息香缩合反应中的作用（催化机理）。

(2) 试述二苯乙二酮与脲素缩合的反应机理？

八、注释

(1) 测定二苯基乙内酰脲熔点，产品的熔点为 292～295 ℃。二苯基乙内酰脲纯品熔点为 296～297 ℃。

(2) 红外光谱鉴定 5,5-二苯基乙内酰脲：特征峰：3 200 cm^{-1}（—OH）、1 700 cm^{-1} $\left(-\overset{\overset{\displaystyle O}{\|}}{C}-\right)$。

实验十八　对氨基苯磺酰胺的合成

磺胺类药物是指具有对氨基苯磺酰胺结构的一类药物的总称，是一类用于预防和治疗细菌感染性疾病的化学治疗药物。磺胺是磺胺药物的最基本结构，也是药性的基本结构。磺胺药物种类可达数千种，其中应用较广并具有一定疗效的就有几十种。可是，最早的磺胺却是染料中的一员。在某次偶然的机会，人们发现这种红色的染料对细菌具有很强的抑制作用，从而将它应用于药物，并在20世纪特别是第一次和第二次世界大战期间乃至到现在依然是一种应用非常广泛的抗菌药物。

一、实验目的

(1) 了解氯磺化反应的原理及操作方法。

(2) 了解氨基的保护方法与原理。

二、实验原理

本实验从乙酰氨基苯出发经下述3步反应合成对氨基苯磺酰胺(磺胺)：

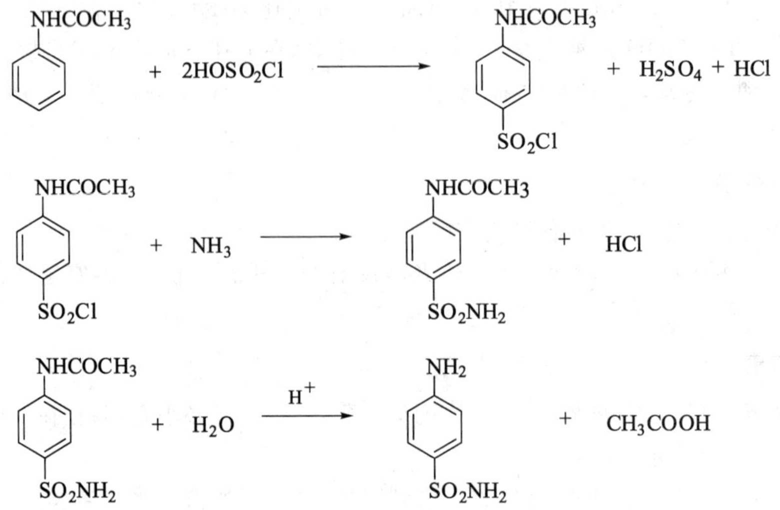

三、实验仪器与试剂

1. 主要仪器

三颈圆底烧瓶、温度计、恒压滴液漏斗、回流冷凝管、圆底烧瓶、锥形瓶、烧杯、显微熔点测定仪、布氏漏斗、抽滤瓶等。

2. 主要试剂

乙酰苯胺、氯磺酸、浓氨水、浓盐酸、碳酸钠等。

四、实验步骤

1. 乙酰氨基苯磺酰氯的制备

在100 mL干燥锥形瓶中，放入7.5 g干燥乙酰苯胺(0.055 mol)，在石棉网上用小火加热使之熔化。若瓶壁上有少量凝结的水珠出现，则用干净的滤纸擦干。冷却使熔化物凝结成块，将锥形瓶置于冷水浴中充分冷却后，一次迅速加入15 mL氯磺酸(0.23 mol)，并立即塞上预先配好的带有氯化氢吸收装置的塞子。反应很快发生，若反应过于剧烈，可适时用冷水浴冷却。当反应缓和后，轻轻摇动锥形瓶以使固体全部反应。待固体全部溶解后，再用温水浴加热约10 min，至不再有氯化氢气体产生为止。

将反应瓶在冷水浴中充分冷却，然后放至通风橱中，在强烈搅拌下，将反应液以细流慢慢倒入盛有120 g碎冰的大烧杯中(这步是关键，一定要慢，搅拌充分)。用少量冷水洗涤反应瓶，洗涤液也倒入烧杯中，搅拌数分钟后，出现白色固体，尽量将大块压碎使成细粒状。抽滤，用少量冷水洗涤，压干，粗产品不必干燥或提纯。因粗产品在酸性条件下不稳定，易分解，因此须很快进行下一步反应。

2. 乙酰氨基苯磺酰胺的制备

将上述粗产物放入烧杯中，在不断搅拌下慢慢加入 26 mL 浓氨水(0.66 mol)，此时产生白色糊状物。加完后，继续搅拌 15 min。然后加入 20 mL 水，在石棉网上小火搅拌加热 10 min 以除去多余的氨。

3. 对氨基苯磺酰胺的制备

将上述反应物放入 100 mL 圆底烧瓶中，加入 5 mL 浓盐酸(0.16 mol)，投入沸石后装上回流冷凝管，然后在石棉网上用小火加热回流 30 min。冷却后，应得一几乎澄清的溶液。若有固体析出，则测一下溶液的酸碱性，不呈酸性时酌情外加盐酸，并继续加热回流约 15 min，过滤。将溶液或滤液倒入烧杯中，在不断搅拌下慢慢加入碳酸钠固体至恰好呈碱性(约 6 g)。此时有固体磺胺析出，冷却后抽滤，用少量水洗涤、压干。粗产品可用水重结晶。

五、实验结果与讨论

(1) 记录实验条件、过程和各试剂实际用量。

(2) 记录产物性状，测定各步产物熔点，并对照文献值对产物进行确证。

六、注意事项

(1) 氯磺化反应较激烈，将乙酰苯胺凝结成块状后再反应，可使反应较缓和。

(2) 氯磺酸有强烈的腐蚀性，遇空气会冒出大量氯化氢气体！故取用时必须特别注意不能碰到皮肤和水，含氯磺酸的废液也不能倒入水槽。

(3) 实验装置要密封，导气管的末端接近水面而不能碰到，以免倒吸而发生严重事故。

(4) 反应完毕，将反应液慢慢倒入碎冰中，防止局部过热而使对乙酰氨基苯磺酰氯水解。

(5) 用碳酸钠中和盐酸时有大量二氧化碳气体产生，故需不断搅拌，以免产品溢出；产品可溶于过量碱中，故中和时必须控制碳酸钠的用量，以免降低产量。

七、思考题

(1) 为什么苯胺要乙酰化后再氯磺化？可否直接氯磺化？

(2) 试比较苯磺酰氯与苯甲酰氯水解反应的难易。

(3) 为什么对氨基苯磺酰胺可溶于过量的碱液中？

八、注释

(1) 乙酰氨基苯磺酰氯的产量约 6 g，纯对乙酰氨基苯磺酰氯是无色针状晶体，熔点为 149 ℃。

(2) 乙酰氨基苯磺酰胺产量约 5 g，纯对乙酰氨基苯磺酰胺为无色针状晶体，熔点为 219～220 ℃。

(3) 对氨基苯磺酰胺产量约 4 g，纯对氨基苯磺酰胺为白色叶片状晶体，熔点为 165～166 ℃。

第三章　天然产物的提取、分离与鉴定

实验一　人参多糖的提取、纯化和测定

人参多糖为中药人参的活性成分，为高分子葡聚糖，白色粉末，无臭，在水中极易溶，在乙醇或丙酮中略溶；能增强机体免疫调节功能和化疗药物抗肿瘤作用，对肿瘤有明显的抑制作用。另外，人参多糖还具有降血糖、美容等功能，临床用于减轻肿瘤放化疗引起的副作用和作为肿瘤治疗的辅助用药。

一、实验目的

(1) 掌握从生晒参中提取人参多糖的工艺。

(2) 掌握人参多糖含量及质量测定的方法。

二、实验原理

根据人参多糖易溶于水的性质，将人参或人参醇提后的药渣水煎提取，提取液过滤、浓缩后醇沉，经过滤得沉淀，沉淀经干燥得到人参多糖粗品。人参多糖粗品再经多次水煮醇沉、过滤除杂，然后经减压浓缩、低温干燥得到人参多糖精品。采用斐林试验检测醛基的存在，通过 α-萘酚试验检测多糖的存在。人参多糖含量测定主要有苯酚-硫酸比色法和中国药典法(以半乳糖醛酸计)，本实验采用中国药典法。

三、实验仪器与试剂

1. 主要设备与仪器

分光光度计、旋转蒸发仪、减压蒸馏装置、抽滤瓶、布氏漏斗、容量瓶、烧杯等。

2. 主要材料与试剂

生晒参饮片标准品、乙醇、丙酮、半乳糖醛酸、盐酸、浓硫酸、活性炭、碱性酒石酸铜试液、5%α-萘酚-乙醇溶液、30%磺基水杨酸试液、0.025 mol/L 硼砂硫酸溶液、0.125%咔唑无水乙醇溶液等。

四、实验步骤

1. 人参多糖粗品提取

取 70 g 生晒参切碎，用 300 mL 75%乙醇回流提取 4 h，然后过滤，药渣晾干；每次加入 10 倍质量的水，煎煮 3 次，合并煎煮液，再加入 0.3%活性炭，搅拌 30 min，静置过夜，过滤，收集流出液；流出液经减压浓缩，加乙醇使含醇量达 95%，冷藏，过滤，取沉淀用丙酮洗涤，抽干丙酮，沉淀于 60～80 ℃干燥，粉碎，得人参多糖粗品粉末。

2. 人参多糖精制

取粗品粉末，加入 10 倍质量的水，加热煮沸 10～30 min，然后降温，过滤；向滤液中加入 95％的乙醇使醇的质量分数达 65％～85％，然后在 0～8 ℃冷藏静置 12～48 min；将冷藏后的药液过滤，收集沉淀，重复水煮、醇沉、过滤 2～3 次，采用低温或冷冻干燥，得到人参多糖精品。

3. 鉴别

(1) 取约 0.2 g 人参多糖精品，加水 5 mL 溶解后，加碱性酒石酸铜试液 5 滴，加热即产生红色沉淀，冷却，过滤，取滤液加盐酸 1 滴使其成酸性，水浴加热 10 min，放冷，调节 pH 值至中性；加碱性酒石酸铜试液 0.5 mL，水浴加热即产生红色的氧化亚铜沉淀。

(2) 取约 0.2 g 人参多糖精品，加水 2 mL 溶解后，加 0.5 mL 5％α-萘酚乙醇溶液摇匀，缓缓加入 3 mL 硫酸，两液面交界处显紫红色环。

4. 含量测定(人参多糖含量以半乳糖醛酸计)

(1) 对照品溶液的制备

准确称取 60 ℃真空干燥至恒重的半乳糖醛酸约 100 mg，置于 100 mL 容量瓶中，加水至刻度，摇匀。准确量取 10 mL，置于 100 mL 量瓶中，加水至刻度，摇匀，即得对照品溶液，其中每 1 mL 溶液中含半乳糖醛酸 0.1 mg。

(2) 供试品溶液的制备

准确称取 50 mg 人参多糖精品，置于 100 mL 容量瓶中，加水溶解并稀释至刻度，摇匀，即得。

(3) 测定法

准确量取对照品溶液、供试品溶液及水各 1 mL，分别准确加入 0.025 mol/L 硼砂硫酸溶液 6 mL，置于水浴中加热 30 min，放冷，再分别准确加入 0.4 mL 0.125％咔唑无水乙醇溶液，置于水浴中加热 10 min，放冷至室温，采用分光光度法(中国药典 2000 年版二部附录Ⅳ B)在 525 nm 波长处测定溶液的吸收度，计算，即得人参多糖的含量(以半乳糖醛酸计)。

五、实验结果与讨论

(1) 记录人参多糖水体醇沉过程中，随着乙醇加入出现的实验现象，记录所加入的乙醇用量，分析乙醇量和多糖析出程度的关系。

(2) 记录生晒参饮片、多糖粗品和精制品的精确质量，计算各提取步骤多糖收率。

(3) 根据分光光度法测定的实验结果，计算生晒参饮片中人参多糖含量。

六、注意事项

(1) 多糖纯品的干燥温度不宜过高，否则会脱水变成凝胶。

(2) 影响多糖收率最大的因素是煎煮次数，其次是煎煮时间和加水量。煎煮次数需因药材而异，不能随意确定。

(3) 本实验采用醇沉中调节药液含醇量时，应将计算量的乙醇加入药液中，不宜用醇度计直接在含醇的药液中测量其含醇量。另外，加醇的方式也要注意，乙醇应慢慢加入，边加边搅拌，含醇量逐步提高，使多糖逐渐析出，防止析出过快而致大量杂质被包裹在沉淀中。加醇时药液温度不能太高，加至所需含醇量后，密闭，以防挥发，置低温冷藏过夜，使多糖充分析出。

七、思考题

(1) 粗品用丙酮洗涤的目的是什么,还可以换用什么试剂洗涤?

(2) 人参多糖精制时为什么只将乙醇质量分数调到65%~85%?

实验二　防己中粉防己甲素和乙素的提取、分离与鉴定

防己为防己科植物粉防己(Stephania tetrandra S. Moor)的干燥根。总生物碱含量约为1.5%~2.3%,主要为粉防己碱和防己诺林碱,结构式如图3-1所示。粉防己碱,又称汉防己甲素,在防己中的含量约为1%,为无色针状结晶(乙醚),熔点217~218 ℃。易溶于甲醇、乙醇、丙酮、氯仿,溶于乙醚、苯等有机溶剂,几乎不溶于水和石油醚。

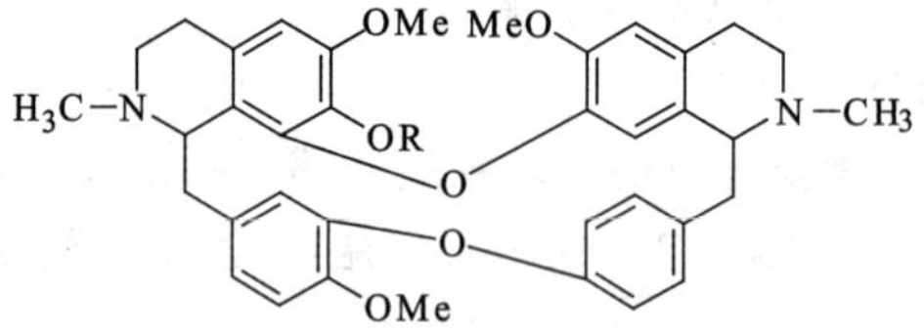

粉防己碱　$R=CH_3$

防己诺林碱　R=H

图3-1　粉防己碱和防己诺林碱的结构式

防己诺林碱,又称汉防己乙素,在防己中的含量约为0.5%,六面体粒状结晶(丙酮),熔点237~238 ℃。溶解度与粉防己碱相似,但因比粉防己碱多1个酚羟基,故极性较粉防己碱稍大,因此,在冷苯中的溶解度小于粉防己碱,可利用此性质实现相互分离。

一、实验目的

(1) 掌握生物碱的溶剂提取法和粉防己碱与防己诺林碱的分离方法。

(2) 熟悉生物碱的一般理化性质。

(3) 熟悉粉防己碱和防己诺林碱的鉴定方法。

(4) 掌握回流法、萃取法、结晶法等基本操作过程及注意事项。

二、实验原理

本实验是根据粉防己碱和防己诺林碱游离时难溶于水,易溶于氯仿,成盐后易溶于水,难溶于氯仿的性质提取得到总生物碱。再利用两者在冷苯中的溶解度不同,使二者相互分离。

三、实验仪器设备

单口和双口圆底烧瓶各1只、冷凝管、铁架台、分液漏斗、三角烧瓶、滤纸、微量抽滤器、布氏漏斗、层析槽、毛细管等。

四、实验步骤

1. 实验流程

粉防己甲素和乙素的提取分离流程如图3-2所示。

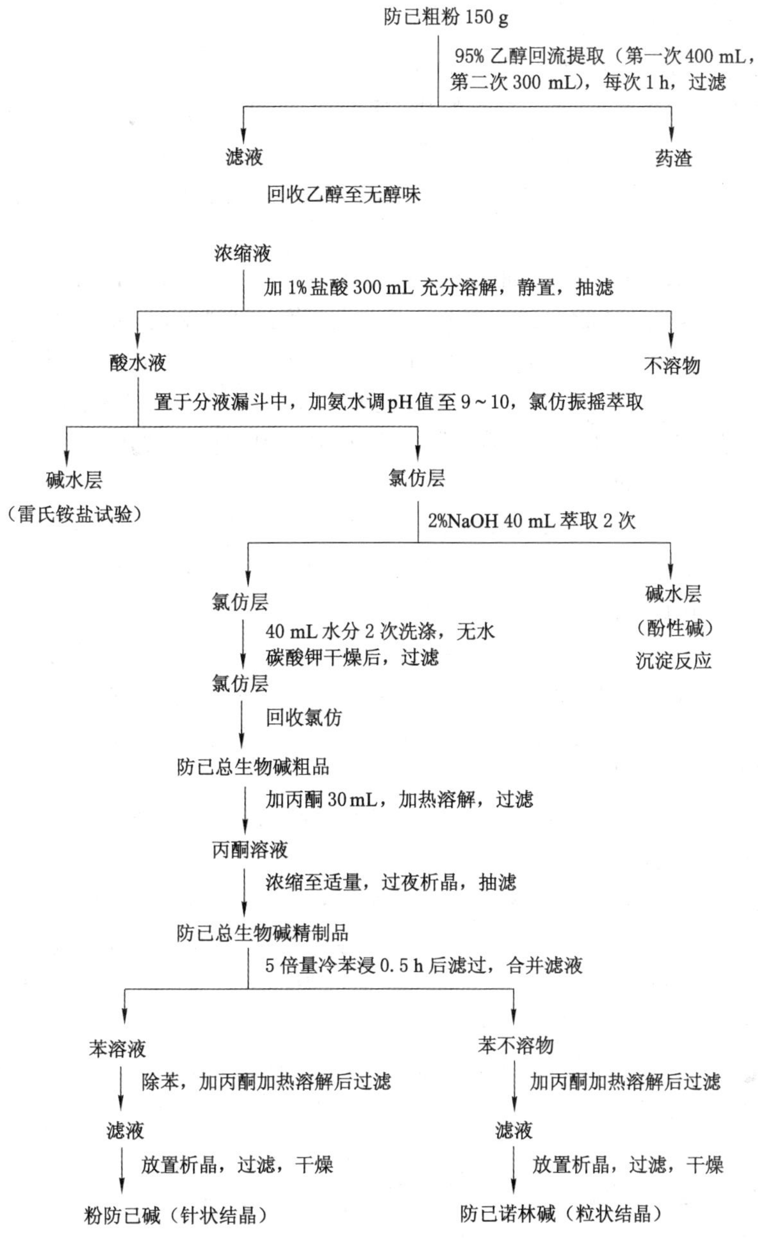

图 3-2　粉防已甲素和乙素的提取分离流程

2. 实验步骤

(1) 总生物碱的提取

称取 150 g 粉防己粗粉，置于 1 000 mL 圆底烧瓶中，加 95%乙醇以浸透并盖没生药为度(约需 400 mL)。水浴加热回流 1 h(加热期间振摇数次)，滤出提取液；药渣再加 95%乙醇以浸没为度(约需 300 mL)，如上法再热提 1 次，滤出提取液；最后将瓶内药渣倒在布氏漏斗上抽滤压干，药渣弃去。合并两次乙醇提取液，放冷后如有絮状物析出，再抽滤一次，澄清液回收乙醇，浓缩至糖浆状无乙醇味为止，得乙醇总提取物。

（2）生物碱的分离

① 亲脂性生物碱和亲水性生物碱的分离

将糖浆状总提取物移至大三角烧瓶中，逐渐加入1%盐酸稀释，充分搅拌使生物碱溶解，不溶物呈树脂状析出，直至加酸水溶液不再发生混浊为止（约需300 mL），静置；倾出上清液，瓶底的树脂状杂质以1%盐酸少量分次洗涤，直至洗液对生物碱沉淀试剂反应微弱时为止。

合并洗液和滤液，静置片刻，抽滤得澄清滤液，置于1 000 mL三角烧瓶中，滴加浓氨水至pH值为9左右，此时亲脂性叔胺碱游离析出（如有发热现象，设法冷却）；待溶液冷后，移至1 000 mL的分液漏斗中，加氯仿150 mL振摇萃取；分取氯仿层，氨碱性水溶液再以新鲜氯仿萃取数次，每次用氯仿100 mL，直至氯仿抽提液的生物碱反应微弱时止（检查时取少量氯仿抽提液置于表面皿上，待溶剂挥发至干，残留物中加稀盐酸数滴使之溶解，再加生物碱沉淀试剂试之），合并氯仿液。

此氯仿液中含亲脂性叔胺碱，氯仿萃取过的氨碱性水溶液含亲水性季铵碱。后者取出少量，加盐酸酸化至pH值为4～5，滴加雷氏铵盐饱和水溶液，观察有无沉淀出现。

② 亲脂性碱中酚性和非酚性碱的分离

氯仿萃取液合并（约300～400 mL）移至1 000 mL的分液漏斗中，每次以40 mL 2%氢氧化钠水溶液萃取，共萃取2次；然后氯仿液用水洗涤2次，每次用水20 mL。分取氯仿层，加无水碳酸钾脱水干燥，过滤，滤液在常压下回收氯仿。将氯仿全部蒸去，残留溶剂去瓶塞后挥发至干，得粗总非酚性生物碱。

2%氢氧化钠提取液合并后取出少量，加盐酸酸化后进行生物碱反应。

③ 叔胺生物碱的纯化

在盛有非酚性生物碱的圆底烧瓶中，加丙酮加热溶解，过滤，用热丙酮洗涤滤纸，将滤液、洗液合并，回收丙酮至适量，放冷，加塞静置待结晶析出，析出完全后抽滤收集结晶。母液再浓缩重复处理，尚可得结晶。合并数次结晶即为粉防己碱和防己诺林碱的混合物。

④ 粉防己碱和防己诺林碱的分离

苯冷浸法：取上述结晶状混合物碱称重，置于50 mL三角瓶中，加5倍量的苯冷浸，时时振摇，冷浸30 min后，过滤分开苯溶液和苯不溶物。

苯溶液回收苯至尽，残留物以丙酮重结晶，得细针状结晶，为粉防己碱。苯不溶物待挥发去残留的苯后，也用丙酮重结晶，可得粒状结晶防己诺林碱。

3. 生物碱的一般鉴定方法

（1）沉淀反应

① 碘化汞钾试验　取样品的稀酸水溶液1 mL，加碘化汞钾试剂（Mayer氏试剂）1～2滴，出现白色或类白色沉淀者为阳性反应，表示有生物碱存在。

② 碘化铋钾试验　取样品的稀酸水溶液1 mL，加碘化铋钾试剂（Dragendorff氏试剂）1～2滴，出现棕黄至棕红色沉淀者为阳性反应，表示有生物碱存在。

③ 碘-碘化钾试验　取样品的稀酸水溶液1 mL，加碘-碘化钾试剂（Wangner氏试剂）1～2滴，生成褐色至暗褐色沉淀者为阳性反应，表示有生物碱存在。

④ 雷氏铵盐试验　取样品的稀酸水溶液（pH值为4～5）1 mL，加雷氏铵盐试剂数滴，

生成黄红色沉淀者为阳性反应，表示有生物碱存在。

⑤ 苦味酸试验　取样品的中性溶液 1 mL，加苦味酸的饱和水溶液 1～2 滴，生成黄色沉淀者为阳性反应，表示有生物碱存在。

(2) 薄层色谱

吸附剂：中性氧化铝(Ⅲ级)，干法制板。

样品：粉防己碱，防己诺林碱，总提取物(均以氯仿溶解)。

展开剂：氯仿-丙酮-苯(3∶1∶4)。

显色剂：喷以改良碘化铋钾试剂(干法铺板显色时，要在溶剂未干前喷显色剂，否则氧化铝粉末易飞散，使薄层破坏)。

五、实验结果与讨论

(1) 仔细记录生物碱提取和分离过程中所加入的溶剂、所控制的体系酸碱度。

(2) 分析所用溶剂的极性和所控制的酸碱度与各生物碱存在形式之间的关系。

六、注意事项

(1) 提取总生物碱回收乙醇时，不能把体系蒸得太干，防止加 1%盐酸溶解生物碱时结块。

(2) 挥发性有机溶剂使用较多，实验时注意充分通风换气。

七、思考题

(1) 粉防己碱、防己诺林碱在结构与性质上有何异同点？实验过程中，应怎样利用它们的共性及个性进行提取分离？请设计方案。

(2) 分离水溶性与脂溶性生物碱的常用方法有哪些？

(3) 从防己中分离脂溶性、水溶性碱，酚性、非酚性碱的依据是什么？

(4) 萃取过程中怎样防止和消除乳化？

(5) 生物碱的沉淀反应应在什么条件下进行？为什么？

八、注释

防己诺林碱虽有酚羟基但不溶于氢氧化钠水溶液中，因而和非酚性生物碱一起在氯仿层中。

实验三　葛根中异黄酮类化合物的提取、分离与鉴定

葛根为豆科植物野葛 Pueraria lobata (Willd.) Ohwi 和甘葛藤(Pueraria thomsonii Benth)的干燥根，主要用于解表退热、生津、透疹、生阳止泻，用于外感发热头痛、高血压颈强痛、口渴、麻疹不透、热痢、泄泻。葛根的主要活性成分为异黄酮类化合物，以大豆苷元、大豆苷、葛根素(图 3-3)、葛根素-7-木糖苷等为主。近年来有报道指出，葛根的异黄酮类成分有扩张血管、降低外周阻力、扩张冠状动脉、改善微循环和降低心肌氧耗量、抗心律失常、降血脂、降血压等作用。

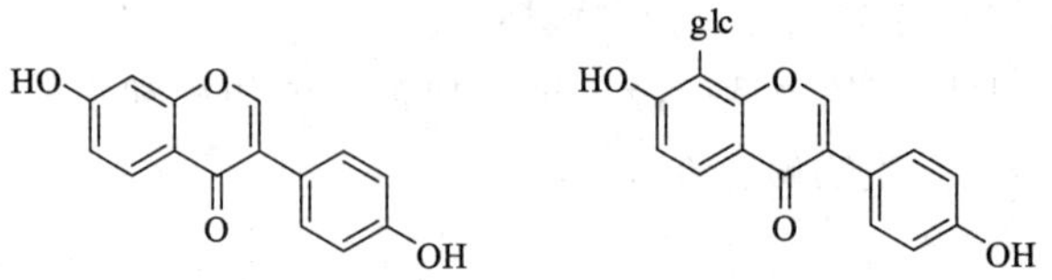

大豆苷元 (Daidzin)　　　　葛根素(Puerarin)

图 3-3　大豆苷元和葛根素的结构式

一、实验目的

(1) 学会从葛根中提取粗异黄酮,利用柱层析方法分离异黄酮类化合物。

(2) 掌握异黄酮类化合物的检测和结构鉴定方法。

二、实验原理

异黄酮及异黄酮苷是具有中等极性的成分,能用乙醇进行提取,在 *n*-BuOH 和 H_2O 中进行分配,再进行柱层析分离。异黄酮类化合物能用硅胶薄层层析、氯仿-甲醇混合溶剂展开,与三氯化铁-铁氰化钾试剂显蓝色。

三、实验仪器与试剂

1. 主要仪器

小层析柱(ϕ2 cm×10 cm)、分液漏斗(100 mL)、旋转蒸发仪、硅 G 薄层层析板、薄层层析展开缸、喷雾瓶、圆底烧瓶(50 mL)、加热器或加热板等。

2. 主要试剂

柱层析用硅胶、中性氧化铝(80～120 目)、氯仿(分析纯)、甲醇(分析纯)、正丁醇(分析纯)、乙醇(分析纯)、三氯化铁、铁氰化钾等。

四、实验步骤

1. 葛根总异黄酮提取

葛根用 70%乙醇回流提取 1 h,重复过滤 2 遍,在减压下,蒸去乙醇,得到的水浓缩液用正丁醇萃取 3 遍,得到粗异黄酮混合物。

2. 异黄酮的分离

(1) 葛根总异黄酮的氧化铝柱层析

取总黄酮样品 0.2 g,溶于少量水饱和的正丁醇,加于中性氧化铝柱(2.5 cm×30 cm)的顶端,用 100 mL 水饱和的正丁醇洗脱,收集流分每 10 mL 一瓶,再用 100 mL *V*(正丁醇):*V*(吡啶)=10:1 的混合液进行洗脱,旋转蒸发器减压回收溶剂,得到各浓缩流分。用 TLC 方法检测各流分。

(2) 葛根总异黄酮的硅胶柱层析

将总黄酮混合物进行低压硅胶柱层析分离,用 $CHCl_3$-MeOH 混合液梯度洗脱,减压浓缩各流分得到不同产物,用 TLC 法检测各流分。

3. 异黄酮的结构鉴定

(1) TLC 方法检测

样品点于硅胶薄层板上,用 $CHCl_3$-MeOH(7:1)为展开剂,$FeCl_3$-$K_3Fe(CN)_6$ 喷雾显

色，异黄酮斑点显蓝色，用大豆素、葛根素标准品进行对照。

（2）光谱方法鉴定

主要化合物的理化常数和波谱数据：

大豆苷元：无色针晶，m. p. 300 ℃；UV（MeOH，log ε）：301（4.00）（sh），259（4.38）（sh），249（4.40），238（4.38）（sh）；EI-MS m/z：254（M^+），137，118，105；^{1}H NMR δ：6.75（2H，d，J=8.2 Hz，H－5′），6.80（1H，d，J=2.2 Hz，H－8），6.87（1H，dd，J=8.8，2.2 Hz，H－6），7.32（2H，d，J=8.2 Hz，H－2′），7.90（1H，d，J=8.8 Hz，H－5），8.22（1H，s，H－2）。

葛根素：白色无定形粉末，$[\alpha]_D^{20}$ +9.2，（c=0.5，DMSO）；UV（MeOH，log ε）：308（3.85），271（4.11），250（4.20）（sh），242（4.23）；^{1}HNMR δ：4.81（1H，d，J=9.6 Hz，H－1"），6.80（2H，d，J=8.9 Hz，H－5′），6.98（1H，d，J=9.0 Hz，H－6），7.39（2H，d，J=8.9 Hz，H－2′），7.94（1H，d，J=9.0 Hz，H－5），8.34（1H，s，H－2）。

五、实验结果与讨论

（1）记录提取和分离的各步骤，并记录相应实验现象。

（2）记录柱层析过程中各黄酮类成分被洗脱出来的先后顺序，记录 TLC 分析时各成分的相对比移值，分析黄酮类成分洗脱出来的先后顺序与相对比移值大小之间的相互关系。

六、注意事项

柱色谱分离时流出液颜色目视时很难进行区分，各组分是否被完全洗脱，以 TLC 检测为准。

七、思考题

（1）氧化铝填料分为哪几种类型？分别适合分离哪些类型化学成分？

（2）异黄酮类化合物、黄酮类化合物和二氢黄酮类化合物在紫外吸收上有什么区别？

实验四　白芷中香豆素的提取、分离和鉴定

白芷为伞型科植物白芷 Angelica dahurica（Fisch. ex Hoffm.）Benth. et Hook. f. 和杭白芷 Angelica dahurica（Fisch. ex Hoffm.）Benth. et Hook. f. var. formosana（Boiss.）Shan et Yu an 的干燥根，有散风除湿、通窍止痛、消肿排脓的功能。白芷中的主要有效成分为香豆素类化合物。用单味白芷的提取物（主要是香豆素类化合物）制成的制剂对功能性头痛、白癜风的临床疗效较好。异欧前胡素（1）和欧前胡素（2）为白芷的主要有效成分，其分子结构如图 3-4 所示。

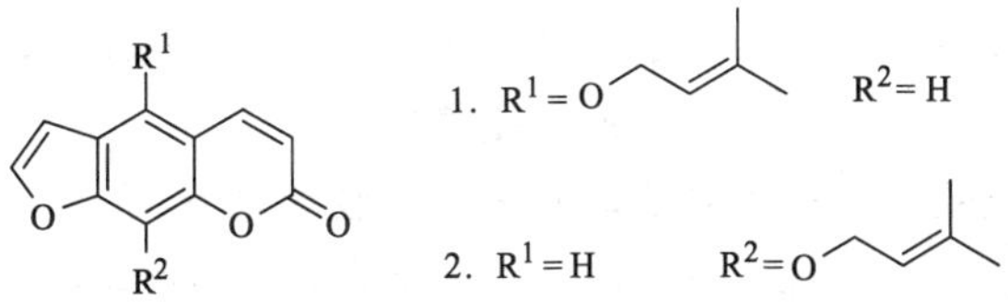

图 3-4　异欧前胡素（1）和欧前胡素（2）的分子结构

一、实验目的

(1) 掌握连续回流提取法的原理和方法。

(2) 掌握重结晶的原理和方法。

(3) 掌握柱色谱的操作和化合物纯度鉴定方法。

二、实验原理

常见的提取方法有:溶剂提取法、水蒸气蒸馏法、升华法。其中,溶剂提取法应用最广。溶剂提取法的原理:根据相似相溶原理,选择与化合物极性相当的溶剂将化合物从植物组织中溶解出来,同时,由于某些化合物的增溶或助溶作用,其极性与溶剂极性相差较大的化合物也可溶解出来。溶剂提取法一般包括浸渍法、渗漉法、煎煮法、回流提取法、连续回流提取法等,其适用环境和特点各有所不同。连续回流提取法具有提取效率高、溶剂用量少等优点。

本实验利用连续回流提取法提取白芷中的香豆素成分,并对两种香豆素成分进行硅胶柱色谱分离。

三、实验仪器与试剂

1. 主要仪器

烧杯、圆底烧瓶、三角烧瓶、索氏提取器、电子天平、恒温水浴、硅胶薄层板、层析缸、球形冷凝管、真空泵、色谱柱、三用紫外仪等。

2. 主要试剂

白芷粗粉、异欧前胡素和欧前胡素标准品、石油醚、乙醚、丙酮、乙酸乙酯、乙醇、蒸馏水、硅胶(200～300 目)等。

四、实验步骤

1. 白芷中香豆素的提取

取 30 g 白芷粗粉置于索氏提取器中,加入 300 mL 95%的乙醇,在 80 ℃恒温水浴中回流 2 h,提取液减压浓缩至糖浆状。用丙酮溶解并转移至 50 mL 三角烧瓶中,放置结晶;抽滤后,再重结晶,所得产品干燥称重,计算收率。

2. 产品的薄层色谱鉴定

色谱材料:硅胶薄层板。

点样:产品、欧前胡素和异欧前胡素标准品。

展开剂:石油醚-乙醚 1∶1,石油醚-乙酸乙酯 3∶1。

显色:置紫外光灯(365 nm)下,观察斑点颜色。

展开方式:预饱和后,上行展开。

3. 产品柱色谱分离

取白芷中提取的香豆素粗品 1.0 g,加适量丙酮溶解,硅胶拌样,蒸去溶剂,上样于已备好的色谱柱(ϕ2.6 cm×30 cm)上,以石油醚-乙酸乙酯(V∶V=3∶1)洗脱,分段收集洗脱液,薄层色谱检测,确定欧前胡素和异欧前胡素所在收集液;分别合并只含欧前胡素或异欧前胡素的收集液,再减压蒸去溶剂,所得产品干燥称重,计算收率。

五、实验结果与讨论

1. 记录实验条件、现象、图谱、斑点颜色、各试剂用量及产品的质量

索氏提取 2 h 后得到棕色的澄明液体，真空抽提后得到深棕色的糖浆状浓稠液体。丙酮转移静置后析出淡黄色晶体，精制后得到白色晶体。

在紫外光下观察得图谱和斑点的颜色如图 3-5 所示。

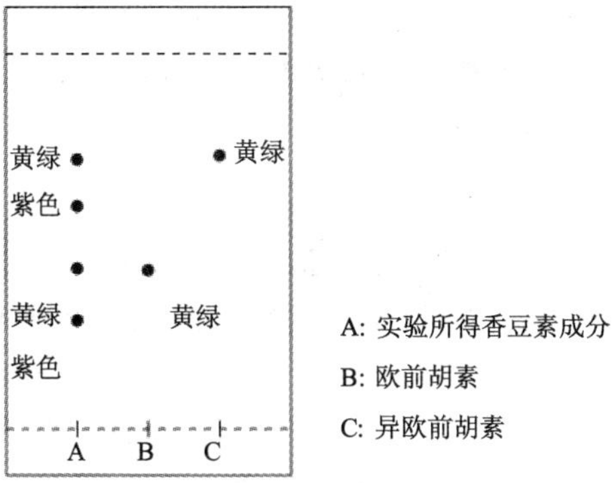

图 3-5　紫外光下观察得图谱和斑点的颜色

香豆素样品中含有欧前胡素和异欧前胡素 2 种物质，并且还含有其他 2 种未知物质，在紫外光照射下显紫色。

2. 计算收率

得到的香豆素总质量为 m，故收率 $\varphi(\%)$ 可按式(3-1)计算。

$$\varphi(\%) = \frac{m}{30} \times 100 \tag{3-1}$$

六、注意事项

柱色谱分离时，色谱柱装填要均匀，要保证径高适当比例，柱色谱分离中要采用薄层色谱及时进行分析，要使用标准品对照确定欧前胡素和异欧前胡素所在收集液位置，实时监测，确保各组分分离完好。

七、思考题

(1) 连续回流提取法的原理是什么？有何特点？

(2) 对比浸渍法、渗漉法、煎煮法、回流提取法和连续回流提取法的使用范围和特点。

(3) 薄层色谱法的原理是什么？薄层色谱法对于柱色谱层析有何意义？

实验五　黄芪多糖的提取、纯化与含量测定

黄芪为豆科植物蒙古黄芪 Astragahts membranaceus (Fisch.) Bge. Var. mongholicus (Bge.) Hsiao 或膜荚黄芪 Astragalus membranaceus (Fisch.) Bga. 的干燥根。黄芪为常用补益中药，性温，味甘，其主要成分有黄芪皂苷、胡萝卜素、γ-氨基酸、丁酸、叶酸、苦味素、香豆素、胆碱、甜菜碱、亚油酸、亚麻酸、氨基酸等，具有补气固表、利尿排毒生肌、利水消肿之

功能。现代医学研究发现，其具有增强机体免疫功能、增强细胞代谢、调节 DNA 复制及 RNA 和蛋白质的合成、固肾降压、保肝抗炎的功能。黄芪多糖是黄芪的主要活性成分之一，在医学和兽医临床上研究应用也较广泛，可作为免疫促进剂或调节剂，同时具有抗病毒、抗肿瘤、抗衰老、抗辐射、抗应激和抗氧化等作用。

一、实验目的

(1) 掌握应用水提醇沉法提取、精制分离多糖类化合物的原理、方法和操作要点。

(2) 掌握利用凝胶阴离子交换树脂进行多糖类化合物精制的原理、方法和操作要点。

(3) 掌握多糖类化合物的鉴定方法。

二、实验原理

本实验是利用多糖溶于水、酸、碱和盐溶液而不溶于醇、醚和丙酮等有机溶剂的特点，以水作为溶媒，采用煎煮法进行提取；以不同浓度乙醇作为沉淀剂，使黄芪多糖沉淀析出，达到与其余成分初步分离的目的。

提取得到的粗品中含有低分子杂质及其他杂质，通过交联葡聚糖凝胶阴离子交换色谱、透析及多次醇沉操作得以去除，达到精制分离的目的。

三、实验仪器与材料

1. 主要实验仪器

电炉、减压浓缩装置、离心机、架盘天平、分析天平、抽滤装置、中空纤维超滤器、冰箱、层析柱、透析装置、电泳装置、真空干燥器、水浴锅、定量吸管、具塞刻度试管、试管、容量瓶、紫外分光光度计等。

2. 主要实验材料

黄芪药材、95%乙醇、无水乙醇、DEAE-Sephadex A-25 阴离子交换树脂、透析膜（纤维膜，孔隙小于 2～5 nm）、五氧化二磷、α-萘酚、硫酸、葡萄糖对照品、苯酚等。

四、实验步骤

1. 黄芪多糖的提取（水提醇沉法）

水提醇沉法提取黄芪多糖的流程如图 3-6 所示。

2. 黄芪多糖的分离精制

黄芪多糖的分离精制流程如图 3-7 所示。

3. 黄芪多糖的鉴定与含量测定

(1) 黄芪多糖的鉴定（Molish 反应）

取黄芪多糖约 0.1 mg，加水 10 mL，振摇使溶解，过滤，取滤液约 2 mL 于小试管中，加入 2%α-萘酚乙醇溶液 3 滴，摇匀后，沿试管壁缓缓加入浓硫酸约 1 mL，静置，观察并记录两液面交界处颜色变化。

(2) 黄芪多糖的含量测定

① 对照品溶液的制备

准确称取葡萄糖对照品 10 mg，置于 100 mL 容量瓶中，加水溶解并稀释至刻度，摇匀，即得，其中每 1 mL 溶液中含葡萄糖 0.1 mg。

② 标准曲线的制备

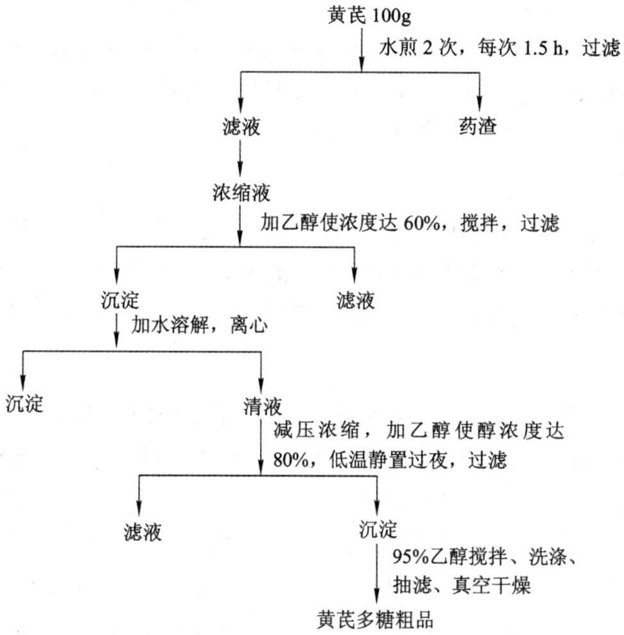

图 3-6 水提醇沉法提取黄芪多糖的流程

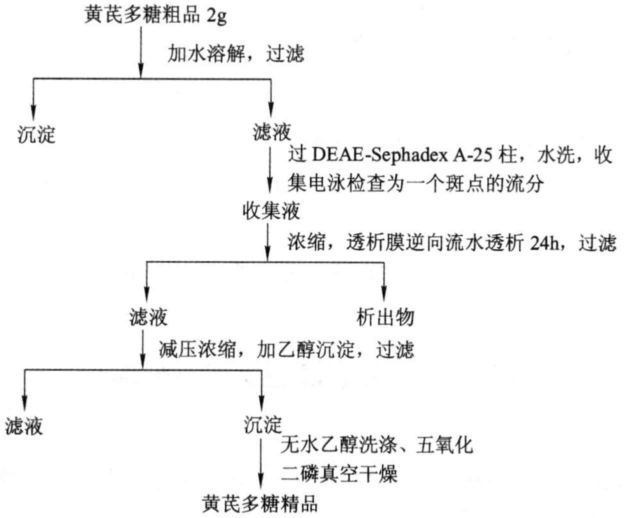

图 3-7 黄芪多糖的分离精制流程

准确量取对照品溶液 0.1、0.2、0.4、0.6、0.8 和 1.0 mL，分别置于具塞刻度试管中，加水补充至 2 mL，再加入 1.0 mL 5%苯酚溶液和 5.0 mL 浓硫酸，振摇 5 min，同时作一空白对照。沸水浴加热 15 min，取出，冷水冷却 30 min，在 490 nm 的波长处测定吸光度，以吸光度为纵坐标，葡萄糖浓度为横坐标，绘制标准曲线。

③ 测定方法

准确称取本品约 50 mg，置于 50 mL 容量瓶中，加水溶解并稀释至刻度，摇匀，过滤。

准确量取上述滤液 1.0 mL，置于 50 mL 量瓶中，加水稀释至刻度。准确量取上述溶液 2.0 mL 置于具塞试管中，再加入 1.0 mL 5%苯酚溶液和 5.0 mL 浓硫酸，振摇 5 min，沸水浴加热 15 min，取出，冷水冷却 30 min，在 490 nm 的波长处测定吸光度，在标准曲线上查出样品吸光度对应的毫克数，计算，即得黄芪多糖的含量。

五、实验结果与讨论

(1) 记录黄芪多糖粗提液补加乙醇过程中出现的实验现象，记录所加入的乙醇用量。

(2) 记录黄芪原药材、多糖粗品和精制品的精确质量，计算各提取步骤多糖收率。

(3) 根据分光光度法测定的实验结果，计算黄芪原药中黄芪多糖含量。

六、注意事项

(1) 黄芪药材在提取前应切片或略加粉碎，有助于多糖的溶解。

(2) 本实验醇沉前的浓缩操作的目的是为了减少乙醇的用量，使沉淀完全。但药液浓度太大，黏稠度过高，则乙醇与药液难以充分接触，黄芪多糖无法充分沉淀析出，会导致收率降低；药液浓度过低，则需消耗大量的乙醇、时间和能源。因此，适宜的浓缩程度对于提高收率是必要的。建议本实验提取液以浓缩至原体积的 1/2～1/3 为宜。

(3) 本实验大量采用醇沉操作。操作中调节药液含醇量时，应将计算量的乙醇加入药液中，不宜用醇度计直接在含醇的药液中测量其含醇量。另外，加醇的方式也要注意，乙醇应慢慢加入，边加边搅拌，含醇量逐步提高，使黄芪多糖逐渐析出，防止析出过快而致大量杂质被包裹在沉淀中。加醇时药液温度不能太高，加至所需含醇量后，密闭，以防挥发；最好置于低温冷藏过夜，使黄芪多糖充分析出。

七、思考题

(1) 本实验中如何去除多肽、酶、蛋白质等大分子物质？

(2) 在使用酚醛缩合(Molish)反应进行多糖类化合物的检识时，其反应过程与单糖有什么不同？

(3) 本实验中采用什么操作使黄芪多糖充分沉淀而达到初步精制分离的目的？

实验六　黄连素的提取与分离

黄连(Coptis chinensis Franch.)为多年生草本植物，其根茎中含有多种生物碱，如小檗碱(黄连素)、甲基黄连碱、棕榈碱、非洲防己碱等，黄连素的质量分数在 4%～10%。黄连素是一种具有多种功效的常用药，临床上是一种抗菌消炎药，并有降低血清胆固醇的作用。近期研究发现，黄连素还具有降血糖、抗心律失常等功效。

黄连素是黄色针状晶体，存在 3 种互变异构体，分别为季铵式(a)、醇式(b)和醛式(c)(图 3-8)，自然界中黄连素主要以季铵碱式存在。

一、实验目的

(1) 学习从黄连中提取黄连素的原理和方法。

(2) 掌握生物碱类化合物纯化方法。

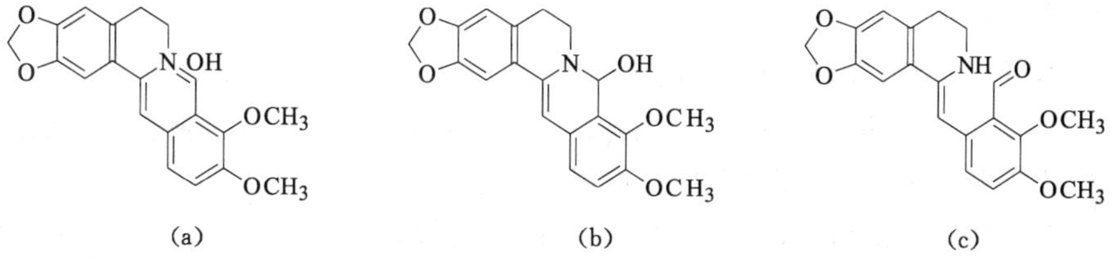

图 3-8　黄连素的互变异构体

二、实验原理

黄连素可溶于乙醇，也溶于热水，难溶于乙醚和苯等有机溶剂，因此可以用适当的溶剂将有效成分溶解提取出来。本实验用乙醇作为提取黄连素的溶剂，提取出来后再加入盐酸，使其成为盐酸盐晶体析出。

三、实验仪器与试剂

1. 主要仪器

圆底烧瓶、回流冷凝管（或索氏提取器）、锥形瓶、抽滤瓶、布氏漏斗、循环水真空泵、旋转蒸发仪、紫外光谱仪、红外光谱仪等。

2. 主要试剂

95%乙醇、浓盐酸、乙酸、丙酮、石灰乳、黄连等。

四、实验步骤

1. 溶剂抽提

称取 5 g 黄连，切碎，在研钵中捣碎、磨细后放入 100 mL 圆底烧瓶中，然后加入 50 mL 质量分数为 95%的乙醇，安装球形冷凝管，用水浴加热回流 30 min，再静置浸泡 1 h。减压抽滤，滤渣重复上述操作处理 2 次（后 2 次提取可适当减少乙醇用量和缩短浸泡时间）。合并 3 次所得滤液即黄连素提取液。上述过程也可在索氏提取器中进行。

2. 分离纯化

将提取液倒入 250 mL 圆底烧瓶中，用旋转蒸发仪在循环水真空泵减压下蒸馏回收乙醇。当烧瓶内残留液呈棕红色糖浆状时，可停止蒸馏（不可蒸干）。再向烧瓶内加入 15～20 mL 1%乙酸溶液，加热溶解，趁热抽滤以除去不溶物。滤液转入锥形瓶，向滤液中滴加浓盐酸，直至溶液浑浊为止（约需 5 mL）。在冰浴中放置冷却，即有黄色针状体的黄连素盐酸盐析出。减压抽滤，结晶用冰水洗涤 2 次，再用丙酮洗涤 1 次。烘干（注意在 220 ℃左右熔化），称重，约得黄连素粗品 0.5 g，

将黄连素盐酸盐加热水至刚好溶解，煮沸，用石灰乳调节 pH 值为 8.5～9.8，冷却后滤去杂质。滤液继续冷至室温，即有游离的黄连素黄色针状晶体析出，减压过滤。将结晶置于烘箱内，于 50～60 ℃干燥，即得黄连素精品，熔点 145 ℃。

五、实验结果与讨论

（1）记录各步骤实验条件、过程中实验现象和试剂用量。

（2）记录黄连原药材、黄连素粗品和黄连素精品的精确质量，计算各步骤的收率。

（3）分析滴加浓盐酸的速度和滴加量对黄连素晶体产量和产品纯度的影响。

六、注意事项

(1) 黄连可磨成粉末,切成片状,或刨成丝状,主要由其提取方法而定。

(2) 加醋酸时,要使糖浆状物质完全溶解(可采用加热或振摇),否则收率降低。

(3) 为减少提取时间,可采用索氏提取器,且效果更佳。

(4) 烘干温度不宜太高,否则产品颜色加深,变为棕色。

七、思考题

(1) 黄连素为何种生物碱类的化合物? 用哪种化学方法可以鉴定?

(2) 黄连素的提取方法是根据黄连素的什么性质来设计的? 常用的方法有哪几种?

实验七　芦荟粗多糖的提取和含量测定

芦荟(Aloe vera var. chinensis (Haw.) Berg),芦荟属,为百合科多年生常绿草本植物,是集食用、药用、美容和观赏于一身植物新星。其泌出物已广泛应用到医药和日化中。芦荟在中国民间就被广泛作为美容、护发和治疗皮肤疾病的天然药物。芦荟多糖是其叶片凝胶的主要部分,约占凝胶干重的60%。研究表明,芦荟多糖对于提高生物体的免疫力、促进细胞再生和抵抗艾滋病等方面疗效显著。

一、实验目的

(1) 掌握水提醇沉法提取多糖的原理和方法。

(2) 掌握分光光度法测定多糖含量的原理和方法。

二、实验原理

本实验采用水提醇沉法提取芦荟多糖,用苯酚-硫酸比色法测定多糖粗提物中的总糖含量。

三、实验仪器与试剂

1. 主要仪器

烧杯、移液管、量筒、量瓶、烘箱、玻璃棒、旋转蒸发仪、电子天平、真空泵、电热恒温水浴锅、紫外-可见分光光度计、高速离心机、真空冷冻干燥机等。

2. 主要试剂

盐酸、无水乙醇、丙酮、乙醚、葡萄糖对照品、苯酚、浓硫酸等。

四、实验步骤

(1) 取50 g芦荟鲜叶,洗净,去掉叶尖和叶底,在蒸馏水中浸泡0.5 h,以除去由表皮渗出的黄色液汁,然后切去表皮,将内层凝胶置于烧杯中,加入3倍量蒸馏水,置于55 ℃恒温水浴锅中加热浸提4 h。

(2) 浸提液离心分离(2 500 r/min,5 min)并过滤,将所得液汁减压浓缩,用6 mol/L的盐酸调pH值为3.2左右,向经过调酸处理的芦荟凝胶浓缩汁中缓慢加入6倍量的95%乙醇,边加边搅拌大约需要15～30 min,室温下静置2 h,离心分离(2 500 r/min,7 min)得多糖沉淀。依次用乙醇、丙酮和乙醚洗涤,然后真空干燥,最终得到的沉淀即为芦荟多糖粗品。

(3) 准确称取105 ℃干燥至恒重的无水葡萄糖100 mg于100 mL容量瓶中，加水溶解，并稀释至刻度，作为对照品溶液，此标准溶液1.0 mL中含葡萄糖1.0 mg。

(4) 准确量取该溶液0.5、1.0、2.0、3.0、4.0、5.0 mL分别置于100 mL容量瓶中，加蒸馏水定容，吸取上述溶液各2.0 mL，再加入5%苯酚溶液1.0 mL，摇匀。迅速加入硫酸5.0 mL，摇匀。室温放置5 min，再在90 ℃水浴中加热15 min，冷却至室温，以蒸馏水作参比，测定在波长490 nm处的吸光度，绘制得浓度(c)与吸光度(A)的曲线图，采用线性回归即得线性回归方程。

(5) 准确称取干燥至恒重的芦荟粗多糖10 mg于100 mL容量瓶中，加水溶解并稀释至刻度。取1.0 mL，加入2.0 mL 5%苯酚溶液，然后按第4步操作，测定其吸光度A。把吸光度A值代入第(4)步所得的线性回归方程中即可求得溶液浓度，算出芦荟粗多糖中的总糖含量。

五、实验结果与讨论

(1) 记录实验条件、过程和实验现象。

(2) 计算粗多糖中总糖的含量。

(3) 采用Origin软件作出浓度-吸光度曲线图，进行线性回归得到线性回归方程。

六、注意事项

(1) 加入乙醇沉淀多糖时要边加边搅拌，时间要长一些。

(2) 无水葡萄糖要干燥至恒重。

七、思考题

(1) 为什么要在醇沉淀之前调pH值？

(2) 本实验用苯酚-硫酸比色法测定多糖粗提物中总糖含量的原理是什么？

实验八　苦参生物碱的提取、分离与鉴定

苦参为豆科植物苦参(Sophora llavescens Ait.)的根，味苦性寒，有清热利湿、祛风杀虫及解毒等功效，主要用于湿热黄疸、赤白带下、痈肿疮毒、皮肤疥癣以及肠炎痢疾等。

苦参中主要含有苦参碱(a)、氧化苦参碱(b)、安那吉碱(c)(图3-9)、*N*-甲基金雀花碱、巴普叶碱、苦参烯碱、苦参醇及黄酮类成分等。苦参总碱及氧化苦参碱都具有减慢心率的作用，可用于室性早搏等心律失常之症。苦参制剂也常用于急性菌痢、滴虫病、白细胞减少症、皮肤瘙痒等多种疾病的治疗。现在还发现苦参碱、氧化苦参碱等具有抗肿瘤作用，对肉瘤S_{180}有抑制作用。现代药理学研究表明，苦参中的生物碱具有消肿利尿、抗肿瘤和抗心律失常的作用。

一、实验目的

(1) 掌握生物碱的一般提取、分离和鉴定的原理与方法。

(2) 掌握苦参碱和氧化苦参碱提取分离方法。

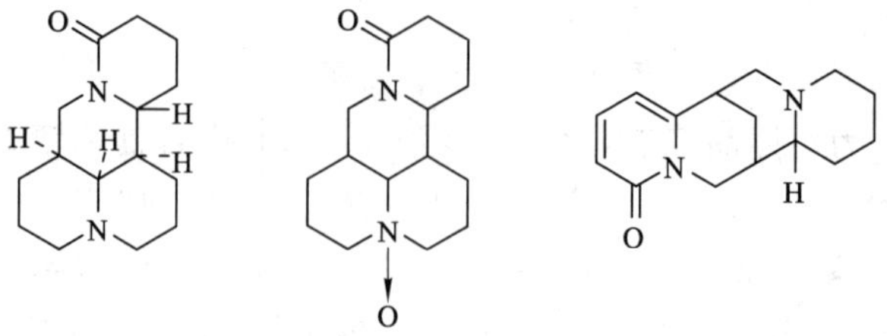

(a) (b) (c)

图 3-9 苦参碱(a)、氧化苦参碱(b)和安那吉碱(c)的结构式

(3) 了解氧化苦参碱和苦参碱的用途。

二、实验仪器与试剂

1. 主要仪器

层析缸、层析柱、布氏漏斗、索氏提取器、搪瓷盘等。

2. 主要试剂

苦参、离子交换树脂(732",强酸型)、甲醇、二氯甲烷、氯仿、盐酸、硫酸、氢氧化钠、丙酮、活性炭、石油醚、苯、层析用硅胶、层析用氧化铝、碘化铋钾试液、丁醇、乙醇、吡啶、无水硫酸钠、甲苯、醋酸乙酯、薄层层析用硅胶 G、亚硝酸钠、碘化汞钾试液、硅钨酸试液等。

三、实验原理

苦参生物碱为喹嗪类生物碱,可溶于水及有机溶剂,具有生物碱的通性,能与酸结合成盐,在水中可离子化,利用此性质可用酸水溶液提取,并用离子交换法使其与其他非离子化成分分离。也可用有机溶剂提取总碱,然后根据各生物碱结构性质差异,用溶剂法分离。

四、实验步骤

1. 苦参总碱的提取

(1) 溶剂法

称取苦参根粗粉 2 kg,用甲醇室温浸渍 3 次(甲醇用量以没过药面 1～2 cm 为度),每次 24 h,合并提取液,回收甲醇至约 500 mL,加 6 mol/L 盐酸酸化至 pH 值为 3～4 并加 500 mL 水稀释,用乙醚洗涤 2 次,再浓缩至 300 mL,加氢氧化钠调至 pH 值为 13 左右。用二氯甲烷提尽生物碱,回收二氯甲烷至残留液为深色油状物,使溶于 30 mL 氯仿中,即为总生物碱。

(2) 离子交换法

① 苦参生物碱的提取与交换

取 150 g 苦参粗粉,加适量 0.1%盐酸溶液润湿膨胀后装入渗漉筒,加 0.1%盐酸水溶液浸泡 4 h 检查渗漉是否完全,渗滤液通过树脂后,将树脂倒入烧杯中,以蒸馏水洗涤数次,于布氏漏斗抽干,倒入搪瓷盘内晾干。

② 总生物碱的洗脱

将晾干的树脂置于烧杯中,加适量浓氨水(使树脂均匀潮湿即可),搅拌均匀,放置 20 min,装入索氏提取器中,用氯仿回流至提取液无生物碱反应(5～6 h),氯仿提取液加无水硫酸钠脱水后回收氯仿至干,抽松,以丙酮结晶 2～3 次,得白色结晶(若结晶不白,可加活性炭脱色)，即为总碱。

2. 生物碱的分离

(1) 氧化苦参碱的分离

将上述溶剂法中得到的总碱 30 mL 氯仿溶液加入 200 mL 乙醚，放置后有沉淀析出，过滤析出的沉淀，滤液浓缩后(油状物)再溶于氯仿中，加乙醚放置，再过滤析出的沉淀，合并 2 次沉淀物，用丙酮重结晶，即为氧化苦参碱，约 15 g。

(2) 苦参碱的分离

将上述滤液蒸干，加石油醚(30～60 ℃)回流提取 3 次，每次 100 mL。合并石油醚提取液(还有不溶物约 4 g)，回收石油醚至 100 mL，放置，过滤得少量结晶(为 *N*-甲基金雀花碱)，滤液再浓缩至适量，放置析晶，抽滤得苦参碱，约 5 g。

(3) 其他生物碱的分离

将上述石油醚不溶物中其他生物碱按图 3-10 的处理流程进行分离。

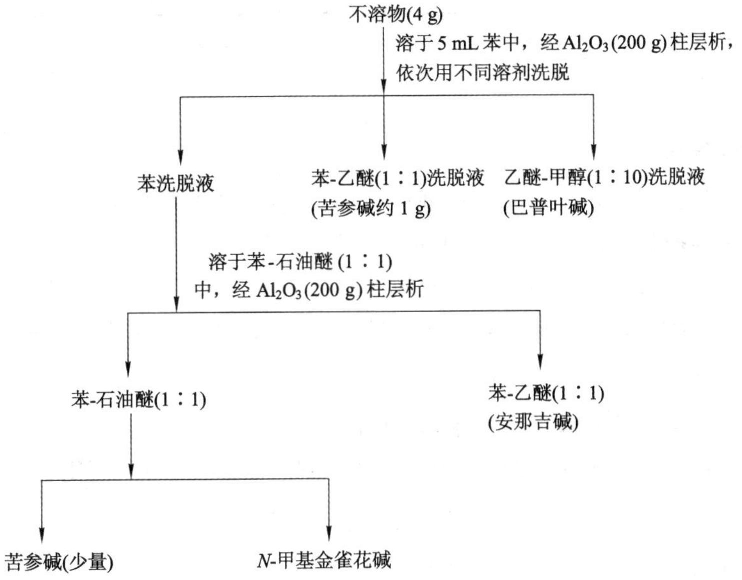

图 3-10　其他生物碱的分离流程

3. 鉴定

(1) 生物碱沉淀反应

取 3 支试管，各加入苦参碱和氧化苦参碱少许，再分别加入 1 mL 稀酸水溶液溶解，分别滴加碘化铋钾、碘化汞钾和硅钨酸试液数滴，观察反应现象。

(2) 薄层鉴定

① 样品：a. 自制样品乙醇液；b. 对照品乙醇液。

② 吸附剂：2%氢氧化钠溶液制备的硅胶 G 薄层板。

③ 展开剂：2 次展开，第 1 次用苯-丙酮-甲醇(8∶3∶0.5)，第 2 次以甲苯-醋酸乙酯-甲醇-水(2∶4∶2∶1)10 ℃以下放置后的上层溶液为展开剂。

④ 显色剂：依次喷以碘化铋钾试液和亚硝酸钠乙醇液。

(3) 纸层析

苦参碱类纸层析 R_f 值见表 3-1。

表 3-1　　纸层析

生物碱	溶剂系统		
	A	B	C
氧化苦参碱	0.51	0.66	0.70
苦参碱	0.84	0.74	
苦参烯碱	0.47	0.82	
苦参醇碱	0.45	0.66	0.86
安那吉碱	0.40	0.45	
N-甲基金雀花碱	0.35	0.33	0.75
巴普叶碱	0.32	0.35	0.80

注:① 溶剂系统:a. 丁醇-乙醇-0.5 mol/L 醋酸(6∶2∶3);b. 丁醇-浓盐酸-水(5∶1∶1);c. 丁醇-吡啶-水(4∶3∶7)。
② 显色剂:改良碘化铋钾喷洒液。

五、实验结果与讨论

(1) 记录生物碱提取各步骤所加试剂种类、用量及过程中实验现象。

(2) 记录苦参药材、所得各生物碱的精确质量,计算各提取产物的收率。

(3) 记录柱层析过程中各生物碱成分被洗脱出来的先后顺序,记录 TLC 分析时各成分的相对比移值,分析各成分洗脱出来的先后顺序与相对比移值大小之间的相互关系。

六、注意事项

(1) 苦参碱和氧化苦参碱都溶于水,切勿用水洗结晶。

(2) 溶剂法提取苦参碱时,碱化一步一定要达到 pH 值大于 12,否则总碱提取不完全。

七、思考题

(1) 简单叙述离子交换树脂提取分离生物碱的原理。

(2) 简述生物碱类成分提取分离方法及应用。

(3) 简述苦参碱和氧化苦参碱分离的关键问题。

实验九　芦丁的提取、分离与鉴定

芦丁(Rutin)又称芸香苷、维生素 P 或紫槲皮苷(图 3-11),广泛存在于植物界中,尤以槐花米和荞麦中含量最高,含量可达 12%～16%,可作为大量提取芦丁的原料。芦丁是由槲皮素 3-位上的羟基与芸香糖脱水形成的苷。芦丁具有调节毛细血管渗透性的作用,临床上用作毛细管脆性引起的出血症,并常作治疗高血压的辅助药物。

一、实验目的

(1) 通过芦丁的提取与精制,熟悉和掌握碱提酸沉法提取黄酮类化合物的原理和操作方法。

(2) 掌握黄酮苷水解的方法与原理。

(3) 掌握黄酮类化合物一般理化性质及鉴定方法。

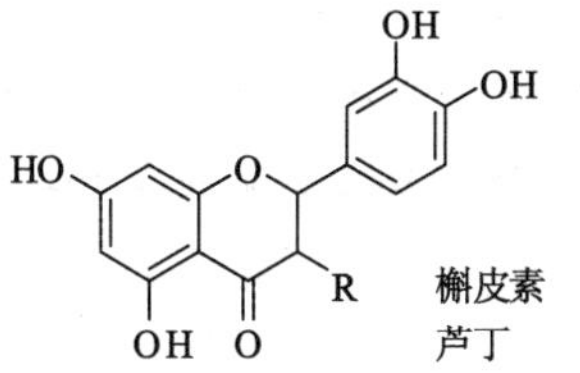

槲皮素　R=H

芦丁　R=6-O-(α-L-Rhamnopyranosyl)-D-glucose

图 3-11　芦丁的分子结构式

二、实验原理

芦丁为黄酮苷，分子中含较多酚羟基，具弱酸性，易溶于稀碱液中，加酸后又析出结晶，利用此特性进行提取。还可利用易溶于热水、热甲醇，较难溶于冷水、冷甲醇的性质提取和精制。

芦丁可被稀酸水解，生成槲皮素及葡萄糖、鼠李糖，并能通过薄层层析、纸层析鉴定。槲皮素分子中含酚羟基，可制备乙酰化、甲基化衍生物，进一步进行鉴定。芦丁和槲皮索还可通过化学反应及紫外、红外光谱鉴定，并可利用比色法进行含量测定。

三、实验仪器与试剂

1. 主要仪器

电热套、层析缸、循环水泵、旋转蒸发仪、滴管、紫外分光光度计、熔点测定仪等。

2. 主要材料和试剂

槐米、氯化钙、盐酸、乙醇、甲醇、硼砂、硫酸、氢氧化钡、α-萘酚、镁粉、醋酸镁、碳酸钡、氧化铝，柠檬酸、正丁醇、冰醋酸、三氯化铝、聚酰胺薄膜、36%醋酸、三氯化铁、醋酸铅、锌粉、金属钠、醋酐、醋酸钠、硼酸、甲醇(光谱纯)、苯胺、邻苯二甲酸、葡萄糖、鼠李糖、芦丁、槲皮素、氨水等。

四、实验方法与步骤

1. 芦丁的提取

称取槐米 30 g，研成粗粉，置于 1 000 mL 烧杯中，加 400 mL 水，加热，在搅拌下加石灰乳调 pH 值为 8～9，加热至微沸 30 min，不时补充失去的水，并保持 pH 值为 8～9，然后用双层纱布过滤。药渣再加 300 mL 水煮沸 10 min，趁热过滤。合并 2 次滤液，加盐酸调 pH 值为 3～4，静置 24 h 以上，抽滤，沉淀用水洗至近中性，于 60～70 ℃干燥即得芦丁粗品。

2. 芦丁的精制

取粗制芦丁 2 g(湿品 6～8 g)，加蒸馏水 400 mL，煮沸 20 min 溶解，趁热抽滤，弃去不溶物，充分冷却后即可析出结晶，抽滤，得芸香苷精制品。若结晶色泽呈灰绿色或暗黄色，表示杂质未除尽。可用甲醇或乙醇(参考溶解度加足溶剂)回流加热溶解，并加入 0.5%活性炭继续回流 0.5 h，抽滤除去炭渣，滤液放冷，待全部结晶析出后，抽滤结晶，在 60～70 ℃下干燥，得精品芦丁，测熔点，称量，计算收率。

3. 芦丁水解制备槲皮素

取精制芦丁 1 g，放入 250 mL 锥形瓶中，加 100 mL 2%硫酸，加热回流 30 min，此时可观察到芦丁先溶解，然后溶液又变混，放置，过滤，所得沉淀用少量水洗 2 次，于 30 ℃以下干燥得粗槲皮素，用 95%乙醇重结晶 1 次，可得精制槲皮素，纸层析鉴定。

滤去槲皮素以后的水解母液，取出 20 mL，加碳酸钡细粉或饱和氢氧化钡水溶液中和，中和时不断搅拌，至溶液呈中性，滤去白色硫酸钡沉淀，滤液浓缩至 2 mL 作纸层析糖的供试液。

4. 芦丁的鉴定

(1) 纸层析

① 点样

取新华 1 号滤纸(15 cm×10 cm)，点下列样品：A 精制芦丁、B 芦丁标准品、C 精制槲皮素、D 槲皮素标准品(均为乙醇溶液)。

② 展开

a. 正丁醇-醋酸-水(4∶1∶5 上层)上行法展开；b. 15%醋酸水溶液上行法展开。

③ 显色

a. 可见光下观察黄色斑点，紫外灯下观察荧光斑点；b. 经氨气熏后再观察；c. 喷三氯化铝试剂后再观察。

(2) 薄层层析

① 点样

在聚酰胺薄膜上，用铅笔轻轻划一起始线，然后分别点上 1%芦丁和 1%槲皮素的甲醇溶液。

② 展开

以 80%乙醇上行展开，展开后立即取出标明溶剂前沿，于紫外灯下观察。

③ 显色

用浓氨水或 1%三氯化铝醇溶液显色，日光和紫外灯下观察荧光，画出图谱，计算 R_f值。

(3) 糖的鉴定

① 点样

取新华 1 号滤纸(15 cm×8 cm)，用毛细管点下列样品：A 水解浓缩液、B 葡萄糖(R_f为 0.18)、C 鼠李糖(R_f为 0.37)(均为水溶液)。

② 展开

用正丁醇-醋酸-水(4∶1∶5 上层)上行展开。

③ 显色

苯胺-邻苯二甲酸试剂喷后 105 ℃烘 10 min，显棕色或棕红色斑点。

(4) 显色反应

① Molish 反应

取芦丁和槲皮素少许，分置于 2 支试管内，加乙醇 0.5 mL 和 α-萘酚少许，振摇使溶解。斜置试管，沿管壁滴加 0.5 mL 浓硫酸，静置，观察两层溶液的界面，出现紫色环者为阳性反应，表示有糖或苷(芦丁)；另一支无紫色环出现表示苷元(槲皮素)。

② 盐酸-镁粉试验

取样品数毫克，加稀醇加热溶解，加镁粉 50～100 mg，再滴加浓盐酸，溶液由黄色渐变成红色者表示有黄酮类化合物。

③ 盐酸-锌粉试验

取样品少许，操作同盐酸-镁粉试验，黄酮类化合物呈橙黄色或红色，3-羟基黄酮不呈色，3-羟基成苷仍呈色。

④ 三氯化铁反应

取样品少许溶于水或乙醇中，加 1% $FeCl_3$ 醇溶液 1 滴，注意颜色变化。一般是 3-羟基黄酮呈褐色，5-羟基黄酮呈绿色，3，5-双羟基黄酮呈深绿色，3，4，5-三羟基黄酮呈深蓝及蓝黑色。

⑤ 醋酸铅沉淀试验

取少量样品溶于水或稀甲醇，加入 5% 中性醋酸铅数滴，观察有无沉淀。再加碱式醋酸铅数滴，观察有无沉淀产生。

⑥ 锆-柠檬酸反应

取样品约 5 mg，加甲醇加热溶解，再加 2% 二氯氧化锆 3～4 滴，有 3-羟基或 5-羟基的黄酮呈鲜黄色。再加 2% 柠檬酸甲醇溶液 3～4 滴，有 3-羟基者黄色不褪，有 5-羟基者黄色变浅，加水稀释后黄色消去。

⑦ 三氯化铝反应

取样品少许溶于甲醇中，加 1% $AlCl_3$ 甲醇溶液，黄酮类应呈鲜黄色。

5. 芦丁的紫外光谱鉴定

(1) 试液配制

① 无水甲醇用分析纯甲醇重蒸馏即得。

② 甲醇钠溶液

取 0.25 g 金属钠切碎，小心加入 10 mL 无水甲醇中反应，反应完毕后置于玻璃瓶中，用橡皮塞密封。

③ 三氯化铝溶液

取 1 g 三氯化铝（呈黄绿色），加入无水甲醇 20 mL，放置 24 h，全溶即得。

④ 醋酸钠

试剂级无水醋酸钠。

⑤ 硼酸饱和溶液

将试剂级无水硼酸加入适量无水甲醇制成饱和溶液。

上述各试液可储存 6 个月。

(2) 测定方法

精密称取芦丁 10 mg，用无水甲醇溶解并稀释至 100 mL，从中吸取 5 mL，置于 50 mL 容量瓶中，用无水甲醇稀释至刻度（10 μg/mL），制成样品液。

① 样品液（甲醇溶液）光谱

取样品液置于石英杯中，在 200～400 nm 内扫描。重复操作 1 次，观察紫外光谱。

② 甲醇钠光谱

取样品液置于石英杯中，加入甲醇钠溶液 3 滴，立即测定。放置 5 min 后再测定 1 次。

③ 三氯化铝光谱

在盛有样品液的石英杯中滴入 6 滴三氯化铝溶液，放置 1 min 后测定，然后加入 3 滴盐酸溶液（HCl∶H_2O=1∶1），进行测定。

④ 醋酸钠光谱

取样品液约 3 mL，加入过量的无水醋酸钠固体，摇匀（杯底约剩有 2 mm 厚的醋酸钠），加入醋酸钠后 2 min 进行测定，5～10 min 后再测定 1 次。

⑤ 醋酸钠/硼酸光谱

方法一：在盛有醋酸钠样品液的石英杯中，加入足够量的无水硼砂粉末使成饱和的溶液再进行测定（本法适用于在加醋酸钠 5 min 后无分解现象的样品）；

方法二：于样品液（约 3 mL）中，加入 5 滴硼酸溶液，然后迅速加入无水醋酸钠粉末饱和，摇匀，放置片刻，待没有气泡后，立即进行测定。

6. 槲皮素衍生物的制备

取槲皮素结晶 200 mg，置于干燥乙酰化瓶中，加 5 mL 醋酐，用毛细管滴加浓硫酸 1 小滴，振摇使完全溶解，并接上空气冷凝管，水浴上加热 30 min，放冷后将反应液在搅拌下倾入 100 mL 冷水中，一直搅拌至油滴消失，且有固体沉淀析出为止，抽滤沉淀并洗涤，干燥后以 95%乙醇重结晶，即得槲皮素 5-乙酰化物无色针晶，m. p. 193 ℃。

五、实验结果与讨论

（1）记录芦丁的提取和精制各步骤所加试剂种类、用量，过程中实验现象。

（2）记录槐米干品、所得各芦丁粗品和精制品的精确质量，计算各步产物的收率。

（3）记录各显色反应的试剂种类和颜色变化特征，深入了解颜色变化反应的原理。

（4）记录 UV 测试使用各显色试剂种类、产生的相应紫外光谱特征，了解显色试剂加入前后 UV 曲线的变化与结构的相关性。

六、注意事项

（1）酸化时 pH 值不可太低，否则使芦丁形成盐而使收率降低。

（2）提取芦丁粗品时，加入石灰乳既可以达到碱性溶解提取的目的，还可以除去槐花米中的多糖类、黏液质等，但碱性不宜过高（pH 值不超过 10）。因为在强碱性条件下煮沸，时间稍长就可促使芦丁水解破坏，降低收率。

七、思考题

（1）写出 3 种常用的苷键裂解方法，并简述其原理及特点。

（2）本实验中各种色谱分析的原理是什么？解释化合物结构与 R_f 值的关系。

（3）根据这个实验，请总结出用酸碱调节法提取中药活性成分的适用条件及一般原理。

（4）酸水解常用什么酸？为什么用硫酸比用盐酸水解后处理更方便？

实验十　绿茶茶多酚的提取与精制

茶多酚（Tea polyphones，简称 TP）是茶叶中多酚类物质的总称，是一类富含于茶叶中、主要由表儿茶素、表没食子儿茶素及没食子酸酯类等组成的酚类化合物，含量约占茶叶干物质总量的 20%～30%。茶多酚分子中带有多个活性羟基，可终止人体中自由基链式反应，清除超氧离子。茶多酚对超氧阴离子与过氧化氢自由基的消除率达98%以上，呈显著的量效关系，其效果优于维生素E和维生素C。茶多酚还有抑菌、杀菌作用，能有效降低大肠对胆固醇的吸收，防治动脉粥样硬化，是艾滋病毒逆转录酶的强抑制物；具有增强机体免疫能力，并具抗肿瘤、抗辐射、抗氧化、防衰老等作用。茶多酚安全、无毒，已在医药、饮料、食品、保健等行业中广泛应用。

一、实验目的

(1) 了解茶多酚的性质及用途。

(2) 了解植物天然产物的常规提取及精制方法。

(3) 通过本实验的具体操作，掌握并熟悉茶多酚的提取与精制的方法及其操作原理和步骤。

二、实验原理

由于茶多酚易溶于热水，因此本实验首先用热水在一定温度下将茶多酚从茶叶中提取出来，然后对茶叶浸提液盐析处理除去部分杂质，再利用某些金属离子与茶多酚形成的络合物在一定pH值下溶解度最低的特性，将茶多酚从浸提液中沉淀出来并高效地与咖啡碱等杂质分离。经过稀酸转溶将茶多酚游离出来后，用对茶多酚具有很好选择性的有机溶剂再次对其进行萃取分离，最后将茶多酚萃取液通过真空浓缩和真空干燥得到茶多酚精品。

三、实验仪器与试剂

1. 主要仪器

电动搅拌器、离心机、酸度计、真空干燥箱、棕色玻璃干燥器、抽滤瓶、真空蒸发浓缩装置(旋转真空蒸发浓缩器)、水循环式真空泵、天平(分析天平、托盘天平)、电子控温器、水浴锅、紫外分光光度计、电冰箱、移液管、电炉、电热恒温干燥箱、分液漏斗、10 μL或50 μL的微量吸管、10～15 mL具塞刻度试管、容量瓶、烧杯、量筒等。

2. 主要试剂

氯化钠、碳酸氢钠、柠檬酸、硫酸铝、盐酸、亚硫酸氢钠、乙酸乙酯、维生素C、磷酸氢二钠、磷酸二氢钾、硫酸亚铁、酒石酸钾钠、硫酸、碱性醋酸铅、咖啡碱(≥99%)、没食子酸乙酯(≥99%)。

四、实验步骤

1. 浸提

称取一定质量过20目的茶叶末，加入其质量15～25倍的70～95 ℃的热水，搅拌下恒温浸提20～60 min，过滤得茶叶浸提液。取样分析浸提液中茶多酚的含量，计算浸提液中茶多酚的总量和茶多酚的浸提率。

2. 盐析

加氯化钠于茶叶浸提液中，使其质量分数为2%～6%，静置盐析0.5～1.5 h后过滤。

3. 沉淀

在上述滤液中加入茶叶质量2%～5%的$NaHSO_3$，然后加入茶叶质量15%～25%的硫酸铝饱和水溶液，加热至70～80 ℃，用10%～20% $NaHCO_3$溶液在快速搅拌下调节pH值至5～6，此时有大量沉淀析出，沉淀自然沉降一段时间后过滤，最后用等体积70 ℃热水洗涤沉淀3次。

4. 酸溶

将沉淀在快速搅拌下放入茶叶质量1～3倍的pH值为2.5～4.5的盐酸水溶液中溶解沉淀，控制酸转溶液的pH值为2.5～4.5，酸溶时间10～50 min，少量胶状沉淀经离心分离除去。取样分析计算酸转溶液中茶多酚的含量和总量，计算茶多酚经过盐析、沉淀及酸溶后的回收率。

5. 萃取

加入茶叶质量2%～5%的$NaHSO_3$至酸转溶液中，然后用其体积0.3～1.5倍的乙酸乙酯萃取1～5次，每次萃取时间为2～10 min，合并萃取液。取样分析计算萃余相中茶多酚的总量，计算茶多酚的萃取率。

6. 洗涤

加入茶叶质量1%～3%的维生素C至萃取液体积0.4倍的水中，用柠檬酸调节水溶液的pH值至2.5～3.0，等分成2份，对乙酸乙酯萃取液洗涤2次。

7. 蒸发

浓缩洗涤后的乙酸乙酯相，在50～70 ℃下真空蒸发回收乙酸乙酯，待浓缩成膏状物时，加入膏状物2倍体积的无水乙醇，洗涤挂在壁上的物料，继续浓缩成稠的膏状物。

8. 干燥

将膏状物放入真空干燥箱中，在60～90 ℃下进行真空干燥，在前1～2 h内，将物料搅动几次，当物料干燥成粉状或干的块状时，结束干燥。干燥时间一般4～8 h。

9. 包装保存

将干燥好的茶多酚产品转移至自封塑料袋中，称重、取样后立即密封，置于棕色玻璃干燥器中于低(室)温下避光保存。产品取样用于分析产品中茶多酚和咖啡碱含量，计算出茶多酚的最终得率。

五、茶多酚分析检测

1. 原理

在一定pH值条件下，酒石酸铁能与多酚类物质反应形成蓝紫色络合物，该络合物在540 nm波长下具有最大吸光度，在适当的浓度范围内，茶多酚的含量与络合物的吸光度成正比，符合朗伯-比尔定律，因此，可用分光光度法对茶多酚定量分析。

2. 试剂配制

(1) 酒石酸亚铁溶液

称取1 g(准确至0.000 1 g)硫酸亚铁和5 g(准确至0.000 1 g)酒石酸钾钠，用水溶解并定容至1 L(此液放置过夜后使用，可稳定1星期)。

(2) pH＝7.5的磷酸盐缓冲溶液

a液(1/15 mol/L的磷酸氢二钠溶液)：称取磷酸氢二钠23. 877 g，加水溶解并稀释至1 L。

b液(1/15 mol/L的磷酸二氢钾溶液)：称取经110 ℃烘干2 h的磷酸二氢钾9.078 g，加水溶解并稀释至1 L。

取a液85 mL和b液15 mL混匀，即得pH＝7.5磷酸盐缓冲溶液。

(3) 供试液的制备与测定

准确吸取待测溶液 1 mL，将其稀释 1～25 倍，再从稀释液中准确吸取 1 mL，注入 25 mL的容量瓶中，加水 4 mL 和酒石酸亚铁溶液 5 mL，充分混合，再加 pH＝7.5 的磷酸盐缓冲溶液至刻度，用 1 cm 比色杯，在波长 540 nm 处，以试剂空白溶液作参比，测定吸光度。

(4) 结果计算

待测溶液中茶多酚的含量按式(3-2)计算。

$$\text{茶多酚含量} = \frac{1.957 \times A \times X}{500} \quad (\text{g/L}) \tag{3-2}$$

式中　1.957——用 1 cm 比色杯，当吸光度等于 0.50 时，每毫升茶汤中含的茶多酚相当于 1.957 mg；

A——试样的吸光度；

X——待测溶液的稀释倍数。

五、实验结果与讨论

(1) 记录茶多酚的提取和精制各步骤所加试剂种类、用量和过程中实验现象。

(2) 依据实验步骤进行分步操作和检测，记录各步数据，计算浸提液中茶多酚的总量和茶多酚的浸提率，茶多酚经过盐析、沉淀及酸溶后的回收率，茶多酚的萃取率，以及茶多酚的最终收率。

六、注意事项

(1) 茶多酚对酸、碱、热、光等敏感。因此，在提取精制过程中应尽量避免局部过酸或过碱，温度不能太高，时间不能过长，整个提取精制过程最好连续进行。

(2) 加酸或加碱时一定要缓慢，pH 值调节要准确。茶多酚在 pH 值为 3～5 范围内比较稳定，因此，在提取精制过程中应注意茶多酚溶液的 pH 值。

(3) 真空蒸发浓缩时须用水浴锅加热且要控制好水浴温度，以避免加热温度过高造成茶多酚的氧化。

七、思考题

试分析哪些因素影响茶多酚产品的产率及纯度？是怎样影响的？应该怎样去控制？

实验十一　川黄柏中黄连素的提取与分离

黄连素，又称小檗碱，是黄色的针状结晶，含有 5.5 分子结晶水，在 100 ℃ 干燥后，失去分子结晶水而转为棕红色。微溶于水和乙醇，较易溶于热水和热乙醇中，几乎不溶于乙醚。黄连素盐酸盐在临床上作为消炎抗菌药，近年来还发现其具有降血糖、抗心律失常的功效。

黄连素具有 2-羟胺的结构，存在季铵式(a)、醇式(b)、醛式(c)等 3 种互变结构式(图 3-12)，其中以季铵式状态最稳定。在自然界，黄连素多以季铵盐的形式存在。

含黄连素的植物很多，可作为提取黄连素原料的主要有黄柏、三颗针、伏牛花，白屈菜、南天竹等，以黄连和黄柏含量为高。本实验以黄柏(Phellodendron chinense Schneid.)为原料进行黄连素提取。

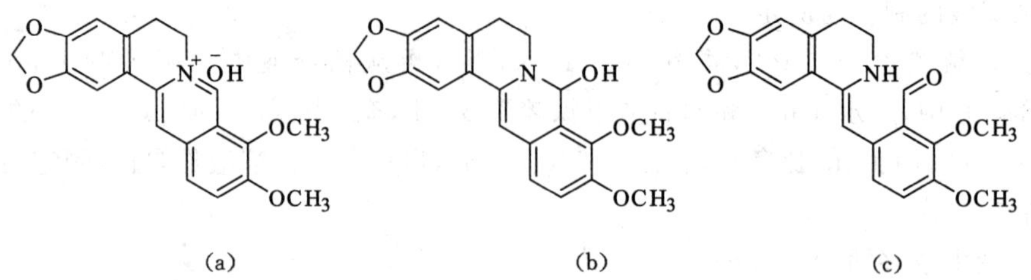

图 3-12　黄连素的互变结构式

一、实验目的

(1) 掌握溶剂法提取生物碱的原理和方法。

(2) 掌握黄连素的纯化和鉴定方法。

二、实验原理

目前比较成熟的提取工艺为酸水法、石灰水法和醇提法。本实验以川黄柏为原料，利用黄连素易溶于热乙醇、难溶于冷乙醇(1∶100)的性质，以热乙醇为溶剂将黄连素提出，然后转化为盐酸盐析出。

三、实验仪器与试剂

1. 主要试剂

川黄柏细粉、95%乙醇、冰醋酸、浓盐酸、丙酮、石灰乳等。

2. 主要仪器

圆底烧瓶、烘箱、电子天平、抽滤瓶、布氏漏斗、真空泵、球形冷凝管、电热恒温水浴锅、球形冷凝管等。

四、实验步骤

(1) 称取 20 g 川黄柏细粉，放入 500 mL 圆底烧瓶中，加入 250 mL 乙醇，静置浸泡 1 h，装上回流冷凝管，热水浴加热回流 0.5 h，抽滤。

(2) 滤渣重复上述操作处理 2 次，合并 3 次所得滤液，减压浓缩至棕红色糖浆状。

(3) 加入 1%醋酸(约 40～50 mL)于烧瓶中，加热使糖浆状物质溶解，抽滤以除去不溶物。

(4) 于溶液中滴加浓盐酸，至溶液浑浊为止(约需 15 mL)，放置冷却(最好用冰水冷却)，即有黄色针状体的黄连素盐酸盐析出(如晶体不好，可用水重结晶 1 次)。

(5) 抽滤，结晶用冰水洗涤 2 次，再用丙酮洗涤 1 次，然后将粗晶加热水至刚好溶解煮沸，用石灰乳调节 pH 值为 8.5～9.8。冷却，滤除杂质，继续冷却至室温以下即有黄连素结晶析出。

(6) 抽滤，得到黄色小檗碱结晶，在 60 ℃的烘箱中烘干，称重。

五、实验结果与讨论

(1) 记录实验条件、过程、各试剂用量及产品的重量。

(2) 产品为黄色针状晶体。

(3) 计算产品的理论产量和实际收率。

六、注意事项

(1) 加醋酸时，要使糖浆状物质完全溶解(可采用加热或振摇)，否则产率可能降低。

(2) 滴加浓盐酸时，要一边滴加一边振摇。如果太少，晶体出来得慢，甚至有的不能形成盐酸盐，溶在溶剂中而不能析出，这样会损失产品；如果太多，晶体析出太快，晶型不好，而且杂质随结晶一起析出，会导致产品纯度降低。

七、思考题

(1) 黄连素为何种类型的生物碱？

(2) 请查阅文献后说明酸水法、石灰水法提取黄连素的原理。

(3) 比较酸水法、石灰水法和醇提法提取黄连素的优缺点。

实验十二 茶叶中咖啡因的提取与分离

咖啡因又称咖啡碱，是嘌呤类生物碱类化合物，主要存在于茶叶、咖啡、可可等植物中，茶叶中含咖啡因一般在2%～4%。咖啡因是一种温和的兴奋剂，具有刺激心脏、兴奋中枢神经和利尿等作用，可以作为中枢神经兴奋药。咖啡因是弱碱性化合物，可溶于氯仿、丙醇、乙醇和热水中，难溶于乙醚和苯(冷)。纯品熔点为235～236 ℃，含结晶水的咖啡因为无色针状晶体，在100 ℃时失去结晶水并开始升华，120 ℃时显著升华，178 ℃时迅速升华。

一、实验目的

(1) 学习从茶叶中提取咖啡因的原理和方法。

(2) 学习索氏提取器连续抽提方法和升华操作。

二、实验原理

目前从茶叶中提取天然咖啡因的主要方法有：水提法、醇提法、升华法、有机溶媒提取法和超声波振荡提取法等。本实验中采用95%乙醇在索氏提取器中连续抽提茶叶中的咖啡因，将不溶于乙醇的纤维素和蛋白质分离。萃取液中除了咖啡因外，还有叶绿素、单宁及其水解物等。蒸除溶剂后，在粗咖啡因中拌入石灰，与单宁等酸性物质反应生成钙盐而分离；游离的咖啡因也可以通过升华法纯化。

三、实验仪器与试剂

1. 主要仪器

索氏提取装置、酒精灯、蒸发皿、玻璃漏斗等。

2. 主要试剂

茶叶、95%乙醇、生石灰等。

四、实验步骤

称取6 g干茶叶末，放入索氏提取器的滤纸套筒中，加入适量95%乙醇，在圆底烧瓶中再加入一定量乙醇(约占烧瓶容积的一半)。用水浴加热，连续提取1.5 h(虹吸7～8次)，待冷凝液刚刚虹吸下去后，立即停止加热。稍冷后，改成蒸馏装置，把提取液中的大部分乙醇蒸出。

趁热将瓶中的残留液倒入蒸发皿中，加入2～3 g生石灰粉末，搅成糊状。将蒸发皿放在一盛有沸水的烧杯上，不断搅拌，并压碎块状物，用蒸气浴蒸干，使成粉末状。最后将蒸发皿放在石棉网上用小火焙烧片刻，使水分全部除去。

将一张刺有许多小孔且孔刺向上的滤纸覆盖在蒸发皿上，滤纸上罩一个大小合适的玻璃漏斗，漏斗颈部塞一小团疏松的棉花，用酒精灯隔着石棉网小心加热，使咖啡因升华。当滤纸上出现白色针状结晶时，要适当调节火焰使升华速度放慢。若发现有棕色烟雾时，应立即停止加热。冷却后揭开漏斗和滤纸，用刮刀小心地把附在纸上及器皿周围的白色毛状结晶刮在表面皿上，称重，计算咖啡因在茶叶中的含量。

五、实验结果与讨论

（1）仔细观察记录加热升华咖啡因时加热速率、滤纸颜色变化与升华后所收集产品形态和质量，分析实验结果的影响因素，实验过程中存在的问题及要注意的问题。

（2）记录实验结果，计算干茶叶中咖啡含量。

六、注意事项

（1）滤纸筒大小既要紧贴瓶壁又要方便取放，其高度不得超过虹吸管，滤纸包茶叶末时要严防漏出而堵塞虹吸管，滤纸筒上面折成凹形，以保证回流液均匀浸润被萃取物，提高抽提效率。

（2）瓶中乙醇不能蒸得太干，否则残液很黏，不容易倒出，且损失较大。

（3）如果留有少量水分，将会在升华时带来烟雾，污染器皿。应小火焙烧，否则咖啡因会损失。

（4）在升华过程中，须严格控制加热温度，温度太高，会使产物碳化发黄。

七、思考题

（1）本实验中，生石灰的作用是什么？

（2）升华前，如果水分不去掉，大火加热时将会出现什么情况？

实验十三　辣椒红色素的提取、分离及鉴定

红辣椒中含有辣椒红素、辣椒玉红素和β-胡萝卜素等几种色泽鲜艳的色素，其中以辣椒红素为主。这几种物质都是四萜类化合物，难溶于水和乙醇，易溶于石油醚、氯仿和二氯甲烷。其中极性较大的红色组分主要是辣椒红素和辣椒玉红素，占总量的50%～60%；另一类是极性较小的黄色组分，主要成分是β-胡萝卜素和玉米黄质。

辣椒红素不仅色泽鲜艳、热稳定性好，而且耐光、耐热、耐酸碱、耐氧化、无毒副作用，是高品质的天然色素，可用作食品的添加剂，也广泛用于化妆品、保健药品等行业，其结构式如图3-13所示。

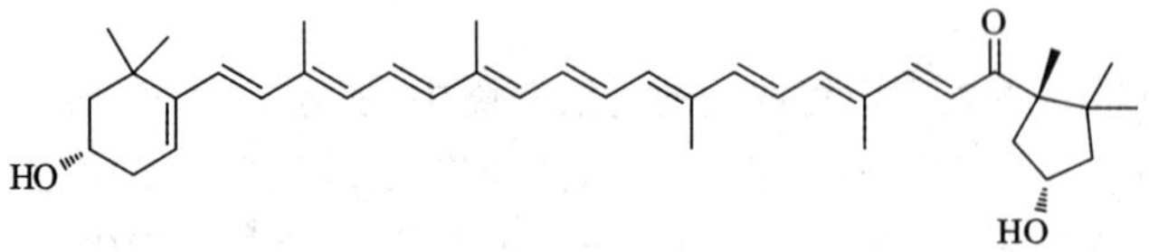

图3-13　辣椒红素的结构式

一、实验目的

(1) 了解从红辣椒中提取辣椒红素的原理和方法。

(2) 掌握回流、抽滤、薄层层析、柱层析等基本操作。

(3) 学习红外光谱鉴定有机化合物的方法。

二、实验原理

在实验室小规模提取辣椒红素时，常以二氯甲烷为溶剂，提取的混合物可通过薄层层析和柱层析分离。在薄层层析中，有 3 个斑点，R_f值约为 0.6 的较大红色斑点为辣椒红素，R_f值稍大的较小红色斑点为辣椒玉红素，R_f值最大的黄色斑点是β-胡萝卜素。柱层析时，以硅胶为吸附剂，以二氯甲烷为洗脱剂，可对比标准样品图谱较容易地将 3 种物质分开(图 3-14)。

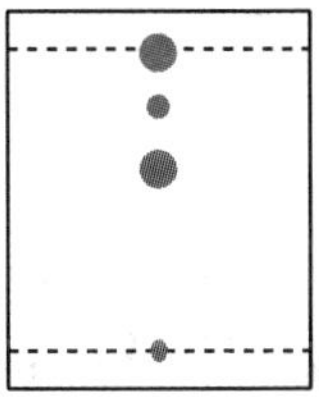

图 3-14　红辣椒色素的薄层层析图

最后，用紫外可见分光光度计测定样品的 λ_{max}，并用红外光谱仪作辣椒红素的红外光谱图，并将它与标准谱图比较，以确证获得的主要物质是否为辣椒红素。

三、实验仪器与试剂

1. 主要仪器

研钵、25 mL 锥形瓶、50 mL 量筒、50 mL 烧杯、50 mL 圆底烧瓶、胶头滴管、油浴锅、球形冷凝管、布氏漏斗、抽滤瓶、滤纸、玻璃板、毛细管、层析缸、层析柱、减压蒸馏装置、紫外可见分光光度计、红外光谱仪等。

2. 材料与试剂

干红辣椒粉、二氯甲烷、薄层硅胶板、硅胶(200～300)等。

四、实验步骤

1. 色素提取

在 50 mL 圆底烧瓶中加入 3.0 g 磨细的干红辣椒粉和 25 mL 二氯甲烷，加热回流 30 min，冷至室温后抽滤，除去固体物，得鲜红色滤液。将滤液蒸去溶剂，即得粗产品。

2. 薄层层析

取少量粗产品放入小试管中，加入 10 滴二氯甲烷溶解，用毛细管取此溶液在薄层硅胶层析板上点样，再将此板放入盛有二氯甲烷展开剂的层析缸中进行层析。当展开剂到达该板的指定前沿时，取出层析板，用吹风机吹干或晾干，将该板与图 3-14 比较，并计算辣椒红素的 R_f值。

3. 柱层析分离

(1) 装柱

将洗净干燥后的层析柱固定在铁架台上，取 15 g 吸附剂硅胶(200～300 目)用适量洗脱剂二氯甲烷充分活化，关闭层析柱下方的活塞，先加入洗脱剂至全柱一半高度，再将硅胶缓慢而连续地装填到柱中，待沉降好后，将活塞打开，同时在下面放一个干净的烧杯承接洗脱剂，再用洗脱液将柱内壁上残留的吸附剂淋洗下来。继续流出洗脱剂，直至洗脱剂液面仅高于柱面 2 mm 左右时，关闭活塞。

(2) 上样

用长滴管加入已用二氯甲烷溶解好的粗色素，加完样后打开活塞，使液体样品进入，再用洗脱剂将黏附在层析柱内壁上的样品溶液洗下来。待这部分样品也进入后，再次加入洗脱剂进行淋洗。

(3) 洗脱

随着洗脱的进行，可以清晰地看到 3 个谱带，由下至上依次为 β-胡萝卜素、辣椒玉红素和辣椒红素。分别用 3 个 25 mL 锥形瓶收集流出液，其中第三个锥形瓶内为辣椒红素。

4. 辣椒红素鉴定

(1) 最大吸收波长 λ_{max}

取上述辣椒红素溶液 5 滴于一试管中，加入 5 mL 正己烷，并以正己烷为空白对其进行紫外扫描，找出 λ_{max}(正己烷对照下，辣椒红素 λ_{max} = 470 nm)。

(2) 红外光谱图

取上述辣椒红素溶液少量，在红外光谱仪上作红外光谱图，并将谱图与标准红外光谱图作比较。

五、实验结果与讨论

(1) 柱层析时依次收集 β-胡萝卜素、辣椒玉红素和辣椒红素，浓缩蒸去溶剂，称重并计算各成分收率。

(2) 分析辣椒红素的 UV 和 IR 曲线，对主要的峰进行归属。

六、注意事项

(1) 回流时速度不宜过快，以防浸泡提取不充分。

(2) 回收溶剂时温度不宜过高，以防止溶剂爆沸。

(3) 不可用同一支毛细管汲取不同的样液。

七、思考题

(1) 用二氯甲烷从红辣椒中提取的粗色素中，除含色素外，还有什么物质？

(2) 划分出辣椒红素的异戊二烯单位，并说明为什么辣椒红素有较大的紫外吸收波长？

第四章　生物制药基础

实验一　培养基的制备与消毒灭菌

一、实验目的

（1）了解培养基配制原理，掌握其制备过程。

（2）了解高压蒸汽灭菌锅的原理，掌握其使用方法。

二、实验原理

培养基是按照微生物生长繁殖所需要的各种营养物质，采用人工方法配制而成的营养物质，其中含有碳源、氮源、无机盐、生长因子以及水分等。微生物在培养基上生长繁殖还必须在最适酸碱度范围内才能表现其最大生命力，因此对于不同种类的微生物，应将培养基调到一定 pH 值范围。培养基种类很多，不同种类的微生物所需培养基不同。按其组成可分合成培养基和天然培养基。按其物理状态可分固体培养基、液体培养基和半固体培养基。按其特殊用途可分加富培养基、选择培养基和鉴别培养基。

培养基配制后必须进行灭菌。灭菌和消毒是两个不同含义的名词，消毒是指消灭病原菌或有害微生物，而灭菌则是杀死或消灭一定环境中的所有微生物。消毒与灭菌的方法很多，但总体可分为物理法和化学法两大类。物理法包括加热灭菌（干热灭菌与湿热灭菌）、过滤灭菌、紫外灭菌等。化学方法主要是利用有机或无机的化学药品对实验室用具和其他物体表面进行灭菌与消毒。

三、实验仪器、材料与试剂

1. 主要仪器

真空泵、超净工作台、高压蒸汽灭菌锅、培养箱、干燥器；pH 试纸、试管、三角瓶、烧杯、量筒、漏斗、电炉、天平、纱布、牛皮纸、细绳等。

2. 材料及试剂

① 马铃薯培养基 PDA

马铃薯 200 g，蔗糖或葡萄糖（霉菌用蔗糖，酵母菌用葡萄糖）20 g，水 1 000 mL。配制方法如下：将马铃薯去皮，切成约 2 cm^3 的小块，放入 1 500 mL 的烧杯中加适量水煮沸 30 min，注意用玻棒搅拌以防糊底，然后用双层纱布过滤，取其滤液，加糖，再补充水至 1 000 mL，自然 pH 值。

② 1 mol/L NaOH 和 1 mol/L HCl。

四、实验步骤

1. 称量

按培养基配方准确称量各种材料与试剂，并放入烧杯中(有些需按配方说明先后加入)。

2. 溶化

在烧杯中先加入少量的水(一般用自来水，特殊的需用蒸馏水)，搅拌，加热溶解。

3. 调 pH 值

用 pH 试纸或 pH 计测 pH，并用 1 mol/L NaOH 或 1 mol/L HCl 调节至所需范围，再按配方定容至所需体积。

4. 过滤

一般不过滤，特殊情况下需要过滤，可用滤纸、纱布或脱脂棉等过滤。

5. 分装

根据不同的需要，可将制好的培养基分装入试管内或三角瓶内，管瓶口塞上棉塞。棉塞的大小和松紧适中。棉塞的总长度的 3/5 应在口内，2/5 在口外。注意不要使培养基沾染在管瓶口上，以免浸湿棉塞引起污染。如果培养基是液体，分装高度以试管高度的 1/4 左右为宜；如果培养基是固体，分装试管，其量为管高的 1/5，灭菌后制成斜面。分装三角瓶的容量以不超过三角瓶容积之 1/2 为宜；对于半固体培养基，分装试管一般以试管高度的 1/3 为宜，灭菌后，垂直凝成半固体深层琼脂。

6. 灭菌

利用高压蒸汽来达到灭菌目的，其温度在 100 ℃以上，有较大的杀菌能力。灭菌在高压蒸汽灭菌锅内进行。

先打开灭菌锅盖，加入适量的水，然后放入待灭菌物。加盖旋紧螺旋，使蒸汽锅密封。关闭两个阀门，加热，当压力表指针指示 0.05 MPa 时，打开放气阀(此时蒸汽将锅内冷空气由排气孔排出)直至压指针回到“0”，再关闭放气阀，继续加热，待压力逐渐上升至所需压力时，控制热源，维持所需时间(一般培养基的器皿控制在 121 ℃保温 30 min，含糖培养基 111 ℃保温 30 min)。然后停止加热，压力随之降到“0”，可打开锅盖。放温箱作灭菌试验后，放入冰箱备用；对于斜面培养基应在灭菌后趁热放成斜面。

表 4-1　高压蒸汽锅压力计读数和温度的关系

压力计读数	纯水蒸气(无空气时)	混入 50%空气	只有空气时
0.05 MPa	108 ℃	94 ℃	72 ℃
0.10 MPa	115 ℃	105 ℃	90 ℃
0.15 MPa	121 ℃	112 ℃	100 ℃
0.20 MPa	126 ℃	118 ℃	109 ℃
0.25 MPa	130 ℃	124 ℃	115 ℃
0.30 MPa	134 ℃	128 ℃	121 ℃

五、实验结果与讨论

（1）记录配制培养基时所加入成分的比例，掌握其制备过程，理解各营养成分的作用。

（2）记录高压蒸汽灭菌锅的温度和压力变化过程，理解其原理。

（3）分析实验结果及其影响因素，实验过程中存在的问题及要注意的问题。

六、注意事项

（1）灭菌后待压力降至“0”时，方可打开锅盖。如未降至“0”时即打开锅盖，容器内的培养基会剧烈沸腾而冲出，以致沾污棉塞，易被空气杂菌污染。

（2）灭菌后打开灭菌锅或从锅里取用灭菌后的物品时，一定要等系统温度下降到适宜温度，或者佩戴隔热手套进行操作，以免烫伤。

七、思考题

（1）在一般情况下为什么试管或三角瓶培养基要用棉花塞而不用软木塞或橡皮塞？

（2）加热蒸汽灭菌为什么比干热灭菌所要求的温度低、时间短？

（3）干热灭菌完毕后，在什么情况下才可以开箱取物？为什么？

（4）高压蒸汽灭菌，为什么一定要排尽冷空气？

实验二　金霉素链霉菌培养基的制备

金霉素链霉菌（*Streptomyces aureofaciens*），是链霉菌（*Streptomyces*）的一种，因能产生金霉素（*chlortetracycline*，即 CTC）而得名。金霉素链霉菌又称“金色链霉菌”，属放线菌门，放线菌纲，放线菌目，链霉菌科，链霉菌属。在固体培养基上产生金色色素，其菌落为草帽型，菌落直径一般为 3～5 mm，表面较平坦，中间有隆起，菌落开始为白色，长孢子后变青色，在显微镜下可以看到短杆状的菌丝，在抗菌素工业上用以生产金霉素。

一、实验目的

（1）学会放线菌类型培养基的配制。

（2）熟悉培养基灭菌过程和操作方法。

二、实验原理

工业发酵中利用生产菌发酵得出最终产物是一个逐级放大的过程，各个不同的阶段对于营养成分的要求也各有特点。根据发酵不同阶段的要求，培养基可分为孢子培养基、种子培养基和发酵培养基等 3 种。

三、实验仪器与试剂

1．主要仪器

高压蒸汽灭菌锅、电子天平、烧杯、量筒、三角瓶、玻璃棒等。

2．主要试剂

玉米淀粉、黄豆饼粉、玉米粉、酵母粉、蛋白胨、α-淀粉酶、豆油、$CaCO_3$、$(NH_4)_2SO_4$，$MgSO_4$、NaCl、KH_2PO_4、NaBr 母液（100 g/L）、KCl 母液（100 g/L）、M-促进剂母液（2.5 g/L）、1 mol/L NaOH、1mol/L HCl、pH 试纸等。

四、实验步骤

1. 种子培养基(g/L)

玉米淀粉40.0、黄豆饼粉25.0、酵母粉6.0、蛋白胨5.0、$CaCO_3$ 4.0、$(NH_4)_2SO_4$ 3.5、$MgSO_4$ 0.2、NaCl 2.0、KH_2PO_4 0.25，pH值为6.3～6.5。

配制培养基时，淀粉首先要糊化，即称出要求量的玉米淀粉，加入少许冷水，调成浆，然后再加入开水，搅拌使淀粉液变成半透明的黏稠状；如果不黏稠，必须在火上加热搅拌至糊状；同时，黄豆饼粉单独煮沸10 min，加入少量凉水降温，4层纱布压榨取汁，与其他称好的各成分混合，定容至1 L，调pH值为6.3～6.5。每100 mL分装到500 mL三角瓶中。

2. 发酵培养基(g/L)

玉米淀粉80.0、黄豆饼粉25.0、酵母粉5.0、蛋白胨6.0、玉米粉20.0、$CaCO_3$ 6.0、$(NH_4)_2SO_4$ 6.0、NaCl 2.5、$MgSO_4$ 0.15、KH_2PO_4 0.1、α-淀粉酶0.2、豆油1.5，pH值为6.3～6.5。

配制方法同种子培养基，发酵培养基还需要用α-淀粉酶酶解。方法是将糊化好的淀粉糊冷却到80 ℃左右，加入称好的淀粉酶，在80 ℃恒温水浴中搅拌保温15 min，待淀粉液化后再加入其他成分，配好后分装到500 mL三角瓶中，每瓶100 mL，分别加入如下成分，比较它们对四环素产量的影响：

① 对照(不加其他成分)。

② 加入NaBr母液至终浓度为2 g/L。

③ 加入KCl母液至终浓度为2 g/L。

④ 加入NaBr母液至终浓度为2 g/L及M-促进剂母液至终浓度为0.025 g/L。每两组配一套。

⑤ 将分装好的各三角瓶用棉花塞塞好，并用纸包裹捆扎。

3. 灭菌

将封好口的培养基121 ℃灭菌30 min。

五、实验结果与讨论

(1) 记录培养基配置过程中各试剂用量、加入顺序、处理温度和时间，理解其原因。

(2) 记录实验所述4种条件下发酵四环素的产量，分析培养基组成与四环素产量之间的关系。

六、注意事项

(1) 黄豆饼粉煮沸取汁。

(2) 培养基封口最好用8层纱布或棉花塞，最好不用橡胶塞，以增加透气性。

(3) 灭菌时，灭菌锅升温排气一定要充分。

七、思考题

为什么要加入α-淀粉酶处理后再配制成发酵培养基，α-淀粉酶作用是什么？

实验三 菌种的分离和接种

一、实验目的

(1) 掌握微生物的各种接种和分离方法。

(2) 掌握无菌操作的基本环节。

二、实验材料、仪器与试剂

1. 菌种

大肠杆菌、枯草杆菌、金黄色葡萄球菌、酵母菌、霉菌等。

2. 培养基

缓冲葡萄糖肉汤培养基试管垂直、缓冲葡萄糖肉汤半固体培养基试管垂直、缓冲葡萄糖肉汤固体培养基试管斜面、缓冲葡萄糖肉汤固体培养基平板、察氏培养基试管斜面、察氏培养基平板等。

3. 仪器与材料

接种环、接种针、接种钩、酒精棉、火柴、镊子、酒精灯、试管架、玻璃铅笔、糨糊、标签纸、恒温培养箱等。

三、实验原理

在自然界中,各种微生物是在互为依赖的关系下共同生活的。因此,为了取出特定的微生物进行纯培养,必须从中把它们分离出来。在保存菌种时,难免不慎受到污染也需予以重新分离提纯。将一种微生物移到另一种灭菌的培养基上的操作称为接种。

分离培养微生物时,由于微生物的种类不同,它的性质也不同。因此,在分离培养时,要考虑微生物对外界的物理、化学等因素的影响。即选择该类微生物最适合的培养基、pH值、温度,以及好氧性或厌氧性培养等。在接种、分离、培养过程中,均需严格的无菌操作,防止杂菌侵入,所用的器具必须经过灭菌,接种工具无论使用前后都要经过火焰灭菌,且在无菌室或无菌箱中进行。

四、实验步骤

1. 接种

(1) 接种前的准备工作

① 检查接种工具,在欲要接种的培养基试管的斜面或平板上,根据实验的要求贴好标签,标上欲接种的菌名、操作者、接种日期等。

② 将培养基、接种工具和其他用品全部放在实验台上摆好,进行环境消毒。

③ 关好实验室门、窗,用5%的石炭酸(苯酚)溶液或3%的来苏尔溶液进行喷雾空气消毒或擦拭台面(注意消毒时菌种不可放在台面上),接种前用消毒乙醇棉将双手消毒,以无菌操作方式进行接种。有条件者最好在无菌室或无菌箱中进行接种。

(2) 接种方法

① 试管接种方法

操作方法如图 4-1 所示。

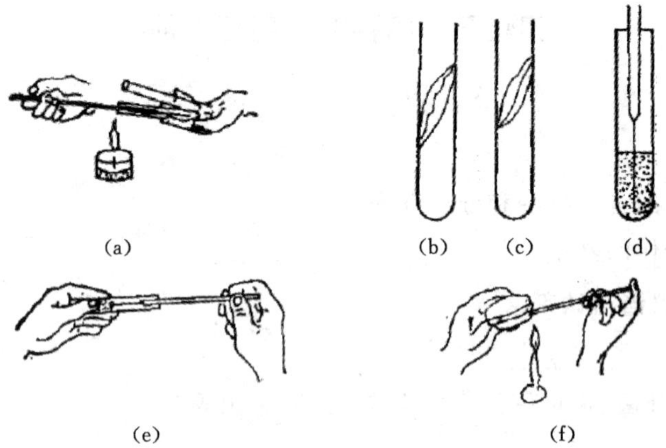

图 4-1 各种接种方法操作示意图

(a) 斜面接种操作；(b) 斜面蜿蜒划线；(c) 斜筒直线划线；(d) 穿刺接种；
(e) 液体培养基接种；(f) 移液管接种

a. 将菌种试管与待接种的试管培养基依次排列，挟于左手的拇指与食指之间，用右手的中指与四指，四指与尾指拔出棉塞并挟住；

b. 置试管口于酒精灯火焰附近；

c. 将接种工具垂直插入酒精灯火焰中烧红，再横过火焰 3 次，然后再放入有菌试管壁内，于无菌的培养基表面待其冷却；

d. 用接种工具取少许菌种置于另一支试管中，按表 4-2 的接种方式把菌种接种到新的培养基上；

表 4-2　　微生物的接种方式

菌种	培养基	接种工具	接种方式
大肠杆菌和枯草杆菌	葡萄糖肉汤固体斜面	接种环	自上往下蜿蜒划线
	葡萄糖肉汤半固体试管	接种环	中心垂直插入再退回
	葡萄糖肉汤液体试管	接种环	液面以下接触管壁
金黄色葡萄球菌	葡萄糖肉汤液体试管	接种环	液面以下接触管壁
酵母菌	察氏斜面	接种环	自上往下划线
霉菌	察氏斜面	接种钩	点植
霉菌	察氏平板	接种钩	点植

e. 取出接种工具，试管口和棉塞均进行火焰灭菌；

f. 重新塞上棉塞；

g. 烧死接种工具上的残余菌，把试管和接种工具放回原处。

② 试管菌种接种到平板培养基里的方法

a. 左手持平板和试管菌种，右手松动试管棉塞，烧接种工具；

b. 右手小指与四指取下棉塞，取菌，打开平皿；

c. 将菌种接种到平皿上，立即盖上平皿；

d. 酒精灯火焰上烧接种工具灭菌；

e. 棉塞过火，重新塞上试管。

2. 分离

分离微生物的方法很多，其目的都是把混杂的微生物分离为单个细胞使其生长繁殖，形成单个菌落，以便得到纯菌种，本实验以平板划线法分离，划线方式如图 4-2 所示。

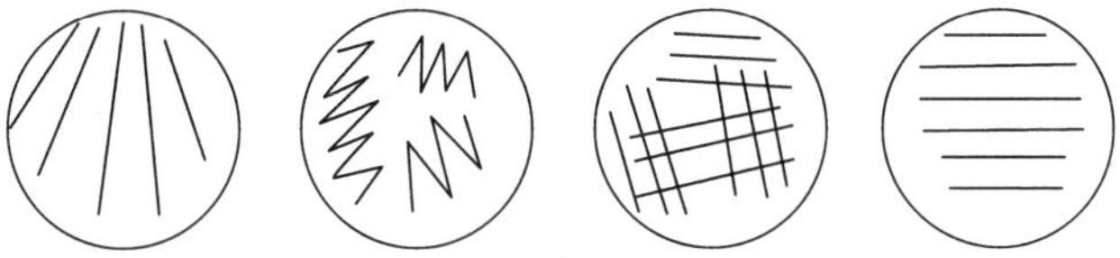

(a)　　(b)　　(c)　　(d)

图 4-2　平板的分离划线方法

(a) 扇形划线法；(b) 蜿蜒划线法；(c) 连续划线法；(d) 平形划线法

(1) 在酒精灯火焰上灼烧接种环，待冷，分别取一接种环将酵母菌和青霉菌放入盛有无菌水的试管中，制成混合菌液。

(2) 在近火焰处，左手拿平板稍抬皿盖，右手持接种环蘸取一环混合菌液伸入皿内，按照图 4-2 平板划线分离方法划线。

① 带有混合菌液的接种环在平板培养基上作蜿蜒划线，划线完毕，盖上皿盖。

② 用接种环蘸取混合菌液一环，进行连续划线，即先在平板培养基上作第一次平行划线 3～4 条，转动平皿约 70°角，再作第二次平行划线 3～4 条，再转动 70°角，再以同样方式划线，划线完毕后盖上皿盖。

③ 接种环上带菌太少者，可在平皿的一点处作扇形划线或辐射划线。

3. 培养

(1) 将接种的细菌培养基放在 32～37 ℃恒温培养箱内，培养 24 h 后观察。

(2) 将接种分离后的酵母菌及霉菌放在 25～28 ℃的恒温培养箱内，酵母菌培养 48 h，霉菌培养 72 h 进行观察。

(3) 平板培养基置于恒温培养箱内倒置培养。

五、实验结果与讨论

(1) 记录试管接种和平板划线培养后各条件下的菌落形态，观察单菌落分布规律。

(2) 比较各种平板划线分离法的菌落纯化效率，分析其影响因素。

六、注意事项

(1) 菌种分离和接种各步骤均须无菌操作，对环境要求严格无菌。

(2) 操作中各试管和培养皿开口前要做好灭菌，开口时间要尽量短。

七、思考题

(1) 为什么在做微生物实验时，最基本的要求是无菌操作？

(2) 为什么真菌和细菌的培养温度有差异？

实验四　水中细菌的直接分离

一、实验目的

(1) 学习水样的采取方法和分离方法。

(2) 学习细菌的培养方法。

二、实验内容

(1) 将水中细菌分离。

(2) 对细菌进行培养。

三、实验原理

水中细菌分离的最简便的富集技术是在一无菌的、用棉团塞好的500 mL广口三角烧瓶中盛装50 mL水样，于22～27 ℃下连续培养，定期取样涂布到含有50%～100%水样(过滤灭菌)的适宜分离琼脂平皿上。在同水体的水样中加入一定的底物如蔗糖、多糖和蛋白质等，也可以促进水中微生物的增殖。培养过程中可加入低浓度的抗真菌剂(浓度5～35 μg/mL)抑制真菌的生长。另一富集方法是在培养烧瓶中添加细菌"天然浸出汁"，如无菌的植物组织或土壤浸出液。通过改变培养温度和培养周期可选择性富集嗜冷性细菌、中温菌和嗜高温菌。

四、实验仪器与设备

混合纤维素滤膜(0.22 μm，ϕ25 mm)、注射式滤器(0.25 mm)、恒温箱、巴氏滴管、50 mL注射器、恒温振荡器、样本稀释液(通常是从水体周围的泥或土制得的0.5×泥或土浸出液)、50 mL三角烧瓶(已灭菌)、琼脂平皿(已添加天然浸出汁)。

五、实验步骤

(1) 将50 mL水样通过0.22 μm无菌滤膜。

(2) 取出滤膜用1 mL无菌稀释液将滤膜上的沉积物洗掉。

(3) 用滴管将此洗出液移入含9 mL样本稀释液的三角烧瓶中。

(4) 在120 r/min振荡5 min。

(5) 用样本稀释液适度稀释。

(6) 取3个稀释度的稀释液0.1 mL涂布3组，每组3～7块平皿。

(7) 22～26 ℃倒置培养4～10 d，每两天检测1次，注意有无新的菌落形成。

六、实验结果与讨论

(1) 每两天观察一次培养皿，记录培养过程中细菌菌落生长情况。

(2) 记录不同来源水体的菌落特征和数目，分析与水体周围环境的相关性。

七、注意事项

无菌滤膜过滤后的沉积物转移要完全，否则会影响水体菌落的真实性。

八、思考题

培养基中添加天然浸出汁的作用是什么?

实验五　链霉菌菌丝体的诱变育种

一、实验目的

(1) 了解各种育种方法。

(2) 掌握诱变育种方法与培养技术。

二、实验内容

(1) 对链霉菌菌丝体进行培养。

(2) 用诱变剂进行诱变育种。

三、实验原理

链霉菌为纤丝状微生物，在一定的环境条件下可形成具有单基因组的孢子。因此，在通常情况下，一般选择其孢子制备孢子悬液进行诱变，常用的诱变方法有 UV 诱变法和亚硝基胍诱变法。但许多链霉菌变种形成孢子后很难诱导，只能对其菌丝体片段进行诱变处理。用于链霉菌的诱变剂主要有 UV、羟胺(HA)、4-硝基喹啉-1-氯化物(NQO)、EMS、甲基磺酸乙酯(MMS)和甲基硝基亚硝基胍(MNNG)，它们的诱变效率和诱变方法的差异见表 4-3。本实验为 MNNG 化学诱变链霉菌。

表 4-3　用于链霉菌菌丝体诱变的各种诱变剂的比较

诱变剂	UV	HA	NQO	EMS	MMS	MNNG
诱变细胞	对数生长后期或稳定期	对数生长后期	对数生长后期	对数生长后期	对数生长后期	对数生长 3 h
缓冲液及 pH	TES，7.2	0.1 mol/L 磷酸缓冲液，7.0	0.05 mol/L 磷酸缓冲液，7.0	0.02 mol/L 磷酸钾缓冲液，7.0	0.02 mol/L 磷酸钾缓冲液，7.0	8.5
诱变剂量	20～160 /(J/m^2)	100～200 / (mmol/L)	100～400 /μg	0.5%～3.0% (v/v)	0.05%～0.4% (v/v)	最终浓度 100～400 /(μg/mL)
诱变时间和培养条件	1～5 min，37 ℃	2 h，37 ℃	2 h，37 ℃	10 min，37 ℃	30 min，37 ℃	20 min，37 ℃ 250～300 r/min 振荡
诱变终止方法	移去照射源	含 10%丙酮营养肉汤 10 倍稀释	0.16 mol/L 硫酸钠 10 倍稀释	0.16 mol/L 硫酸钠 10 倍稀释	0.16 mol/L 硫酸钠 10 倍稀释	离心洗涤
诱变机制	胸腺嘧啶二聚体形成及易错 DNA 修复	易错 DNA 修复和错配	易错 DNA 修复	诱导性易错 DNA 修复	易错 DNA 修复	易错 DNA 修复

续表 4-3

诱变剂	UV	HA	NQO	EMS	MMS	MNNG
突变率与剂量的关系		正比于起始剂量效能	正比于剂量的平方	正比于剂量的平方	正比于剂量效能的 1/3～1/4	低浓度时正比于剂量的平方，高浓度时不变
诱变能力	2×10^{-7} ——————→ 1×10^{-4}					

四、实验试剂与仪器

1. 主要试剂

(1) 链霉菌斜面；

(2) TS 豆汤：胰蛋白胨豆汤粉(BBL)30 g，蒸馏水 1 000 mL；

(3) AS-1 琼脂平皿：酵母膏 1 g，NaCl 25 g，L-丙氨酸 0.2 g，Na_2SO_4 10 g，L-精氨酸 0.2 g，L-天冬酰胺 0.5 g，可溶性淀粉 5 g，蒸馏水 1 000 mL，琼脂 20 g，pH=7.5；

(4) 2%NaOH，MNNG(亚硝基胍)。

2. 主要仪器

组织研磨器、超声波破碎仪、恒温振荡、离心机、通风橱、恒温箱、无菌三角瓶(50 mL、250 mL)及 10 mL 离心管等。

五、实验步骤

(1) 将从斜面培养物上制取的孢子或菌丝接入 TS 豆汤中，培养 24 h 或培养到对数生长后期或稳定期(A_{600}=2.0～9.0)。

(2) 离心收获菌丝体，加入等体积 TS 豆汤，用无菌组织研磨器制成均浆。

(3) 加入等体积 TS 豆汤稀释菌丝悬液一次诱变约需此菌丝悬液(20 mL)。

(4) 移入 50 mL 无菌三角瓶中。

(5) 将超声波探头的尖端浸入液面下大约 1～2 cm，75 W 超声破碎菌丝 3～10 s。

(6) 按 1%～10%的接种量将菌丝片段悬液接入新鲜的 TS 豆汤中。

(7) 34 ℃，270 r/min 振荡培养 3 h。

(8) 用 2%NaOH 调培养基 pH 值至 8.5。

(9) 移入通风橱内，称取少量 MNNG 晶体(如 1～4 mg)置于预重的无菌离心管内，加入菌丝体悬液，到 MNNG 的最终浓度为 100～400 μg/mL。

(10) 立即将离心管盖好，振荡，使 MNNG 晶体完全溶解。

(11) 37℃，250～300 r/min 振荡培养 20 min。

(12) 取 1 mL 培养物至 19 mL TS 豆汤中，涂布 AS-1 平皿，以测定存活比。

(13) 余下的培养物以 3 000 r/min 离心 5 min 收获菌丝片段。上清液倒入 2%NaOH 中。

(14) 用 TS 豆汤洗涤 1 次，上清液倒入 2%NaOH 中。

(15) 将菌丝片段重新悬浮于 10 mL TS 豆汤中，32 ℃培养过夜。

(16) 离心收获菌丝体，匀浆，超声波破碎。

(17) TS 豆汤适度稀释后涂布 AS-1 平皿。

(18) 单菌落生产性能筛选。

五、实验结果与讨论

(1) 仔细记录诱变实验过程中各步骤详细操作和注意事项。

(2) 每天观察一次诱变培养皿，记录诱变后新菌落的出现情况。

六、注意事项

化学诱变剂都具有毒性，大多数具有致癌性，不可入口和接触皮肤黏膜，实验后也应进行无害处理，防止环境污染和造成公害，取用和保管必须严格遵循有毒有害物品的储存和使用管理规定。

七、思考题

(1) 找出几种诱变剂诱变效率和诱变方法的差异。

(2) 诱变育种具有什么性质？有没有可能控制诱变方向？

实验六　青霉菌营养缺陷型菌株的筛选

一、实验目的

(1) 学习紫外线的诱变技术。

(2) 掌握青霉菌营养缺陷型菌株的筛选技术。

二、实验原理

紫外线是一种常用的物理诱变因素，它主要能使 DNA 链中两个相邻的嘧啶核苷酸形成二聚体，从而影响 DNA 的正常复制，并因此造成基因突变。由于这种诱变作用易被可见光修复，因此，在进行紫外线诱变处理及以后的培养时，都应避免可见光的照射，一般可在红光下进行。

三、实验仪器与试剂

1. 菌种

产黄青霉(*Penicrllum chrysogcnum* 6406A)。

2. 培养基

(1) 基本培养基(MM)

蔗糖 30 g、$NaNO_3$ 3 g、KCl 0.05 g、$MgSO_4 \cdot 7H_2O$ 0.5 g、KH_2PO_4 0.5 g、微量元素溶液 10 mL、琼脂粉 20 g、水加至 1 000 mL，pH＝6.0。不加琼脂粉即为液体基本培养基，水加至 500 mL 则为双倍基本培养基。

(2) 完全培养基(CM)

葡萄糖 30 g、$MgSO_4 \cdot 7H_2O$ 0.5 g、$NaNO_3$ 2 g、$(NH_4)_2HPO_4$ 1 g、KCl 0.5 g、蛋白胨 4 g、水解酪素 2 g、酵母膏 2 g、微量元素溶液 20 mL、琼脂 20 g、水 1 000 mL，pH＝6.8。不加琼脂即为液体完全培养基。

3. 其他仪器与试剂

无菌水：为了使孢子容易分散，最好用含微量(0.1%)吐温 80 的无菌水；盛有玻璃珠的三角瓶。

四、操作步骤

1. 孢子悬浮液的制备

(1) 将产黄青霉 6406A 菌株接种在完全培养基大斜面上，在 25 ℃培养 7～10 d(在实验前一周接种)。

(2) 在培养好的菌种斜面上加入无菌水 10 mL，用接种环轻轻地把孢子刮下，倒入盛有玻璃珠的三角瓶中摇 10 min，使孢子充分分散，然后在玻璃漏斗中用灭菌棉花过滤得到孢子悬浮液，备用。

2. 诱变处理

(1) 吸取上述分散的孢子悬浮液 3 mL 于直径 9 cm 的培养皿中，平铺于皿底。

(2) 诱变剂——紫外线，15 W 紫外灯，距离 28 cm，室温下照射。

(3) 诱变处理前先开紫外灯稳定 10 min，然后将待处理的培养皿连盖放在灯下灭菌 5 min；处理时，将培养皿盖打开，并立即计算处理时间。让皿中菌液照射 5 min，处理完毕，立即加盖。

(4) 经诱变剂处理后的孢子置于液体基本培养基中，在 25 ℃下培养 48 h，用棉花过滤除去野生型菌丝，从而达到浓缩营养缺陷型的目的。

3. 制备印影母平板及计算杀菌率

(1) 对照组　未经处理的孢子悬浮液，用无菌水稀释至 10^{-3}，取 0.1 mL 菌液于培养皿中，加入完全培养基 12～15 mL，立即摇匀，放平待凝，共做 4 皿。

(2) 处理组　将紫外线处理 5 min 的孢子液稀释到 10^{-1}，吸取 0.1 和 0.3 mL，各做 5 皿，加入完全培养基，摇匀，待凝。

(3) 25 ℃下培养 7 d 左右。计算对照组和处理组菌数，并计算存活率；另选菌落疏密合适、分布均匀、长满 30 个左右的皿作印影的母平板。

4. 平板印影

(1) 准备印影用丝绒布　印影用丝绒布经加压灭菌后，在干燥箱内烘干备用。

(2) 准备平板　按上述母平板数量，准备基本培养基平板和完全培养基平板，以 1 个母平板、1 个基本培养基平板和 1 个完全培养基平板为 1 组，每组编上号。在上述每个平板的底上应作上箭头标记，以便定位。

(3) 印影　将灭菌的丝绒布放在木柱上，用橡皮筋扣住(注意布面不可用手摸)。先取母平板倒覆在绒布上，皿上用铅笔轻轻敲几下取下母平板(保存备用)。立即把基本培养基平板按相同的标记方向复印，同样敲几下，之后，再把完全培养基平板复印。印毕，25 ℃下培养 7～10 d。

(4) 将每组复印的完全培养基平板、基本培养基平板和保存的母平板按同一标记方向进行比较，找出在完全培养基平板上生长的，而在基本培养基平板上不长的菌落，用红笔作上标记，并编上号，以便进一步复证。

5. 点种复证

(1) 准备基本培养基及完全培养基平板，平板数量根据编过号的菌落多少而定，1 个皿可划种 30 格左右。

(2) 把已编号的菌株，用接种针(或灭菌牙签)从母平板的菌落上按编号顺序挑取一些孢子或菌丝，分别点在基本和完全培养基平板上(注意顺序不可颠倒)，25 ℃下培养 7～10 d。

(3) 经复证后，如某编号菌落确实只能在完全培养基上生长，而在基本培养基上仍不能生长者，可推测是缺陷型菌。可从完全培养基平板上挑取此菌落于完全培养基斜面上，于25 ℃下培养 7 d后，供生长谱鉴定。

6. 生长谱鉴定

(1) 待测缺陷型菌，从完全培养基斜面上复接 1 支供保藏用。

(2) 准备孢子悬浮液(同步骤 1)。

(3) 洗孢子悬浮液　把孢子滤液倒入离心管中(注意勿过满，以免弄潮棉塞)，3 000 r/min离心 10 min。倒去上清液，将菌块打匀，加 5 mL 无菌水，重复离心，共洗 3 次。最后将菌块打匀后加入 2 mL 无菌水即成。

(4) 取上述菌液 0.5 mL 于无菌皿中(共 2 皿)。加基本培养基，摇匀，放平。待冷凝后，在皿底划成 8 格，并注明名称(或代号)。然后按顺序加入氨基酸、维生素或核苷酸之类混合药物，在 25 ℃下培养 3～4 d 观察生长圈出现情况。加药时可用一根一端敲扁的接种针在火上烧红，冷却后，挑取少量药物于一定格内，当换用另一个药物时接种针必须在火上烧红，以免药物相互混杂。

(5) 当某一格出现圆形混浊生长圈时，即说明这是某一氨基酸(或维生素、核苷酸)的缺陷型菌株。

五、实验结果与讨论

(1) 记下所鉴定的缺陷型菌株在生长谱的哪个区域能生长。

(2) 记录这次 UV 诱变处理中得到的几个缺陷型菌株，这些菌株是属于同一的类型还是不同的类型?

六、注意事项

(1) 影印时灭菌的丝绒布在木桩上用橡皮筋固定，布面不可用手触摸，以免带入杂菌。

(2) 在生长谱鉴定测定时，加药可用一根一端敲扁的接种针操作，在火上烧红，冷却后，挑取少量药物于一定格内，当换用另一个药物时接种针必须在火上烧红，以免药物相互混杂，造成误判。

七、思考题

营养缺陷型菌株筛选在科学研究和工业生产中有何现实意义?

八、注释

1. 混合氨基酸、核苷酸的配制

(1) 赖氨酸，精氨酸，甲硫氨酸，半胱氨酸，胱氨酸，嘌呤核苷酸。

(2) 组氨酸，精氨酸，苏氨酸，谷氨酸，天冬氨酸，嘧啶核苷酸。

(3) 丙氨酸，甲硫氨酸，苏氨酸，羟脯氨酸，甘氨酸，丝氨酸。

(4) 亮氨酸，半胱氨酸，谷氨酸，羟脯氨酸，异亮氨酸，缬氨酸。

(5) 苯丙氨酸，胱氨酸，天冬氨酸，甘氨酸，异亮氨酸，酪氨酸。

(6) 色氨酸，嘌呤核苷酸，嘧啶核苷酸，丝氨酸，缬氨酸，酪氨酸。

(7) 脯氨酸这种氨基酸易潮解，所以单独成一组。

2. 混合维生素的配制

肌醇、泛酸(本多生酸钙)、叶酸、核黄素、氯化胆碱、对氨基苯甲酸、吡哆醇、抗坏血酸、硫胺素 B_1、生物素、烟碱酸等。

以上各种药物需等量研细，充分混合。

实验七　酵母营养缺陷型菌株的筛选

一、实验目的

(1) 掌握酵母菌基本的物理化学诱变方法。

(2) 学会和熟练运用根据菌株特征进行突变株筛选的基本技术。

(3) 了解酵母菌营养缺陷型菌株的筛选方法。

二、实验原理

本实验进行酿酒酵母(*Saccharomyces cerevisiae*)针对化学诱变剂诱发的营养缺陷型突变菌株的筛选，这也是遗传学和育种工作常用的方式。本实验以烷化剂亚硝基胍(Nitrosoguanidine，NTG)为诱变源。现在一般认为烷化剂的诱变机制主要是对鸟嘌呤 N-7 位的烷化(鸟嘌呤其他位置以及其他碱基也可能被烷化)，然后通过 DNA 复制引起碱基对错配，造成基因突变。NTG 主要诱发 GC-AT 转换。除此之外，它还能诱发邻近基因的并发突变。NTG 特别容易诱发 DNA 复制叉附近基因的突变，随着复制叉移动，作用位置也变动。

NTG 可使百分之几十的细菌发生营养缺陷型突变，是一种诱发效率很强的超诱变剂。因此，不必经青霉素浓缩处理，只要适当筛选就能检出营养缺陷型。一般只要用一种有效的筛选方法就可以获得源自一种高效诱变剂的所有突变型菌株。在进行诱变处理时，所选用的细胞一般要处于对数生长期。常以药物浓度表示化学诱变剂的剂量，通过杀菌率和诱变率了解一定剂量诱变剂的诱变效能。药物处理时间和温度都影响诱变作用的大小。对于诱变作用强、杀菌作用弱的诱变剂，如烷化剂，可用较低剂量(杀菌率约 50%)；而紫外线一般采用较高杀菌作用(如 90%～99.99%)的剂量。

三、实验仪器与材料

1. 菌种

酿酒酵母单倍体菌株。

2. 培养基及其他试剂

(1) 液体基本培养基

葡萄糖 10 g、$CaCl_2 \cdot 2H_2O$ 0.1 g、KH_2PO_4 0.876 g、$(NH_4)_2SO_4$ 1 g、K_2HPO_4 0.125 g、$MgSO_4 \cdot 7H_2O$ 0.5 g、NaCl 0.1 g、1 g/mL KI 母液(配时需 1 kg/cm^2 高压灭菌 15 min) 1 mL、维生素母液 1 mL，加蒸馏水至 1 000 mL，0.6 kg/cm^2 高压灭菌 25 min。

(2) 固体基本培养基：在液体基本培养基中加 2%琼脂。

(3) 液体完全培养基：蛋白胨 20 g、酵母浸出汁 10 g、葡萄糖 20 g、蒸馏水 1 000 mL，pH

6.0，0.6 kg/cm^{2}高压灭菌 25 min。

(4) 固体完全培养基：在液体完全培养基中加 2%琼脂。

3. 其他仪器与试剂

锥形瓶(150 mL)、试管、吸管(1 mL、5 mL)、离心管、培养皿(9 cm)、玻璃珠、玻璃涂棒、圆木柱(做绒布影印戳时使用)、丝绒布等。

无菌水、生理盐水(0.85%)、0.2 mol/L 磷酸缓冲液(pH=6.0)、0.2 mol/L Na_2HPO_4 12.3 mL、0.2 mol/L NaH_2PO_4 87.7 mL、NTG(亚硝基胍)等。

四、实验步骤

1. 酵母菌悬液的制备

(1) 用接种环从保存的酵母菌单倍体菌株斜面上挑少量菌，接种到盛有 5 mL 液体完全培养液的灭菌离心管内，在 28～30 ℃条件下培养 16～18 h。

(2) 将培养过的菌液倒入盛有玻璃珠的灭菌锥形瓶中，振荡 10 min，使酵母菌能够分散均匀。

(3) 各吸上述菌液 4 mL 置于 2 支灭菌离心管中，在 3 500 r/min 转速下离心 10 min。弃去上清液，并将菌块打匀，再各加无菌水 4 mL 以制成酵母菌悬液，存于 30 ℃水浴中待用。

2. 活菌数目的计算

首先，从水浴中取出 1 份酵母菌悬液 4 mL，先补加 1 mL 生理盐水，再用生理盐水稀释到 10^{-4}或 10^{-5}。接着，从 10^{-4}或 10^{-5}的酵母菌悬液稀释液中先后吸取 0.1 mL 和 0.5 mL，各放到 2 个灭菌培养皿中。最后，将融化后冷却到不烫手的热度的固体完全培养基每皿约 15～20 mL 倒入上述含菌的培养皿内，摇动均匀并平放待凝，于 30 ℃条件下培养 2 d 后，进行活菌计数。

注意要用没有经 NTG 处理的菌液作为对照。

3. 突变的诱发

在灭菌的离心管中放置 1.5 mg 的 NTG，加入 0.2 mol/L 磷酸缓冲液(pH=6.0)1 mL，完全溶解后存放在 30 ℃水浴中待用。从 30 ℃水浴中取出另一管酵母菌悬液 4 mL，倒入上述含 NTG 的离心管中，此时 NTG 终浓度为 0.3 mg/mL，充分混合均匀后立即放入 30 ℃水浴之中，并同时开始计算时间；30 min 后从水浴中取出混合液，并立即以 3 500 r/min 进行离心。将离心后的上清废液倒入浓 NaOH 溶液中，将菌块打匀，补加生理盐水 5 mL，再以 3 500 r/min 进行 1 次离心，倒去废液后添加无菌水 5 mL，制成酵母菌悬液。

将融化后冷却到不烫手的热度的固体完全培养基(每皿 15～20 mL，共 10 皿)倒入灭菌培养皿中，平放待凝。将 NTG 诱变过的菌液稀释到 10^{-3}(每支培养皿中有望生长菌落50～100 个)，然后吸取 0.1 mL 和 0.05 mL(各做 5 个皿)放入倒好的培养皿中。

用 Y 形灭菌玻璃涂棒将酵母菌液涂匀，于 30 ℃条件培养 3～4 d，对活菌进行计数，如图 4-3 所示。

4. 计算杀菌率和存活率

选择诱变组中不污染、菌落分布均匀、菌数适中的培养皿作为下一步影印实验使用的样品。

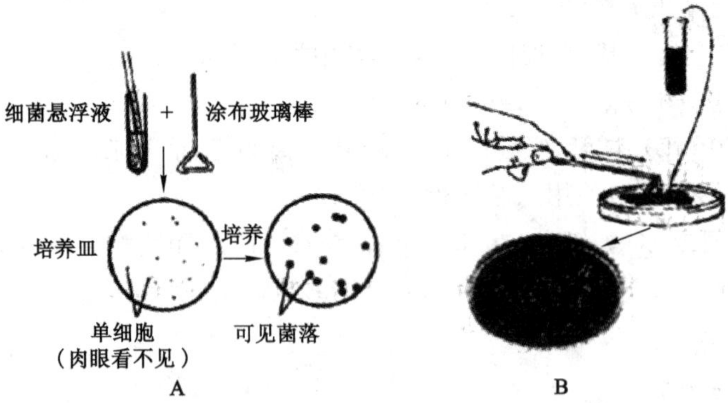

图 4-3 培养(A)和涂布(B)

5. 影印实验

准备好经高压灭菌、在恒温干燥箱内烘干的影印用丝绒布。将一定数目的母平板和预先备好的基本及完全培养基平板，以 1 个母平板、1 个基本平板(MM 平板)、1 个完全平板(CM 平板)作为一组，编排组号，并用玻璃铅笔在每个平板的底部画上箭头以作为标记符号。将灭菌的丝绒布按到圆木柱手柄上，并用橡皮筋扎住(勿触摸绒面)，制成影印戳。先将母平板倒覆于影印戳的绒面影印板上，用铅笔均匀地轻敲皿底几下，取下母板(放冰箱内保存)，再立即把 MM 平板按箭头标记的相同方向复印上去。取下 MM 平板后，再把 CM 平板也按同样方法复印(图 4-4)。印毕，将 MM、CM 平板在 30 ℃条件下培养 2～3 d。

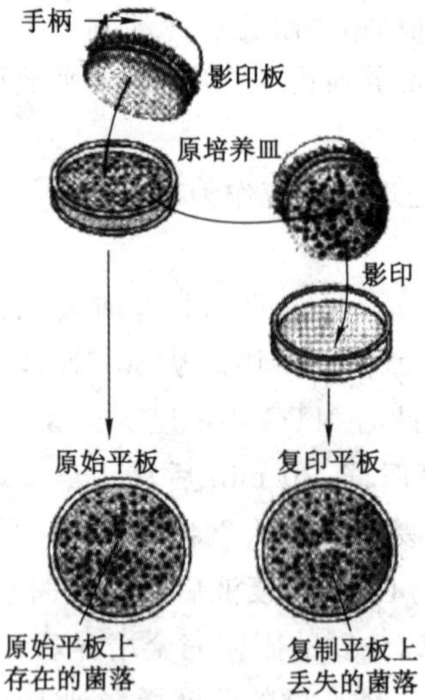

图 4-4 复印实验方法示意图

6. 点种复证操作

首先，对每组复印平板按箭头标记进行同一方向比较，找到在 CM 平板上生长而在 MM 平板上见不到的菌落，用玻璃铅笔在母平板相应位置做上标志(编上号，以备进一步复证)。然后，根据编号菌落多少准备适当数量 MM 平板和 CM 平板，每个皿底划上 36 个左右的格子。第三步，用灭菌牙签从母平板上挑取已编号的单菌落，按照顺序在 MM 和 CM 平板上的相应位置上点种。点种完毕，在 30 ℃条件下培养 2～3 d(视菌落生长情况可以适当调整培养时间)。最后，从培养箱内将培养皿取出，以无菌接种环挑取确定的在 CM 上生长而在 MM 上不出现的单菌落，接种于 CM 斜面培养基上，在 30 ℃恒温条件下培养 2 d。培养结束后在冰箱中保存培养物，待生长谱鉴定时使用。

7. 营养缺陷型菌株生长谱的鉴定

方法同青霉菌诱变所得营养缺陷型菌株生长谱的鉴定。

五、实验结果与讨论

(1) 认真记录实验结果，并填入表 4-4 中。

表 4-4　　实验结果记录表

处理	皿数	稀释	取样	活菌总数		存活菌数		突变型数		杀菌率/%	诱变率/%
				菌数/皿	菌数/mL	菌数/皿	菌数/mL	菌数/皿	菌数/mL		
	4	10^{-4} 或 10^{-5}	0.5 0.1 0.5 0.1								
NTG(0.3 g/L, 30 ℃, 30 min)	20	10^{-3}	0.05 0.1								

(2) 根据式(4-1)和式(4-2)分别记录杀菌率和诱变率，并填入表 4-4 中。

$$杀菌率(\%)=(1-\frac{存活菌数}{活菌总数})\times 100 \qquad (4\text{-}1)$$

$$诱变率(\%)=\frac{突变型数/mL}{活菌总数/mL}\times 100 \qquad (4\text{-}2)$$

(3) 总结酵母菌营养缺陷型菌株筛选实验的注意事项。

六、注意事项

(1) NTG 是超诱变剂，安全操作至关重要。应戴好橡皮手套和口罩在密闭箱里进行操作，在固定地方称量，防止诱变剂颗粒飞散；切勿用嘴直接对移液管吸取含 NTG 的液体；要用浓碱处理用过的含有 NTG 的器皿和用具。

(2) 获取单倍体菌株对酵母菌诱变研究十分重要，因为隐性性状在二倍体细胞中是不能表现的，而突变又往往是隐性；为提高获得单倍体细胞的效率，可先用一定浓度的纤维素酶处理，再进行热处理。

(3) 诱变剂处理时间在微生物的对数生长期，注意选择适当的剂量进行处理。

(4) 注意对照系的选择，其具有重要意义。

(5) 注意严格的无菌操作，以免污染。

七、思考题

(1) 进行影印实验的目的是什么？

(2) 点种复证的目的是什么？操作中要注意哪些问题？

八、注释

(1) 微量元素母液：H_3BO_3 1 mg/100 mL、$ZnSO_4 \cdot 7H_2O$ 7 mg/100 mL、$CuSO_4 \cdot 5H_2O$ 1 mg/100 mL、$CoCl_2 \cdot 6H_2O$ 5 mg/100 mL，1 kgf/cm^{2}高压灭菌 15 min。

(2) 维生素母液：维生素 B_1 40 mg/100 mL、烟碱酸 40 mg/100 mL、肌醇 200 mg/100 mL、核黄素 20 mg/100 mL、对-氨基甲酸 20 mg/100 mL、吡哆醇 40 mg/100 mL、泛酸 20 mg/100 mL、生物素 3 mg/100 mL，1 kgf/cm^{2}高压灭菌 15 min。

实验八　菌种的液氮冷冻保藏与复苏

一、实验目的

(1) 掌握菌种的冷冻保藏与复苏实验原理。

(2) 掌握菌种的液氮冷冻保藏与复苏的相关操作。

二、实验原理

低温保藏为保藏微生物菌种的最简单而有效的方法。通过低温，使微生物代谢活动停止。一般地，冷冻温度愈低，效果愈好。

细胞在冷冻保存过程中，由于理化因素可引起脂蛋白复合物不可逆的损伤，因而细胞膜和细胞器膜受损导致细胞的死亡。欲避免这种损伤，冻存细胞时必须使用保护剂。保护剂具有降低溶液冰点和溶质浓度，以及提高渗透压等特性，这样使细胞在低温下能有效地脱水而少受损伤，同时应认真掌握好冷冻速度和解冻速度。

在液氮冷冻保藏中，最常用的冷冻保护剂是二甲亚砜和甘油，最终使用浓度一般为甘油 10%、二甲亚砜 5%。所使用的甘油一般用高压蒸汽灭菌，而二甲亚砜最好为过滤灭菌。

三、实验步骤

1. 待冷冻保藏菌种悬液的制备

① 从生长斜面制备菌悬液

a. 每一斜面加入 5 mL 含 10%甘油的营养液体培养基。

b. 用巴氏吸管吹吸斜面制成孢子及菌体细胞悬液。

c. 0.5～1 mL 分装玻璃安瓿或液氮冷藏专用塑料瓶，玻璃安瓿用酒精喷灯封口。

d. 将所有封好的安瓿置于 5 ℃冰箱中 30 min，以使细胞和悬浮培养基间达到平衡。

② 从浸没培养物制备菌悬液

a. 在浸没培养液中加入等体积 20%无菌甘油。

b. 轻轻振荡混匀培养液，如果菌体絮凝较紧，则需先用玻璃珠打散。

c. 0.5～1 mL 分装玻璃安瓿或液氮冷藏专用塑料瓶，玻璃安瓿用酒精喷灯封口。

d. 将所有封好的安瓿置于 5 ℃冰箱中 30 min，以使细胞和悬浮培养基之间达到平衡。

2. 控速冷冻

① 将安瓿或液氮瓶置于铝盒或布袋中，然后置于一较大的金属容器中。

② 将此金属容器置于控速冷冻机的冷冻室中。

③ 以 1～2 ℃/min 的制冷速度降温，直到温度达到相对温度之上几度的细胞冻结点（通常为−30 ℃）。

④ 补加一定量的液氮至系统中，使细胞在冻结点时尽可能快地发生相变。

⑤ 细胞冻结后，将制冷速度降为 1 ℃/min，直到温度达−50 ℃，

⑥ 将安瓿迅速移入液氮罐中于液相（−196 ℃）或气相（−156 ℃）中保存。

如果无控速冷冻机，则一般可用如下方法代替：将安瓿或液氮瓶置于−70 ℃的冰箱中冷冻 4 h，然后迅速移入液氮罐中保存。

3. 复苏

复苏液氮冷冻菌种的一般方法是：

① 从液氮罐中取出所需的安瓿，立即置于冰浴中。

② 迅速将安瓿置于 37～40 ℃的水浴中，并轻轻摇动以加速解冰。

③ 用巴氏吸管将安瓿中贮存培养物移接入含有 2 mL 无菌液体培养基的试管中，用同一支吸管反复抽吸数次，然后取 0.1～0.2 mL 约 4～8 滴转接入琼脂斜面上。

五、实验结果与讨论

（1）记录液氮冷冻保藏的详细步骤，并记住各步骤关键控制点并理解其原理。

（2）分析影响菌种冷冻保藏与复苏的因素。

六、注意事项

（1）冷冻过程中分步骤逐渐冷冻过程中，要严格控制好温度的下降速度。

（2）如用液氮冷藏专用塑料瓶进行冻存，冷冻前需严格检查密封。

七、思考题

（1）制备菌悬液时，在培养液中加入等体积 20%无菌甘油作为冷冻保护剂的作用原理是什么？

（2）为什么冷冻保藏时要分步冷冻，且过程较慢，而解冻时要求较快完成？

实验九　酵母菌的培养与形态观察

一、实验目的

（1）了解酵母菌的基本形态。

（2）掌握酵母菌的培养与观察方法。

（3）进一步学习并掌握光学显微镜低倍镜和高倍镜的使用方法。

二、实验原理

1. 酵母菌细胞形态特征

酵母菌是单细胞的微生物，细胞一般呈卵圆形、圆形、圆柱形或柠檬形。酵母细胞核与细胞质有明显的分化，个体直径比细菌大几倍到十几倍。繁殖方式也较复杂，无性繁殖主要是出芽生殖，有出芽痕和诞生痕等，有些酵母能形成假菌丝。有性繁殖是通过接合形成

子囊及子囊孢子。

2. 美蓝鉴别酵母菌死活细胞原理

美蓝是一种弱氧化剂，氧化态呈蓝色，还原态呈无色。用美蓝对酵母细胞进行染色时，活细胞由于细胞的新陈代谢作用，细胞内具有较强的还原能力，能将美蓝由蓝色的氧化态转变为无色的还原态，从而细胞呈无色；而死细胞或代谢作用微弱的衰老细胞则由于细胞内还原力较弱而不具备这种能力，从而细胞呈蓝色，据此可对酵母菌的细胞死活进行鉴别。

三、实验仪器与试剂

1. 主要设备与仪器

显微镜、擦镜纸、载玻片、盖玻片、接种环、酒精灯、镊子、电吹风、吸水纸、蒸馏水、培养皿(已倒入麦芽汁琼脂)等。

2. 主要材料与试剂

菌种：酿酒酵母(*Saccharomyces cerevisiae*)

试剂：0.1%吕氏碱性美蓝染色液、0.05%吕氏碱性美蓝染液、乙醇-乙醚(3∶7，*V*/*V*)混合液、1%次甲基蓝(1 g 次甲基蓝溶于 30 mL 95%乙醇中，加蒸馏水至 100 mL)等。

四、实验步骤

1. 酿酒酵母液体培养

取麦芽汁 70 mL 置于 250 mL 三角瓶中，于 121 ℃下灭菌 20 min 后，冷却至室温，接入酿酒酵母，摇床培养 24 h 即成。

2. 染色

在干净的载玻片中央加 1 小滴 0.1%美蓝染色液，然后再加 1 小滴预先稀释至适宜浓度的酿酒酵母液体培养物，混匀后从侧面盖上盖玻片，并吸去多余的水分和染色液。

3. 镜检

将制好的染色片置于显微镜的载物台上，放置约 3 min 后进行镜检，先用低倍镜，后用高倍镜进行观察，根据细胞颜色区分死细胞(蓝色)和活细胞(无色)，并进行记录。

4. 比较

染色约 30 min 后再次进行观察，注意死细胞数量是否增加。

用 0.05%吕氏碱性美蓝染液重复上述操作。

五、实验结果与讨论

(1) 绘出酿酒酵母形态特征及出芽生殖情况。

(2) 取 5～6 个镜检视野，计算视野中死菌和活菌数目，计算酵母菌死亡率。

六、注意事项

(1) 酿酒酵母液体培养时，培养液应澄清透明，否则应过滤，再灭菌。

(2) 染色时，注意染色液和菌液不宜过多或过少，应基本等量，且要混匀。

(3) 盖玻片不可平着放下，而应由一边向另一边慢慢盖上，以免产生气泡影响观察。

七、思考题

(1) 为什么制好染色片后要放置 3 min 后再进行镜检?

(2) 吕氏碱性美蓝染液浓度和作用时间的不同对酵母菌死细胞数量有何影响？请分析其原因。

实验十　金霉素链霉菌的定向发酵

一、实验目的

(1) 进一步熟悉无菌操作技术。

(2) 掌握定向发酵四环素的原理，通过金色链霉菌在不同培养基中产生不同的产物。

(3) 了解定向发酵的意义，通过实验进一步学会根据抗生素生物合成的途径寻找各种抑制剂或促进剂，以调节某些酶的活性，从而改变代谢途径。

二、实验原理

1. 定向发酵原理

定向发酵原理是指通过改变培养基组分（加入某些物质）改变微生物代谢途径，使发酵按主观要求产生较多的产物。实验涉及的菌株——金色链霉菌能同时产生四环素和金霉素，二者的分子结构只在第 7 位碳原子上相差一个氯离子，如图 4-5 所示。

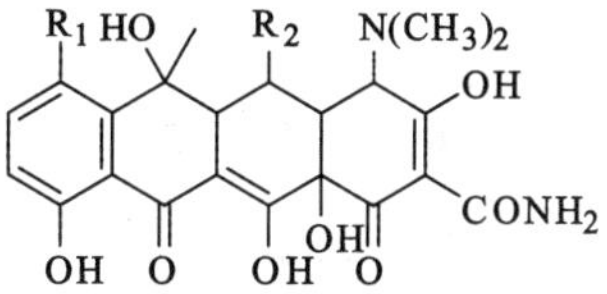

	R_1	R_2
金霉素	Cl	H
土霉素	H	OH
四环素	H	H

图 4-5　四环素类抗生素的基本结构

四环素和金霉素的生物合成有一段相同的途径，到某一中间产物时，氯化酶活力的大小决定其代谢途径的不同，实验设计从控制氯化酶的活性或酶的表达量来影响菌的代谢途径，从而得到不同的产物。本实验通过改变培养基的成分来实现定向发酵。

(1) 抑制氯化酶的活力

利用硫醇基苯并噻唑（M-促进剂）与氯化酶的激活剂二价铜离子络合，降低铜离子的浓度，从而使氯化酶的活力降低。配合反应如式 4-3 所示。

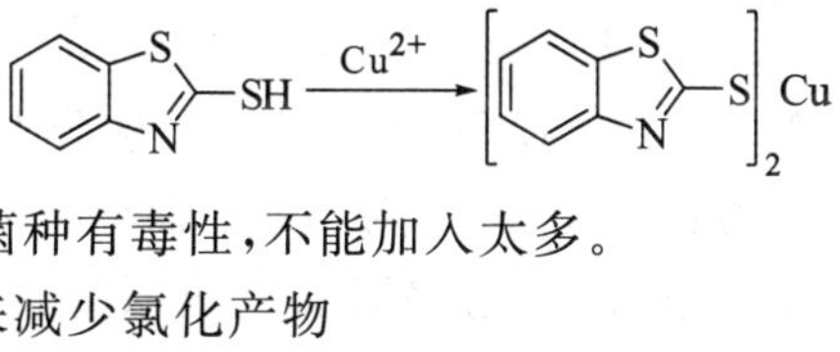

(4-3)

但硫醇基苯并噻唑对菌种有毒性，不能加入太多。

(2) 利用竞争性抑制来减少氯化产物

竞争性抑制作用是指抑制剂和底物竞争与酶的同一活性中心结合，从而干扰酶与底物的结合，使酶的催化活性降低。实验加入底物的结构类似物溴，与氯竞争结合到氯化酶的活性位点，从而降低了金霉素的产量。但是否会形成过多的溴四环素呢？由于溴和酶的亲和力低，所以形成的溴四环素比较少，产物大多数为四环素。

2. 化学法测定四环素和金霉素的原理

四环素和金霉素都能在酸性条件下加热产生黄色脱水四环素（式 4-4）和脱水金霉素，其产生的黄色的深浅与它们的含量成正比，通过在 440 nm 波长比色可计算出二者的总含量，称为总效价。

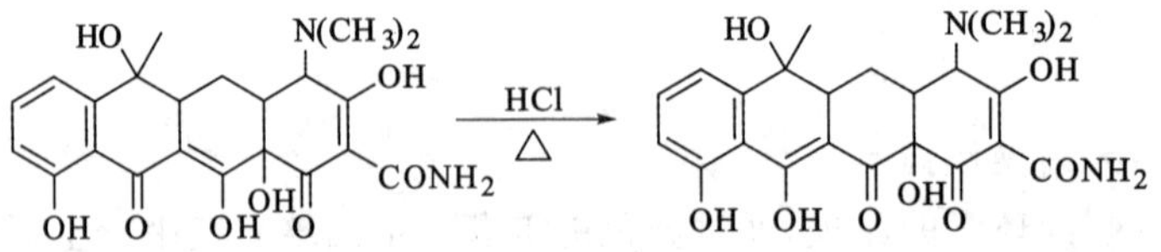

(4-4)

在碱性条件下，金霉素不稳定，生成无色的异金霉素，而四环素则比较稳定。实验可以设计先在碱性条件下反应使金霉素变性，然后在酸性条件下使四环素加热生成黄色产物，从而测定出四环素的效价，将总效价减去四环素效价，就得到金霉素效价。

三、实验材料和试剂

1. 菌种

金霉素链霉菌（实验室保藏）。

2. 培养基

（1）培养基

种子培养基和发酵培养基的成分分别如表 4-5 和表 4-6 所示。

表 4-5　　种子培养基　　g/L

花生饼粉	淀粉	酵母粉	蛋白胨	$(NH_4)_2SO_4$	$MgSO_4 \cdot H_2O$	KH_2PO_4	$CaCO_3$
20	40	5	5	3	0.25	0.25	4

表 4-6　　发酵培养基　　g/L

花生饼粉	淀粉	酵母粉	蛋白胨	$(NH_4)_2SO_4$	$MgSO_4 \cdot H_2O$	KH_2PO_4	$CaCO_3$
40	100	2	14	2.5	2.5	5	0.2

EDTA 试剂：取 EDTA 4.5 g 和 NaOH 5.5 g，溶于 5 000 mL 蒸馏水中。

四、实验步骤

1. 培养基配制

按照配方配制种子培养基 100 mL，取出 30 mL 装入 250 mL 三角瓶中，用纱布塞塞住瓶口，外包牛皮纸。配制发酵培养基 200 mL，取 4 个 25 mL 样分别装入 4 个 250 mL 三角瓶，4 个三角瓶分别编号：1#、2#、3# 和 4#。1# 为对照，2# 加入 0.3% NaBr，3# 加入 0.3% KCl，4# 加入 0.3% NaBr 和 0.001 5%M-促进剂（M-促进剂原始浓度为 0.05%）。

2. 灭菌

培养基、接种铲（用纸包好）和移液管（用纸包好）一起于 121 ℃下高压蒸汽灭菌 30 min。

3. 接种和发酵

在无菌条件下，用接种铲铲起斜面上 1 cm^2 菌苔接入种子摇瓶，8 层纱布包扎瓶口，置于 28 ℃旋转式摇床中，于转速 220～230 r/min 下培养 20 h，转发酵。

在无菌条件下，用移液管吸取培养好的种子液 2.5 mL(接种量 10%)，接入发酵摇瓶 8 层纱布包扎瓶口，置于 28 ℃的旋转式摇床，在转速 220～230 r/min 下培养 5 d，放瓶。

4. 标准曲线绘制

① 标准溶液配制

精确称取四环素标准品若干毫克，溶于 50 mL 容量瓶中，并用蒸馏水稀释至刻度，配制成四环素标准溶液，使溶液浓度为 1 000 μg/mL 左右。

② 标准曲线绘制

分别吸取上述标准溶液 1.0、0.8、0.6、0.4 和 0.2 mL 于 50 mL 容量瓶中，加 EDTA 混合试剂 11 mL，放置 5 min 后，再加 4 mL 2.0 mol/L 的 HCl 溶液。与此同时，另做 5 个空白样品，操作方法相同。然后将空白样品直接用蒸馏水稀释至刻度，而样品放在沸水中加热 5 min，冷却后再稀释到刻度。以对应的空白样品为对照，在 440 nm 波长下进行比色，以样品量(U)为横坐标，测得的吸光度 A_{440} 为纵坐标，绘制标准曲线。

5. 效价测定

① 过滤

摇瓶放瓶后用固体草酸调 pH 值至 1.5～2.0，调 pH 过程中要充分搅拌，避免过酸。然后用滤纸小漏斗过滤，得到滤液。

② 四环素效价测定

取滤液 0.3 mL 加入到 50 mL 容量瓶中，再加 EDTA 混合试剂 11 mL，放置 5 min，然后加 4 mL 2 mol/L HCl 溶液，煮沸 5 min 后迅速冷却，再用蒸馏水稀释至 50 mL，混匀，在 440 nm 波长比色，测得 A_{440} 后查标准曲线得到四环素效价。

③ 总效价测定

取滤液 0.3 mL 加入到 50 mL 容量瓶，再加 11 mL 蒸馏水，然后加入 4 mL 2 mol/L 的 HCl 溶液，煮沸 5 min，迅速冷却后稀释至 50 mL，混匀，在 440 nm 波长比色，测得 A_{440} 后查标准曲线得到总效价。

五、实验结果与讨论

(1) 绘制四环素测定的标准曲线。

(2) 记录 4 个发酵瓶的四环素效价和总效价测定的 A_{440}。

(3) 计算 4 个发酵瓶的总效价、四环素效价和金霉素效价。

六、注意事项

(1) 接种和发酵操作保证严格无菌。

(2) 每个样品都要单独作对照，对照的制作方法同上，只是取消加热，直接稀释，比色时一一对应。

(3) 配制培养基时淀粉首先要糊化，即称出要求量的淀粉，加入少许冷水，调成浆，然后再加入开水，搅拌使淀粉液变成半透明的黏稠状；如果不黏稠，必须在火上加热搅拌至糊状。发酵培养基还需要用 α-淀粉酶酶解，方法是将糊化好的淀粉糊冷却到 80 ℃左右，加入

称好的 α-淀粉酶，在 80 ℃恒温水浴中搅拌保温 15 min，待淀粉液化后再加入其他成分。

七、思考题

(1) 如何根据四环素类抗生素的分子结构和代谢原理来设计实验方案？

(2) 为什么发酵培养基中的淀粉需用 α-淀粉酶水解后再配制成培养基？

(3) 测定金霉素效价的原理是什么？

(4) 用固体草酸调 pH 的作用是什么？

(5) 实验中为什么要加入 EDTA？

(6) 实验中要减少误差应注意哪些操作？

第五章　生物技术制药

实验一　液体发酵法制链霉素

一、实验目的

(1) 学习液体发酵的方法。

(2) 学习链霉素的发酵方法及抗生素的检测和鉴定方法。

二、实验原理

瓦克斯曼(Selman A. Waksman)于1943年分离得到一株灰色链霉菌(*Stre Ptornyces-griseus*),能产生对革兰氏阳性细菌和革兰氏阴性细菌都有抗菌作用的一种新的抗生素——链霉素。链霉素属于氨基糖苷类抗生素,和其他抗生素一样是微生物的次级代谢产物。灰色链霉菌产生链霉素的条件:对细胞足够的供氧,存在低浓度无机磷酸盐,足够的葡萄糖和足够高浓度的含氮物质。

在发酵培养基上,链霉素的发酵分3个阶段:① 生长阶段,菌丝形成,需氧量极大,在2天内形成链霉素不多;② 成熟阶段,菌丝及质量保持稳定,葡萄糖及其他碳源在培养基中消失,形成链霉素;③ 老化阶段,有许多链霉素形成,然后链霉素产生停止,浓度下降,pH上升,菌丝自溶,需氧量减少,此时停止发酵。

在中性溶液中,链霉素成为3价阳离子,故可用阳离子交换树脂吸附,然后进行洗脱和收集。二次洗脱液要通过高交联度的氢型树脂,以除去阳离子、无机杂质和小分子的有机杂质。精制液用硫酸或氢氧化钡调至pH值为4.5～5.0,再加入适量的活性炭,常温下脱色,可得到链霉素精制液。

三、实验仪器、材料及试剂

1. 仪器

5 L发酵罐、恒温摇床、冷冻离心机、高压蒸汽灭菌锅、三角瓶(500 mL)、培养皿等。

2. 材料与试剂

灰色链霉菌(*Streptomyces griseus* AS 4.1095)、大肠杆菌 E. coli K12S(用于生物显色)、金黄色葡萄球菌(*StaphyLococcus aureus*,用于生物显色)、葡萄糖、蛋白胨、豌豆、牛肉膏蛋白胨固体培养基、豌豆培养基、查氏培养基等。

四、实验步骤

1. 培养基的配制

(1) 牛肉膏蛋白胨固体培养基

牛肉膏 3 g、蛋白胨 10 g、NaCl 5 g、琼脂 20 g、水 1 000 mL、pH 7.5，121 ℃高压蒸汽灭菌 30 min。

(2) 豌豆培养基

葡萄糖 10 g、蛋白胨 5 g、豌豆提取液 1 L(以 NH_3 计，100 mL 含 12～14 mg)，pH 7.0，105 ℃高压蒸汽灭菌 30 min。

(3) 查氏培养基

蔗糖 30 g、$NaNO_3$ 1.0 g、K_2HPO_4 1.0 g、$MgSO_4 \cdot 7H_2O$ 0.5 g、KCl 0.5 g、$FeSO_4$ 0.01 g，调 pH 值至 7.0，加水定容至 1 000 mL。

2. 斜面孢子的制备

用接种环挑取冰箱中保藏的菌种，接种于豌豆培养基斜面培养基上，于 27 ℃恒温培养箱中培养 6～7 d，即可得到斜面孢子。

3. 母瓶培养液的制备

用接种环挑取斜面培养基表面上的孢子，接种于灭菌的含有 50 mL 豌豆培养基的三角瓶中，于 27 ℃摇瓶在 200 r/min 下培养 72 h，即成母瓶培养液。

4. 种子培养液的制备

无菌操作取 2 mL 母瓶培养液，接种于 100 mL 豌豆培养基的三角瓶中，于 27 ℃恒温摇床在 200 r/min 下培养 3～4 d。

5. 发酵培养

(1) 三角瓶发酵培养

取 4 mL 种子培养液，接种于含有 200 mL 豌豆培养基的 500 mL 三角瓶中，于 28 ℃恒温摇床中在 200 r/min 下培养 12～15 d，进行链霉素发酵。

(2) 发酵罐发酵培养

在 5 L 发酵罐中装入 3 L 豌豆培养基，灭菌后接入 60 mL 种子培养液，在控制条件下进行链霉素发酵。

6. 发酵液预处理

发酵结束后，将发酵液在低温条件下 12 000 r/min 离心，上清液即为含有链霉素的样品。如果不进行链霉素的分离纯化，可直接对发酵液进行抗生素抑菌实验。

7. 发酵液抑菌实验

在牛肉膏蛋白胨固体培养基平板上，均匀涂布大肠杆菌或金黄色葡萄球菌，待其表面干燥后，将小钢管垂直置于平板表面，取发酵液 0.1 mL 注入小钢管中，于 37 ℃恒温培养 24 h，观察结果。

五、实验结果与讨论

(1) 记录培养基组成和配置、链霉菌发酵条件以及发酵液后处理过程。

(2) 测量发酵液抑菌实验抑菌圈，评估发酵液对大肠杆菌或金黄色葡萄球菌抑菌效果。

六、思考题

(1) 试阐述链霉素抗菌作用机制？

(2) 发酵过程中如何提高链霉素产量？

七、注释

[1] 观察链霉素发酵液对细菌的抑制作用，可观察到明显的抑菌圈，说明发酵液中含有抗菌物质。

实验二　发酵法制备苏云金芽孢杆菌

一、实验目的

(1) 学习苏云金芽孢杆菌发酵生产的基本方法。

(2) 掌握苏云金芽孢杆菌的发酵生产及产品检验。

二、实验原理

苏云金芽孢杆菌（*Bacillus thuringiensis*，简称 Bt）是一种杆状细菌，因从德国苏云金省发现、分离而得名，至今已近百年。它是目前世界上用途最广、开发时间最长、产量最大、应用最成功的微生物杀虫剂，占生物防治剂总量的 95%以上。已有 60 多个国家登记了 120 多个品种，广泛用于防治农业、林业、贮藏物害虫以及医学昆虫。通过优选苏云金芽孢杆菌菌种，在苏云金芽孢杆菌发酵过程中控制发酵条件，可以实现产物的最优化发酵。

三、实验仪器、材料及试剂

1. 主要仪器

高压蒸汽灭菌锅、恒温培养箱、冰箱、生物显微镜、载玻片、酒精灯、接种针、恒温摇床、显微镜、血球计数板、超声波粉碎机、离心机、干燥箱、发酵罐等。

2. 主要材料及试剂

培养皿（ϕ100 mm）、试管（5×150 mm）、吸管（1 mL、5 mL、10 mL）、烧杯（200 mL、500 mL、2 000 mL）、锥形瓶（500 mL、1 000 mL）、采样瓶、精密 pH 试纸、三角瓶（100 mL、1 000 mL、3 000 mL）、苏云金芽孢杆菌菌种斜面、牛肉膏蛋白胨培养基（牛肉膏 3 g、蛋白胨 10 g、NaCl 5 g、水 1 000 mL，pH 7.4～7.6，装入锥形瓶中，加棉花塞高压蒸汽灭菌）、液体种子培养基（胰蛋白胨 0.5%、酵母膏 0.5%、葡萄糖 0.1%、K_2HPO_4 0.08%，蒸馏水配制，灭菌前用 NaOH 调 pH 值为 7.0）、液体发酵培养基（胰蛋白胨 1.0%、葡萄糖 0.5%、玉米粉 0.5%、酵母膏 0.2%、K_2HPO_4 0.1%、KH_2PO_4 0.1%，pH 7.0～7.2）、种子罐培养基（豆饼粉 0.7%、玉米浆 2.0%、油 0.3%，pH 7.0～7.2）、二级发酵培养基（豆饼粉 1.5%、玉米浆 3.0%、$CaCO_3$ 0.1%、$MgSO_4$ 0.03%、油 0.1%，pH 7.0～7.2）、6%乳糖溶液、0.1 mol/L HCl、丙酮等。

四、实验步骤

1. 种子制备

将保藏的菌种接于牛肉膏蛋白胨培养基斜面上，在 28～30 ℃下培养 14～16 h 活化后，于每管菌种中加入 5 mL 无菌水，制成的菌悬液作为一级种子。亦可用接种环取 1 环活化的菌种接入含有 20 mL 牛肉膏蛋白胨培养基的 100 mL 三角瓶中，在摇床中以 250 r/min 转速于 30 ℃下培养 6～10 h 作为一级种子。将培养好的一级种子按 10%接种量转移到含 200 mL 液体种子培养基的 1 000 mL 三角瓶中，在摇床中以 250 r/min 转速于 30 ℃下培养

8～12 h。

2. 种子检测

(1) 涂片镜检

无杂菌污染、形态正常、生长整齐的种子液为合格。

(2) 悬液法检测

大部分菌体运动缓慢或即将停止运动，为合适的移种时间。

(3) 噬菌体检测

针状噬菌斑不超过 3 个为合格。

达到以上标准即可用于移种。

3. 实验室小规模扩大摇床培养

将培养好的种子，按 5%接种量转移到含 800 mL 液体发酵培养基的 3 000 mL 三角瓶中，在摇床中于 30 ℃下培养 12～16 h。定时取样镜检，分别用于涂片、悬滴法检测菌体形态并计数。当培养至绝大部分芽孢形成、20%～40%孢囊破裂释放出芽孢和伴孢晶体、菌数在 20～25 亿/mL 左右时停止发酵。

4. 发酵罐发酵

工业规模的生产培养通常在发酵罐中进行。

(1) 种子罐发酵

① 培养基和灭菌

先进行种子罐过滤器灭菌 10 min，然后进行种子罐和培养基的灭菌。

② 接种和培养

在罐盖上作接种用的接口处点燃火焰，以无菌操作把一级种子液迅速接入罐内。接种量约 5%～10%接入菌液后，打开进气阀，这时罐内压力开始上升，至压力达 0.039～0.049 MPa 时，把火焰扑灭。控制恒温 30 ℃培养 8～10 h 后，检查合格即可转入二级发酵罐。

(2) 二级发酵罐发酵培养

① 培养基和灭菌

用二级发酵培养基，灭菌与种子罐发酵相同。

② 移种和培养

通常使二级发酵罐与种子罐直接相连，通过关闭种子罐排气阀使其压力升高(高于二级发酵罐压力)，然后打开种子罐底阀，便可移种。在二级发酵罐中于 30 ℃培养。当培养至绝大部分芽孢形成、20%～40%孢囊破裂释放出芽孢和伴孢晶体、菌数在 20～25 亿/mL 左右时停止发酵。

5. 苏云金芽孢杆菌粉剂的制备

(1) 板框过滤

发酵结束后，待罐压下降至零后打开罐盖，将填充料(碳酸钙)倒入罐内，搅拌均匀后，将发酵液压入板框，此时注意控制压力适度。压滤完毕即进行吹干，取出滤饼置于烘干盘上于 50～60 ℃下烘干至含水量为 4%以下。

(2) 简单制备法

① 取出发酵液，用 0.1 mol/L HCl 调 pH 至 5.0 左右。

② 加入蒸发皿中，于 50～60 ℃烘干备用。

(3) 乳糖丙酮沉淀法制备粉剂

① 将上述沉淀转至烧杯中，并悬浮于约为原液量1/2的6%乳糖溶液中，同时用玻棒用力搅拌20～30 min。

② 徐徐加入乳糖悬液4倍量的丙酮，边加边搅拌即有沉淀析出，静置使完全沉淀。

③ 用抽滤法去掉丙酮，沉淀可再用少量丙酮洗2～3次，进一步去除杂质。

④ 将沉淀物置于蒸发皿中真空干燥，或在50～60 ℃进行烘干，将其在研钵中磨碎便制成菌粉。其细度标准通常为在100目过筛达95%以上。

6. 检测

检查每克干粉制剂中所含芽孢数目，作为产品的指标。用平皿菌落计数法检测活芽孢数。

(1) 将菌粉1 g放入装有灭菌玻璃珠的500 mL三角瓶内，加入100 mL无菌水，在摇床上振荡15 min，使其均匀分散，样品即被稀释100倍，然后继续用10倍稀释法稀释至10^{-8}。

(2) 用无菌吸管分别吸取10^{-6}、10^{-7}、10^{-8}稀释液各0.2 mL，置于灭菌平皿中，再倒入融化的45 ℃灭菌牛肉膏蛋白胨琼脂培养基，轻轻摇匀使成含菌平板，冷凝后倒置于30 ℃恒温箱中培养。

(3) 24 h后取出计数菌落，一般选择菌落在50～100个的平板计数，再以式(5-1)换算出每克菌粉的活芽孢数。

$$活芽孢数/g = 菌落数目 \times 5 \times 稀释倍数 \quad (5\text{-}1)$$

(4) 全部操作重复2次，求平均值，也可采用血细胞计数板法计数。按上述方法获得不同稀释度的菌液，然后吸取高稀释度的菌液，在血细胞计数板中进行芽孢计数，菌液浓度以计数板内每小格有3～4个芽孢为宜。

(5) 严格无菌操作，以免污染杂菌。为防止噬菌体污染，可将一级种子于75 ℃水浴中加温15 min以杀死噬菌体。产品以芽孢数目为指标，不必用化学方法将晶体蛋白分离提纯。

五、实验结果与讨论

(1) 仔细记录种子制备、发酵罐发酵、苏云金芽孢杆菌粉剂的制备和芽孢平皿计数过程。

(2) 根据实验结果检查每克干粉制剂中所含芽孢数目，作为产品的指标，分析实验结果及其影响因素。

六、注意事项

(1) 严格无菌操作，以免污染杂菌。

(2) 为防止噬菌体污染，可将一级种子置于75 ℃的水浴中15 min以杀死噬菌体，产品以芽孢数目为指标，不必用化学方法将晶体蛋白分离提纯。

七、思考题

(1) 苏云金芽孢杆菌的杀虫机制是什么？

(2) 苏云金芽孢杆菌如何复壮？

八、注释

(1) 牛肉膏蛋白胨培养基：牛肉膏0.3%、蛋白胨1%、NaCl 0.5%、pH=7.4～7.6。

(2) 液体种子培养基：胰蛋白胨 0.5%、酵母膏 0.5%、葡萄糖 0.1%、K_2HPO_4 0.08%，蒸馏水配制，灭菌前用 NaOH 调 pH 值为 7.0。

(3) 液体发酵培养基：胰蛋白胨 1.0%、葡萄糖 0.5%、玉米粉 0.5%、酵母膏 0.2%、K_2HPO_4 0.1%、KH_2PO_4 0.1%，pH=7.0～7.2。

(4) 种子罐培养基：豆饼粉 0.7%、玉米浆 2.0%、油 0.3%，pH=7.0～7.2。

(5) 二级发酵培养基：豆饼粉 1.5%、玉米浆 3.0%、$CaCO_3$ 0.1%、$MgSO_4$ 0.03%、植物油 0.1%，pH=7.0～7.2。

实验三　赖氨酸的发酵、分离与鉴定

一、实验目的

(1) 了解赖氨酸发酵的工艺过程。

(2) 掌握离子交换法提取赖氨酸的实验操作技术。

(3) 掌握发酵液中赖氨酸含量的测定方法和赖氨酸定性鉴定方法。

二、实验原理

氨基酸是蛋白质的组成成分，是人和动物的必需氨基酸之一。微生物生产的是有生理活性的 L-型赖氨酸，对人和动物的生命活动具有非常重要的意义。其生产方法主要包括直接发酵法、酶法、化学合成法和酶法相结合等方法。酶法是利用生产已内酰胺时产生的大量副产物环已烯为原料，合成 DL-氨基已内酰胺，用水解酶将 L-氨基已内酰胺水解成赖氨酸，用消旋酶对 D-氨基已内酰胺进行消旋，最后都转化成赖氨酸，转化率接近 100%，L-赖氨酸积累含量可达 40%以上。直接发酵法远不如酶法生产效率高，但它是国内外生产赖氨酸的主要方法。本实验也是采用直接发酵法得到赖氨酸。赖氨酸生产菌在实验室条件下进行好氧发酵，将葡萄糖通过细胞内的生化过程转变为赖氨酸，并在发酵液中积累，培养结束后测定发酵液中赖氨酸的含量。

三、实验设备与材料

1. 主要设备与仪器

分光光度计、高速离心机、恒温水浴锅、离子交换柱、玻璃棒、漏斗、烧杯、锥形瓶、离心管、容量瓶、大口移液管、层析缸、喷雾器、接种环等。

2. 主要材料与试剂

菌种：棒杆菌(*Corynebacterium* SP.)；

培养基：种子培养基、发酵培养基[1-7]；

试剂：茚三酮试剂、展开剂、0.5%茚三酮显色剂、赖氨酸标准品溶液(6 mg/mL)、2 mol/L NaOH 溶液、滤纸、阳离子交换树脂(732#)、2 mol/L NH_4Cl 溶液、4% NaOH 溶液、6% HCl 溶液、2 mol/L 氨水、草酸等。

3. 实验前准备

配好各试剂溶液，并活化好赖氨酸产生菌，备用。

四、实验步骤

1. 配制培养基与灭菌

按照配方配制。种子培养基 2 瓶，250 mL 三角瓶中装量 35 mL。发酵培养基 3 瓶，250 mL 三角瓶中装量 10 mL，在 1 kgf/cm^{2}下灭菌 20 min。

2. 种子培养

取已经活化好的赖氨酸产生菌 1～2 环接种于种子培养基中，于 32 ℃下，振荡摇床培养 18 h(35 mL/250 mL 瓶，2 瓶)。

3. 发酵培养

取培养好的种子液 1.5 mL，接种于发酵培养基中，于 32 ℃下，振荡摇床培养 72 h(10 mL/250 mL 三角瓶，3 瓶)。

4. 赖氨酸的含量测定

发酵结束后，将 3 瓶发酵液合为一瓶，经 3 000 r/min 离心 25 min，取上清液 1 mL 稀释 7 倍(1 mL 上清液＋6 mL 蒸馏水)。准确吸取稀释液 1 mL 置于 50 mL 容量瓶中，混匀，并用蒸馏水稀释至刻度。再准确吸取 2 mL 稀释液于试管中，加入 8 mL 茚三酮试剂，加盖铝帽。于沸水浴煮沸 20 min，冷却后于波长 478 nm 处，测其光密度，并以蒸馏水作对照。查标准曲线计算发酵液中的赖氨酸含量(mg/mL)。

5. 赖氨酸的分离

(1) 发酵液的预处理

赖氨酸发酵中以 $CaCO_3$ 为缓冲剂时，溶液中 Ca^{2+} 可达到 0.2～0.3 mol/L 以上，影响离子交换树脂的吸附量，需用草酸除去发酵液中的 Ca^{2+}。先用酸调节发酵液 pH 值至 2～3，加入草酸至沉淀完全，搅拌 0.5 h。

(2) 菌体分离

用大管离心机于 4 000 r/min 下离心分离 20 min，清液倾入烧杯，湿渣用少量水清洗后，离心分离，合并 2 次上清液。或先用滤纸过滤除去草酸钙后再离心。如果进行离子交换时采用反吸附，可以只过滤不必离心。

(3) 离子交换吸附及洗脱

① 732$^{\#}$强酸阳离子交换树脂的预处理

先用 1 mol/L 的 NaOH 溶液处理 3 次，每次 10 min 左右，然后用水洗成中性，再用 1.6 mol/L HCl 处理 3 次，每次 3 min 左右，洗成中性，然后再加 2 mol/L NH_4Cl 处理，使其成 NH_4^+ 型，用去离子水洗成中性备用。

② 吸附

预处理后的发酵液正吸附或反吸附缓慢通过离子交换柱，不断检查 pH 值，并用茚三酮试剂检测，当 pH 值达到 5 时，即赖氨酸达到饱和，停止上柱。

③ 水洗

赖氨酸被树脂吸附后因亲和力较大，故可充分水洗，至夹杂的蛋白质、菌体及其他氨基酸被充分洗清为止，洗至中性。

④ 洗脱

可用 2～3 mol/L 的氨水或用高浓度(15%～20%)的氨水，也可用 2 mol/L 氨水加 2

mol/L NH_4Cl 洗脱，分段收集，可用茚三酮试剂检测，收集最集中的一段。

⑤ 真空浓缩

在 65 ℃下浓缩至 22%～23%，并可驱除氨。

⑥ 中和结晶

浓缩液在 50～60 ℃左右，边搅拌边加入盐酸，持续搅拌至 pH 值至 5.2（赖氨酸盐酸盐的等电点），然后自然冷却结晶，时间约 2 h，最好在 5 ℃左右使结晶完全。

⑦ 干燥

离心分离，脱色重结晶，于 60 ℃下干燥。

6. L-赖氨酸的定性鉴别

取离心后的发酵液上清 2 μL 和中和浓缩液，在层析滤纸上点样。晾干后，置层析缸中展开。待展开后，晾干。以 0.5%茚三酮溶液显色，同时以赖氨酸标准品（浓度为 6 mg/mL）作对照。

五、实验结果与讨论

（1）记录实验结果，绘制标准曲线，计算发酵液中的赖氨酸含量。

（2）根据柱分离结果，计算发酵培养赖氨酸的收率。

六、注意事项

（1）实验过程中注意无菌操作。

（2）赖氨酸含量测定时，加入茚三酮试剂后，煮沸时要用小火加热，否则产生的蒸汽易把试管铝帽冲脱，影响测定结果。

七、思考题

（1）赖氨酸生产方法中水解、发酵、合成和酶解有何区别？

（2）柱分离实验操作过程中，水洗为什么洗至 pH 值为中性？若没有洗至中性对实验结果有什么影响？

八、注释

（1）种子培养基

葡萄糖 1.5%、$(NH_4)_2SO_4$ 0.4%、$MgSO_4 \cdot 7H_2O$ 0.04%、玉米浆 2.0%、盐酸豆饼水解液 0.86%（体积比）、尿素 0.1%、$CaCO_3$ 2.0%、NH_4AC 0.1%、$K_2HPO_4 \cdot 3H_2O$ 0.15%，蒸馏水，pH 7.0，灭菌 0.1 MPa，20 min。

（2）发酵培养基

葡萄糖 1.0%、$(NH_4)_2SO_4$ 3.5%、$MgSO_4 \cdot 7H_2O$ 0.02%、玉米浆 2.0%、盐酸豆饼水解液 0.86%（体积比）、$CaCO_3$ 1.5%、NH_4AC 0.9%、$K_2HPO_4 \cdot 3H_2O$ 0.15%、生物素 20 r/100 mL，蒸馏水，pH 6.8～7.0，灭菌 0.1 MPa，20 min。

（3）pH1.3 的柠檬酸缓冲液

称取 10.5 g 柠檬酸于 500 mL 蒸馏水中，用 1 mol/L HCl 调 pH 至 1.3。

（4）茚三酮试剂

取茚三酮 1.0 g、$CuCl_2 \cdot 2H_2O$ 1.34 g、pH 1.3 柠檬酸缓冲液 25 mL、加入乙二醇甲醚 75 mL，加蒸馏水 100 mL，使总体积为 200 mL。

(5) 0.5%茚三酮显色剂

茚三酮 0.5 g、冰醋酸 0.5 mL、正丁醇 95 mL、蒸馏水 4.5 mL。

(6) 赖氨酸标准品溶液

称取赖氨酸标准品 0. 6 g,以 100 mL 蒸馏水溶解。

(7) 展开剂

正丁醇∶乙酸∶水=4∶1∶2(体积比)。

实验四 利用毕赤酵母制备基因工程药物

一、实验目的

(1) 了解酵母菌的发酵特性。

(2) 学习和掌握真核表达系统产物的提取与纯化方法。

二、实验原理

科学家们为了克服大肠杆菌表达系统的缺点,建立了酵母表达系统,包括酿酒酵母(Saccharomyces Cerevisiae)和巴斯德毕赤酵母(Pichia Pastoris)。巴斯德毕赤酵母,又叫甲醇酵母,是目前最优秀的表达系统。它不但克服了大肠杆菌表达系统不能表达结构复杂蛋白、表达蛋白易形成包涵体和背景蛋白多等缺点,同时又弥补了哺乳动物细胞表达系统和昆虫表达系统操作复杂、表达水平低和产业化成本高等不足。该表达系统具有强有力的醇氧化酶(Alochol Xoidase,AOXl)基因启动子,以甲醇作为唯一碳源,能高效表达各种外源蛋白,是目前应用非常广泛的真核表达系统。

三、实验仪器、材料及试剂

1. 主要仪器

发酵罐(5 L)、冷冻离心机、层析仪、超滤膜块、常用层析柱等。

2. 主要材料及试剂

试管、平板、三角瓶、层析填料(Q-Sepharose 6FF 和 Phenyl Sepharose 6FF)、酵母工程菌(pPIC9-hGH/GSl15)、蛋白胨、酵母提取物、YNB、生物素、甘油、甲醇、氨水、K_2HPO_4、KH_2PO_4、$(NH)_2SO_4$、NaCl 等。

四、实验步骤

1. 种子液准备

甘油菌(pPIC9-hGH/GSl15)划平板,培养过夜,然后挑单克隆菌落接种到 BMGY-级种子液中,培养 17~20 h,按 1∶10 的比例二级接种于 250 mL 含 BMGY 的 1 L 三角瓶中,培养 4~8 h 左右,准备上发酵罐。

2. 发酵罐培养基准备

配制 BMGY 培养基,于 121 ℃下灭菌 20 min。

3. 发酵工艺

(1) 工程菌扩增阶段

接种比例为 1∶10，起始 pH=5.0（用氨水调 pH），温度 30 ℃，通气量为 3 L/min，DO>35%，起始转速为 250 r/min，连动转速为 250～800 r/min，待溶氧上升后以 10～15 转度流加入 50%甘油，扩增时间为 20 h。

（2）诱导阶段

起始诱导 OD_{600} 值大于 100，待溶氧再次上升后用 100%甲醇以转速 1 开始诱导，逐渐提速，pH 为 3.0，DO>30%，诱导时间为 48～60 h，结束后收集发酵液上清液，取 1 mL 留样。

4. 纯化

（1）发酵液上清液离心

由于毕赤酵母是分泌表达，所以高速离心（8 000 r/min）时尽量去除菌体，产物在上清液之中。

（2）3K 膜包超滤

超滤的目的一方面是去发酵液中的色素，另一方面因发酵液中含有较高的盐浓度，有必要进行溶液置换，缓冲液为 10 mmol/L PB（pH=7.5）。

（3）初步纯化

采用阴离子交换层析，填料为 Q-Sepharose 6FF，缓冲液：A 液为 10 mmol/L PB（pH=7.5），B 液为 10 mmol/L PB（pH=7.5）+1 mol/L NaCl，进行线性梯度洗脱。

（4）精细纯化

采用疏水层析，填料为 Phenyl Sepharose 6FF，缓冲液：A 液为 10 mmol/L PB（pH=7.5）+1 mol/L $(NH_4)_2SO_4$，B 液为 10 mmol/L PB（pH=7.5），收集洗脱液，然后透析去盐。

5. 产品初步检测

（1）蛋白浓度测定

Lowry 法测定发酵液和纯化液中蛋白含量，根据纯度分析计算目的蛋白的回收率。

（2）蛋白纯度和分子量检测

用非还原型 SDS-PAGE 电泳，用还原型 SDS-PAGE 检测样品的分子量，电泳图谱用 Pharmaeia VDS 扫描后用软件进行分析。

（3）免疫印迹实验

用鼠抗人 hGH 单克隆抗体对产品进行 Western Blotting 分析。

制备工艺流程如图 5-1 所示。

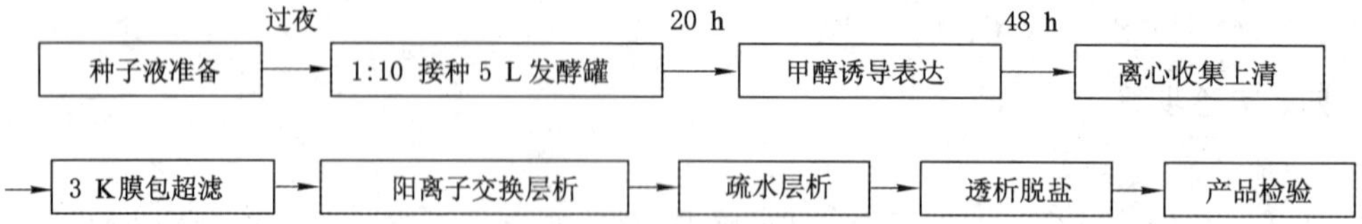

图 5-1　制备工艺流程图

五、实验结果与讨论

（1）仔细记录种子液准备、发酵控制、表达蛋白等纯化、含量及相对分子质量测定等。

（2）分析影响各步实验结果的因素和细节问题。

六、注意事项

(1) 在摇瓶培养中,培养液的 pH 值无法控制,培养物通气不充分及无法控制添加碳源的最适速率,导致巴斯德毕赤酵母表达外源蛋白的水平往往不能准确地反映发酵罐中的表达情况。

(2) 为了避免对每一个表达菌株进行烦琐的发酵罐培养条件的实验,仍需摸索表达菌株的摇瓶培养条件,使其产物的表达量与预期的发酵罐培养结果相近。

七、思考题

(1) 酵母菌表达系统与原核表达系统相比有哪些优点?

(2) 酵母菌的发酵工艺与大肠杆菌的发酵工艺有何异同?

八、注释

(1) BMGY 培养基配方

酵母提取物 1%、蛋白胨 2%、YNB 1.34%、生物素(4×10^{-5})%、甘油 1%、磷酸钾缓冲液(pH=6.0)100 mmol/L。

(2) DO

溶解氧。

(3) PB

Phosphate buffer,磷酸缓冲溶液。

(4) OD_{600}

溶液体系在 600 nm 波长处的光密度值,指的是某种溶液在 600 nm 波长处的吸光值。它的一个重要应用,就是利用细菌的吸光度来测量细菌培养液的浓度,从而估计细菌的生长情况,所以通常用来指菌体细胞密度。

(5) Lowry 法蛋白质含量测定

蛋白质在碱性溶液中可形成铜-蛋白复合物,此复合物加入酚试剂后,产生蓝色化合物,该蓝色化合物在波长 650 nm 处的吸光度与蛋白质的含量成正比,根据供试品的吸光度,计算供试品的蛋白质含量。

(6) Western Blotting

蛋白质印迹法(免疫印迹试验),它是分子生物学、生物化学和免疫遗传学中常用的一种实验方法。其基本原理是通过特异性抗体对凝胶电泳处理过的细胞或生物组织样品进行着色。通过分析着色的位置和着色深度获得特定蛋白质在所分析的细胞或组织中表达情况的信息。

实验五　胸腺肽的制备

胸腺肽(Thymosin),又名胸腺素,是胸腺组织分泌的一种具有高活力的混合多肽,能促进淋巴细胞转化,增强巨噬细胞吞噬活性。临床上用于治疗各种原发性或继发生 T 细胞缺陷病,可调节细胞免疫功能,有较好的抗衰老和抗病毒作用,适用于原发和继发性免疫缺陷病以及因免疫功能失调所引起的疾病,对肿瘤有很好的辅助治疗效果,也用于再生障碍性贫血、急慢性病毒性肝炎、红斑狼疮、类风湿性关节炎和过敏性哮喘等疾病的治疗。

一、实验目的

(1) 学习和掌握胸腺肽的制备工艺。

(2) 掌握超滤纯化胸腺肽的技术和操作要点。

二、实验原理

采用反复冻融法制备胸腺肽，将待破碎的胸腺组织迅速冷至－5 ℃至－25 ℃，然后置于室温或 40 ℃下融化，如此反复冻融 4～5 次。由于细胞内形成冰粒使剩余胞液的盐浓度增高，从而引起细胞溶胀破碎，释放出胸腺肽，经离心后，除去杂质，清液经超滤提纯即得胸腺肽。

三、实验材料与设备

1. 主要设备与仪器

高速组织捣碎机、冰柜、恒温水浴锅、低温离心机、超滤器、超滤膜(截留相对分子质量 10 000)、微滤膜(0.22 μm)、冷冻干燥机、双蒸馏水器、电子天平、紫外分光光度计、剪子、刀等。

2. 主要材料与试剂

小牛胸腺、甘露醇等。

3. 实验前准备

于－20 ℃下冷冻小牛胸腺。

四、实验步骤

1. 预处理

取－20 ℃冷冻的小牛胸腺，用无菌的剪刀剪去脂肪、筋膜等非胸腺组织，再用冷无菌蒸馏水冲洗，置于灭菌绞肉机中绞碎，或切碎。

2. 提取

将绞碎胸腺与冷重蒸馏水按质量比 1∶1 混合，置于 10 000 r/min 的高速组织捣碎机中粉碎 1 min，制成胸腺匀浆。浸渍提取，温度在 10 ℃以下，并在－20 ℃下冷冻 48 h。

3. 分离

将冻结的胸腺匀浆融化后，置于水浴上不断搅拌，加温至 80 ℃保持 5 min。迅速降温，－20 ℃以下放置冷冻 2 d；取出融化，在 2 ℃、5 000 r/min 下离心 40 min，收集上清液，弃去沉渣；用微滤膜(0.22 μm)减压抽滤，得澄清滤液。

4. 超滤纯化

将滤液用截留值为 10 000 以下的超滤膜进行超滤，收集相对分子质量 10 000 以下的活性多肽，得精制液。

5. 冻干分装

向精制液加入质量体积比为 3%的甘露醇作赋形剂，用微滤膜除菌过滤，分装，冷冻干燥，即得注射用胸腺肽。

6. 蛋白质含量的测定

用紫外分光光度计测定吸收值，根据标准曲线计算蛋白质含量。

五、实验结果与讨论

(1) 仔细记录各实验步骤的条件、过程和试剂用量等。

(2) 计算紫外分光光度法测定产品中的蛋白质含量，讨论影响胸腺肽制备的各种因素。

六、注意事项

操作前，高速组织捣碎机以及其他玻璃仪器需预冷，防止提取的胸腺肽变性。

七、思考题

(1) 影响胸腺肽制备的因素有哪些？

(2) 处理牛胸腺时应注意哪些事项？

(3) 提取液为什么采用重蒸馏水而不用生理盐水？

实验六　利用大肠杆菌制备基因工程药物

一、实验目的

(1) 熟悉大肠杆菌的发酵工艺特点。

(2) 了解原核表达基因工程产物的分离与纯化方法。

(3) 掌握基因工程产品的常规质量检测方法。

二、实验原理

基因表达是基因工程的重要内容。因为重组菌株表达量的高低将直接影响到分离纯化后的回收率，所以利用大肠杆菌制备基因工程产品，首要任务是将外源基因导入 *Escherichia coli* 细胞中，构建高表达菌株。影响 *Escherichia coli* 中蛋白表达量的因素除载体启动子结构以外，还有质粒拷贝数、质粒稳定性、mRNA 结构、密码子的特异性和宿主菌的生长状态等。除了菌种本身特性之外，发酵阶段的条件优化也能大大提高表达水平，如培养基的优化、培养温度、最适 pH、诱导时机和诱导剂浓度等。

三、实验仪器、材料及试剂

1. 主要仪器

摇床、发酵罐(15 L)、冷冻离心机、层析设备等。

2. 主要材料及试剂

三角瓶、离心管、CM32 阳离子柱及填料、DEAE-52 阴离子交换柱及填料、Sephadex G-100 凝胶柱及填料等；基因工程菌种、IPTG、氨苄青霉素、消泡剂；蛋白胨、酵母提取物、氯化钠、氯化铵、氯化钙、磷酸氢二钠、磷酸二氢钾、葡萄糖、亚硫酸镁等；Tris 碱、HCl、EDTA、尿素、TritonX-100、DTT、GSH、GSSG、聚乙二醇等。

四、实验步骤

1. 制备种子液

种子菌为人干扰素 a-2b 的基因工程菌 pET32a(＋)－IFNa2b/BL21，将其分别接种到 4 个装有 250 mL 种子液(LB 培养液)的 1 000 mL 三角瓶中，37 ℃培养 10 h，作为发酵罐种子用。

2. 发酵罐发酵

用15 L发酵罐进行发酵，培养基装量为10 L。培养基组成为：1%蛋白胨、0.5%酵母提取物、0.05%氯化钠、0.01%氯化铵、0.6%磷酸氢二钠、0.001%氯化钙、0.3%磷酸二氢钾、0.01%亚硫酸镁、0.4%葡萄糖、50 mg/mL氨苄青霉素、少量pH 6.8的消泡剂。

发酵条件为：搅拌转速为500 r/min，溶氧为50%，37 ℃发酵6 h，加0.5 mmol/L IPTG诱导表达，诱导时间为3～4 h，离心收获菌体，称重记录。以牛血清白蛋白为标准，按Bradford方法，测定发酵液总蛋白含量。

3. 表达产物的分离纯化

(1) 包涵体的分离与洗涤

湿菌体用适量缓冲液(50 mmol/L Tris-HCl，pH=8.0，1 mmol/L的EDTA)悬浮混匀后，冰浴超声破碎45 min，于40 ℃ 8 000 r/min转速下离心10 min，取沉淀即为粗制包涵体。将粗制包涵体用缓冲液(50 mmol/L Tris-HCl，pH=8.0，2 mol/L尿素，0.5%TritonX-100)洗涤几次后离心，去上清液，得到纯净的包涵体沉淀。

(2) 包涵体的变性

在包涵体中加入2倍体积的变性液(50 mmol/L Tris-HCl，pH=8.0，8 mol/L的尿素，2 mmol/L EDTA，10 mmol/L DTT)，在室温2 h以上变性，使包涵体溶解，然后在10 ℃中12 000 r/min下离心30 min，去不溶物。

(3) 包涵体的复性

采用稀释复性方法，将变性的包涵体加入50～100倍体积的复性液中，边搅拌边加变性液，于4 ℃中复性过夜。复性液的成分为：20 mmol/L Tris-HCl，pH=8.0，1 mmol/L GSH，0.2 mmol/L的GSSG，2 mmol/L EDTA，0.5 mol/L尿素，复性液需要过滤后使用。

(4) 复性液的进一步纯化

将干扰素粗液先在起始缓冲液中平衡，然后上CM32阳离子柱，0.1～0.3 mol/L pH=9.0 Tris-HCl(内含0.4 mol/L NaCl)缓冲液洗脱，收集洗脱成分。将收集成分用25 mmol/L磷酸缓冲液(pH=7.5)平衡后上DEAE-52阴离子交换柱。用0.1～0.3 mol/L NaCl(pH=7.5)，20 mmol/L的磷酸缓冲液梯度洗脱，收集洗脱液。再将上述洗脱液经聚乙二醇(相对分子质量为20 000)于4 ℃浓缩，上Sephadex G-100凝胶排阻层析，用25 mmol/L的磷酸缓冲液(pH=7.5)洗脱，收集洗脱成分，即为纯化后的IFNa2b。

4. 产品初步检验

(1) 蛋白含量测定

采用Bradford方法测定纯化后总蛋白含量。

(2) 产品纯度测定

非还原SDS-PAGE电泳测定，银染显色应为单一条带。

(3) 相对分子质量测定

还原型SDS-PAGE电泳，加样不低于5 pg，同时用标准蛋白质Marker作对照，以迁移率为横坐标，以相对分子质量的对数为纵坐标，计算相对分子质量，并与理论值比较。

(4) 干扰素效价测定

用细胞病变抑制法，以Wish细胞、VSV病毒为基本检测系统，测定中需用国家参考品作对照。

五、实验结果与讨论

(1) 仔细记录种子液准备、发酵控制、表达蛋白的纯化、含量及分子量测定等实验条件、过程和实验结果。

(2) 分析影响各步实验结果的因素和相关细节问题。

六、注意事项

复性时的蛋白浓度一般控制为 0.1～1 mg/mL，太高的浓度容易形成聚体沉淀，太低的浓度不经济，而且很多蛋白在低浓度时不稳定，很容易变性。

七、思考题

(1) 利用大肠杆菌表达基因工程产品有何优缺点？

(2) 如何计算目的蛋白的回收率？

(3) 整个工艺流程中影响产品活性的因素有哪些？

实验七　乳酸发酵与乳酸饮料的制备

一、实验目的

(1) 学习乳酸发酵和制作乳酸菌饮料的方法。

(2) 了解乳酸菌的生长特性。

二、实验原理

许多种类微生物(主要是细菌)在厌氧条件下分解己糖产生乳酸的作用称为乳酸发酵。能利用可发酵糖产生乳酸的细菌称为乳酸细菌。乳酸细菌多是兼性厌氧菌，在厌氧条件下经过 EMP 途径，使己糖进行乳酸发酵。生活中酸乳中常见的乳酸菌有保加利亚杆菌和嗜热链球菌等。酸乳是一种常见的乳酸饮料，它是以牛乳为主要原料，加入一定的糖类，接入一定量的乳酸菌，经过发酵后而制成的饮料。

三、实验仪器与材料

1. 主要仪器

恒温水浴锅、酸度计、高压蒸汽灭菌锅、超净工作台、培养箱、酸乳瓶(200～280 mL)、培养皿、试管、300 mL 三角瓶等。

2. 主要材料

嗜热乳酸链球菌(Streptococcus thermophilus)、保加利亚乳酸杆菌(Lactobacillus bulgaricus)，乳酸菌种也可以从市场销售的各种新鲜酸乳或酸乳饮料中分离。

BCG 牛乳培养基、乳酸菌培养基、脱脂乳试管、脱脂乳粉或全脂乳粉、鲜牛奶、蔗糖、碳酸钙等。

四、实验步骤

1. 乳酸发酵及检测

(1) 发酵

在无菌操作下将分离的1株乳酸菌接种于装有300 mL乳酸菌培养液的500 mL三角瓶中，40～42 ℃静置培养。

(2) 检测

为了便于测定乳酸发酵情况，实验分2组。一组在接种培养后，每6～8 h取样分析，测定pH。另一组在接种培养24 h后每瓶加入3 g $CaCO_3$，以防止发酵液过酸使菌种死亡，每6～8 h取样，测定乳酸含量，记录测定结果。

2. 乳酸菌饮料的制作

(1) 将脱脂乳和水以质量比1∶(7～10)的比例混合，同时加入5%～6%的蔗糖，充分混合，于80～85 ℃下灭菌10～15 min，然后冷却至35～40 ℃，作为制作饮料的培养基质。

(2) 将纯种嗜热乳酸链球菌、保加利亚乳酸杆菌及两种菌的等量混合菌液作为发酵剂，均以2%～5%的接种量分别接入以上培养基质中即为饮料发酵液，亦可以市售鲜酸乳为发酵剂。接种后摇匀，分装到已灭菌的酸乳瓶中，每一种菌的饮料发酵液重复分装3～5瓶，随后将瓶盖拧紧密封。

(3) 把接种后的酸乳瓶置于40～42 ℃恒温箱中培养3～4 h。培养时注意观察，在出现凝乳后停止培养。然后转入4～5 ℃低温下冷藏24 h以上。经此后熟阶段，达到酸乳酸度适中(pH＝4～4.5)，凝块均匀致密，无乳清析出，无气泡，获得较好的口感和特有风味。

(4) 以品尝为标准评定酸乳质量，采用乳酸球菌和乳酸杆菌等量混合发酵的酸乳与单菌株发酵的酸乳相比较，前者的香味和口感更佳。品尝时若出现异味，表明酸乳污染了杂菌。

五、实验结果与讨论

(1) 记录各实验步骤的条件、过程和试剂用量等。

(2) 将乳酸发酵实验结果填入表5-1，并进行分析品评。

表5-1　乳酸菌单菌及混合菌发酵的酸乳品评结果

乳酸菌	品评项目					结论
	凝乳情况	口感	香味	异味	pH	
球菌						
杆菌						
球菌杆菌混合(1∶1)						

六、注意事项

(1) 采用BCG牛乳培养基琼脂平板筛选乳酸菌时，注意挑取典型特征的黄色菌落，结合镜检观察，高效分离筛选乳酸菌。

(2) 制作乳酸菌饮料，应选用优良的乳酸菌，采用乳酸球菌与乳酸杆菌等量混合发酵，使其具有独特风味和良好口感。

(3) 牛乳的消毒应掌握适宜温度和时间，防止长时间采用过高温度消毒而破坏酸乳风味。

(4) 为符合卫生合格标准还应按卫生部规定进行检测，如大肠菌群检测等。经品尝和检验，合格的酸乳应在 4 ℃条件下冷藏，可保存 6～7 d。

七、思考题

（1）发酵酸乳为什么能引起凝乳？

（2）为什么采用乳酸菌混合发酵的酸乳比单菌发酵的酸乳口感和风味更佳？

（3）试设计一个从市售鲜酸乳中分离纯化乳酸菌制作乳酸菌饮料的程序。

八、注释

1. 脱脂乳试管

直接选用脱脂乳液或按脱脂乳粉与 5％蔗糖水为 1∶10 的比例配制，装量以试管的 1/3 为宜，在 115 ℃下灭菌 15 min。

2. 乳酸检测方法

（1）定性测定

取 10 mL 酸乳上清液于试管中，加入 1 mL 10％ H_2SO_4，再加 1 mL 2％ $KMnO_4$ 溶液。此时，乳酸转化为乙醛，把事先在含氨的硝酸溶液中浸泡的滤纸条搭在试管口上，微火加热试管至沸，若滤纸变黑，则说明有乳酸存在（加热使乙醛挥发的结果）。

（2）定量测定

① 测定方法

取 0.2 mL 稀释 10 倍的酸乳上清液，加至 3 mL pH 值为 9.0 的缓冲液中，再加入 0.2 mL NAD 溶液，混匀后测定 OD 在 340 nm 处的吸光度值，记为 A_1；然后加入 0.02 mL L（＋）LDH．0.02 D（－）LDH，在 25 ℃保温 1 h 后测定 OD 在 340 nm 处的吸光度值，记为 A_2。同时用蒸馏水代替酸乳上清液作对照，测定步骤及条件完全相同，测出的相应值为 B_1 和 B_2。

② 计算公式

计算按式（5-2）进行。

$$\text{乳酸}/\text{g}(100\ \text{mL})=\frac{V\times M\times \Delta\varepsilon\times D}{1\ 000}\times\varepsilon\times l\times V_s \tag{5-2}$$

式中：V 为比色液最终体积，3.44 mL；M 为乳酸的摩尔质量（1 mol/L＝90 g）；$\Delta\varepsilon$ 为（A_2－A_1）－（B_2－B_1）；D 为稀释倍数，10；ε 为 NADH 在 340 nm 处的吸光系数；l 为比色皿的厚度，0.1 cm；V_s 为取样体积，0.2 mL。

（3）酸乳的检查指标

① 感观指标

酸乳凝块均匀细腻，色泽均匀无气泡，有乳酸特有的悦味。

② 合格的理化指标

如脂肪≥3％，乳总干物质≥11.5％，蔗糖≥5.00％，酸度 70～110 T°，Hg＜0.01×10^{-6} mg/mL 等。

③ 无致病菌，大肠菌群≤40 个/100 mL。

实验八　灵芝液体发酵制备胞外多糖

一、实验目的

(1) 学习药用真菌灵芝液体深层发酵的方法。

(2) 掌握灵芝多糖发酵原理、过程和产物提取方法。

二、实验原理

中医药学和现代医学研究证明，灵芝具有广泛的药理作用，且毒性极低。灵芝深层发酵培养菌丝体和发酵液技术，为灵芝的研究和产品开发提供了充足的原料。灵芝的深层发酵，就是将菌丝培养在液体培养基中，在纯种条件下，强制通入无菌空气到密闭发酵罐中进行培养的方式，使灵芝菌丝生长、繁殖和代谢产物的生物合成。发酵产物包括菌丝体和发酵液，可通过提取或浓缩喷雾工艺，提供作为原料药或保健品用。

三、实验仪器、材料及试剂

1. 主要仪器

5 L 发酵罐、500 mL 三角烧瓶、高压蒸汽灭菌锅、电炉、电子天平、722 型分光光度计等。

2. 主要材料及试剂

灵芝菌种(*Ganoderma* sp. GIM5. 253)、斜面 PDA 培养基、摇瓶种子培养基、发酵培养基、150 mg/L 标准葡萄糖溶液、95%乙醇、60 g/L 苯酚溶液、浓硫酸等。

四、实验步骤

1. 培养基配制

(1) 斜面 PDA 培养基

马铃薯煮汁 1 000 mL，葡萄糖 20 g，琼脂 20 g，pH 自然。

(2) 摇瓶种子培养基

摇瓶种子培养基，按照玉米粉(或玉米淀粉)1%、蔗糖 2%、蛋白胨 0.2%、酵母粉 0.3%～0.5%、磷酸二氢钾 0.1%和硫酸镁 0.06%的比例配制，pH 自然，备用。

(3) 发酵培养基

发酵培养基，按照玉米粉 1%、蔗糖 2%、酵母粉 0.2%、磷酸二氢钾 0.2%和豆油适量的比例配制，pH 自然，备用。

2. 菌种活化

将母种接种到斜面培养基中，置于 28 ℃培养 7 d，待菌丝长满斜面，备用。

3. 摇瓶种子配制

将玉米粉先加入少量水搅拌均匀，加热至 70 ℃，保持 60 min，过滤去渣后，与其他成分混合配成培养液。将液体培养基装入三角瓶中，一级种子瓶为 500 mL 三角瓶，装量 100 mL；二级种子瓶为 5 000 mL，装量 700 mL。塞上纱布棉塞(或八层纱布包口)，包上牛皮纸，置于灭菌锅在 121 ℃下灭菌 30 min。

4. 发酵培养

(1) 三角瓶发酵培养

取斜面试管母种 1 支，挑取指甲大小 1～2 块移入已灭菌并盛有液体培养基的三角瓶中，种子瓶置于 26～28 ℃下振荡培养 4～7 d，将长好的种子瓶种子倾入扩大瓶培养液中，培养 2～3 d，接种量以 5%～10%为宜。

(2) 发酵罐发酵培养

在 5 L 发酵罐中装入 3 L 发酵培养基，灭菌后接入 150 mL 种子培养液，搅拌速度 220 r/min，通气比 1∶0.5，即通气量为 0.5 L/(L·min)，罐压(0.4～0.5)×10^5 Pa，温度 28～30 ℃，培养 5 d。

5. 苯酚-硫酸法测定总糖

(1) 标准曲线的制作

分别准确吸取 150 mg/L 的标准葡萄糖溶液 0.1、0.2、0.3、0.4、0.5、0.6、0.7 和 0.8 mL，加入比色管中，加蒸馏水补水至 2.0 mL，加 60 g/L 苯酚溶液 1.0 mL，摇匀后加入浓硫酸 5 mL，置于沸水浴中加热 15 min，然后在冷水浴中冷却 30 min，在 490 nm 下测光密度，以 2.0 mL 水按同样显色操作条件做空白实验，横坐标为葡萄糖体积数，纵坐标为光密度值，绘制标准曲线。

(2) 总糖含量的测定

将样品配制成溶液，取 1.0 mL，按同样操作条件测定光密度，按式(5-3)计算含量。

$$多糖含量(\%)=\frac{0.9\times X\times V_1\times n}{m}\times 100 \tag{5-3}$$

式中　X——标准葡萄糖溶液浓度，g/L；

V_1——多糖吸光度为 A_1 时，对应的葡萄糖体积，mL；

m——样品的质量，g；

n——样品稀释倍；

0.9——葡萄糖与多糖换算校正系数。

6. 灵芝胞外多糖提取

量取离心后的发酵液 250 mL，浓缩至 50 mL，冷却，搅拌下加入 3 倍量 95%乙醇，于冰箱中静置过夜，次日离心；沉淀物(粗多糖)依次用无水乙醇、丙酮洗涤，真空干燥至恒重，精确至 0.001 g。

五、实验结果与讨论

(1) 记录培养基配制、种子活化、发酵培养、多糖提取和测定过程。

(2) 分析影响多糖产量的因素以及实验过程中要注意的问题。

六、注意事项

粗多糖提取时，若不需要含蛋白成分时，可采用 Sevage 法除去蛋白质，逆向流水透析得灵芝多糖。

七、思考题

(1) 什么是液体深层发酵？

(2) 灵芝胞外多糖除用 95%乙醇提取外，还可以用什么方法提取？

八、注释

根据实验结果计算灵芝发酵液中胞外多糖含量，按式(5-4)计算。

$$胞外粗多糖(g/100\ mL)=\frac{粗多糖干物质量(g)}{发酵液体积(mL)}\times 100 \tag{5-4}$$

实验九　动物血中超氧化物歧化酶的粗提

一、实验目的

(1) 通过实验掌握 Mccord 和 Fridovich 法从动物血中提取超氧化物歧化酶的基本过程和原理。

(2) 掌握离子交换柱层析精制超氧化物歧化酶的方法。

二、实验原理

自然界中超氧化物歧化酶(Superoxide Dismutase,SOD)的分布极广,其含量随生物体的不同而不同,即使同一种生物的不同组织或同一组织的不同部位,其 SOD 的种类和含量也有很大差别。1969 年 Mccord 和 Fridovich 第一次从牛血中提纯得到超氧化物歧化酶。

从动物血液材料中制备 Cu、Zn-SOD 纯化工艺分为 3 个主要步骤:① 原材料的预处理;② 粗酶液的制备;③ 离子交换柱层析精制。国内多采用 Mccord 和 Fridovich 法,其主要工艺过程为:① 乙醇-氯仿除去血红蛋白;② 有机溶剂和硫酸铵分级沉淀;③ 离子交换柱层析精制。

三、实验仪器、材料及试剂

1. 主要仪器

恒温水浴、冷冻台式高速离心机、制冰机等。

2. 主要材料及试剂

透析袋、定性滤纸、猪血、3.8%(质量分数)柠檬酸三钠、0.9%(质量分数)氯化钠、95%(体积分数)乙醇、氯仿、丙酮、2.5 mmol/L K_2HPO_4-KH_2PO_4 缓冲液(pH 7.6)、布氏漏斗、抽滤瓶、烧杯、量筒、玻棒等。

四、实验步骤

1. 分离血球

取新鲜猪血,加入 3.8%柠檬酸三钠抗凝液中,新鲜猪血与抗凝液的比例为 3∶1,轻轻搅拌均匀,在 4 000 r/min 下离心 15 min,除去黄色血浆,收集红细胞。

2. 除血红蛋白

红细胞用 3 倍体积生理盐水洗涤,于 4 000 r/min 下离心 15 min,重复 3 次;然后向洗净的红细胞中加入 1~1.1 倍体积去离子水,剧烈搅拌 30 min,于 0~4 ℃静置过夜(如时间紧可不用放置过夜);再向溶血液中分别缓慢加入 0.25 倍体积的预冷 95%乙醇和 0.15 倍体积的预冷氯仿,剧烈搅拌 15 min 左右,静置 1 h,然后在 4 000 r/min 下离心 15 min,除去变性血红蛋白沉淀,取上清液,过滤,收集滤液,滤液即为微带蓝色的清澈透明粗酶液,记录体积,测酶活性和蛋白浓度。

3. 热变性

上清液加热到 65 ℃,保温 10 min,然后迅速冷却到室温,在 3 000 r/min 下离心 20

min，弃去沉淀物，收集上清液，记录体积，测酶活性和蛋白浓度。

4. 沉淀

上清液在冰浴中冷却，然后在−5 ℃以下的操作温度下，加入 1.5 倍量预冷丙酮，边加边搅拌均匀，即有白色沉淀产生，静置 2～3 min，迅速抽滤，弃去滤液得肉色沉淀；沉淀物用少量蒸馏水溶解，在 4 000 r/min 下离心 20 min，除去不溶物，用 pH 值为 7.6 的 2.5 mmol/L K_2HPO_4-KH_2PO_4 缓冲液透析，即得粗 SOD 溶液，记录体积，测酶活性和蛋白浓度。

五、实验结果与讨论

(1) 记录 SOD 提取除杂的实验条件、过程和各试剂用量等。

(2) 计算每步操作所得酶液的酶活性、蛋白浓度和比活力。

(3) 计算每步操作的酶活性、回收率、蛋白回收率和纯化倍数。

六、注意事项

酶液提取时，尽可能在冰浴中研磨，在低温下离心，以保持酶的活性。

七、思考题

影响本实验准确性的因素是什么？应如何克服？

第六章　药物制剂

第一节　片　　剂

片剂系指药物与辅料均匀混合，通过制剂技术压制而成的圆片或异形片状的固体制剂，可供内服或外用，是目前临床应用最广泛的剂型之一。片剂有许多优点：① 剂量准确，应用方便；② 质量稳定，体积小，携带、运输和贮存方便；③ 能适应医疗、预防用药等多种要求（包衣、缓释、控释等）；④ 生产机械化、自动化程度高，产量大，成本较低；⑤ 片面可以压上主药名称和含量标记，也可制成不同颜色便于识别和增加美观。但片剂也存在诸多不足之处，如婴幼儿和昏迷病人不易吞服；片剂需加入若干种辅料并且经压缩成型，故常出现溶出度和生物利用度差等问题。

一、片剂的制备机理

片剂按制备、用法和作用的不同，主要分为以下几类：压制片、包衣片、缓释片、控释片、多层片、泡腾片、分散片、舌下片、咀嚼片、口含片、植入片、阴道片、溶液片和微型片等。《中国药典》对片剂的质量有明确规定，一般要求为：① 含量准确，质量差异小；② 硬度适宜；③ 色泽均匀，完整美观；④ 在规定贮藏期内不得变质；⑤ 一般口服片剂的崩解度或溶出度应符合要求；⑥ 符合卫生学检查要求。小剂量药物片剂应符合含量均匀度检查要求，植入片应无菌，口含片、舌下片、咀嚼片应有良好的味觉。

在制备片剂过程中，片剂的成型是由于药物颗粒（或粉末）及辅料在压力作用下产生足够的内聚力和辅料的黏结作用而紧密结合的结果。为了改善药物的流动性和克服压片时成分的分离而常将药物制成颗粒后压片。因此，颗粒（或结晶）的压制固结是片剂成型的主要过程。其中，涉及的机理包括：① 粉末结合成颗粒的机理：在湿法制粒时，粉末间存在的水分可引起粉末的黏附，所形成的“液体桥”便以表面张力和毛细管吸力作用而使粉末相结合；在湿粒干燥后，粉末之间接触点因干燥受热而熔融，或由于黏合剂固化，或由于被溶药物或辅料的重结晶等作用在粉末间形成“固体桥”，而加强粉末间的结合。对于无水的药物粉末，粒子间的作用力则主要是分子间作用力（范德华力）和静电力，即使粒子间表面距离在 10 μm 时，分子间力仍有明显作用。颗粒中粉末之间静电力较弱，对颗粒的形成作用不大。② 颗粒压制成型：未加压时，颗粒间彼此接触，存在许多间隙，颗粒间无结合力；加压初期，在压力作用下，颗粒发生移动而排列更为紧密，颗粒受压变形或破碎，使粒子间距离缩短，接触面积增大，粒子间的范德华力等发挥作用，粒子结合力增强；继续加压后，颗粒发生黏结，比表面积减小，颗粒产生了不可逆的塑变变形，变形颗粒则借助分子间力、静电力结合成坚实片剂，此外因产热可产生熔融、重结晶，形成固体桥，将相邻粒子联系起来而有利于颗粒的固结成型。③ 片剂的弹性复原：固体颗粒被压缩时发生塑性变形和一定的弹性变形，因此在压成的片剂内聚集成一定的弹性内应力，方向和压缩力相反。当外力解除后，弹性内应力趋向松弛和恢复颗粒的原来形状，使片剂体积增大约 2%～10%。当片剂由模孔中推出后，通常不能再放入模孔，片剂的这种膨胀现象成为弹性复原。由于压缩时片剂各部分受力不同，各方向内应力不同，当上冲上升时，片剂在模孔内先轴向膨胀，推出后呈径向膨胀。若黏合剂用量不足或不当，片剂表面可能出现裂痕。因此，片剂的弹性复原及压力分布不均匀是裂片的主要原因。

二、片剂的成型影响因素

影响片剂成型的因素较多，主要有：

① 原辅料性质的影响，主要包括原辅料的可压性、熔点、结晶形态与结晶水、粒度和亲水性等。

② 压力的影响：压片的压力大，可使压制的片剂硬度较大，但在片剂由模孔中被推出后，由于物料的弹性而可能发生弹性复原，使片剂的硬度降低。因此采取延长加压时间或降低解除压力的速度等措施使弹性复原程度降低，增加片剂的硬度。

③ 崩解剂的影响：崩解剂的品种、用量和加入方法等均对片剂崩解作用有影响，对片剂的可压性也有较大的影响。一般可采用 PVPP、CCNa、L-HPC、CMS-Na 等高效崩解剂。崩解剂的加入方法对片剂溶出的影响顺序为：内外加＞内加＞外加，对片剂崩解的影响顺序为：外加＞内外加＞内加。

④ 黏合剂的影响：黏合剂的品种、浓度对片剂可压性影响较大，多数黏合剂浓度越高，黏性越大，压制的片剂硬度越大，但片剂的崩解度和药物的溶出度随之降低。

⑤ 润滑剂的影响：疏水性润滑剂用量过多，削弱粒子间的结合力，使片剂硬度降低，且崩解变慢(不易润湿)，溶出受影响，亲水性润滑剂或水溶性润滑剂对片剂的溶出基本无影响。

⑥ 水分的影响：结晶水或颗粒中含有适量的水分是片剂成型的重要因素，颗粒中适量的水分可增加药物的可塑性，减少弹性并可移去静电；当颗粒受压时，由于毛细管中水分被挤出，在颗粒表面形成薄膜，可减少颗粒间与模圈壁之间的摩擦力，使颗粒结合力增大，压力分布均匀，从而使片剂的硬度增大；颗粒中的水分一般控制在 3%左右。

三、片剂压剂存在的问题

片剂压制过程中受处方、生产工艺、操作条件及机械设备等多方面的综合因素影响，可能会出现多种问题，应根据情况具体分析、找出原因，合理解决。常见的问题如下：

1. 裂片

片剂受到振动或贮存时从腰间裂开的现象称为裂片，从片子顶部或底部剥落一层的现象称为顶裂。产生裂片的原因主要有：黏合剂选择不当或用量不足；细粉过多、颗粒干燥时间过长；压力过大和冲头与模圈不符等。解决办法：① 选择黏性大的黏合剂，加大黏合剂的浓度和用量；② 细粉与颗粒比例适当；③ 加压适当；④ 调换冲头与模圈等。

2. 黏冲

冲头或冲模上黏有薄膜或细粉，导致片面粗糙不平或有凹痕，尤其刻有文字或横线的冲头更易发生黏冲现象。产生黏冲的原因主要有：① 物料含水过多；② 润滑剂使用不当；③ 压片环境湿度较高和冲头表面粗糙。解决办法：① 加入干燥填充剂，控制颗粒含水量在

3%左右或更低；② 选择适当润滑剂混合使用；③ 控制压片环境相对湿度，更换冲头。

3. 松片

松片系指片剂的硬度不够，受振动易松散破碎的现象。产生松片的原因主要有：① 原料可压性较差；② 压力不当；③ 黏合剂用量少或黏度小。解决办法：选择黏性大的黏合剂、黏合剂的浓度和用量加大，可适当增加压力。

4. 崩解迟缓

崩解迟缓系指片剂不能在药典规定的时限内完全崩解或溶解。产生崩解迟缓的原因主要有：① 崩解剂使用不当，用量及加入方法不当；② 疏水性润滑剂用量过多；③ 黏合剂黏性太强或用量过多；④ 压力过大等。解决办法：① 采用高效崩解剂，或两种崩解剂采用"内外加"法；② 采用亲水性或水溶性润滑剂；③ 降低黏合剂浓度及用量；④ 适当减小压力。

5. 片重差异过大

片重差异过大系指片重差异超过药典规定限度。产生片重差异的原因主要有：① 颗粒大小不匀；② 粉末或颗粒的流动性欠佳。解决办法：① 调整处方，加入流动性好的填充剂；② 颗粒与细粉比例适当。

6. 变色或色斑

变色或色斑系指片剂表面的颜色发生改变或出现色泽不一的斑点，导致外观不符合要求。产生变色或色斑的原因主要有：① 颗粒过硬、混料不匀；② 可溶性成分"迁移"；③ 接触金属离子；④ 污染压片机油污等。解决办法：① 减少颗粒硬度，适当增加细粉比例；② 选用不溶性的色素以及清理机械。

7. 麻点或水印

麻点或水印系指片剂表面产生许多凹点或水印样斑点。产生麻点或水印的原因主要有：① 润滑剂和黏合剂用量不当；② 颗粒引湿受潮，颗粒过硬或偏多；③ 颗粒干燥不均匀；④ 冲头印字等。需针对原因进行解决。

四、片剂的制备方法

通常片剂的制备有直接压片法和制粒压片法两种。

1. 湿法制粒压片

湿法制粒压片，适用于对湿热稳定的药物。其一般制备操作过程如图 6-1 所示。

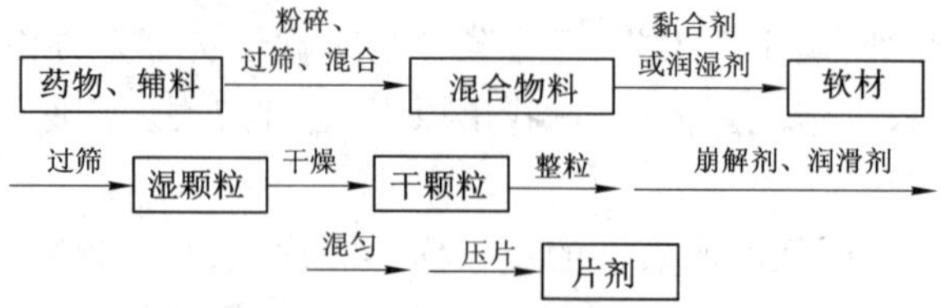

图 6-1 湿法制粒压片制备操作过程

(1) 原、辅料的处理

原辅料混合前一般均需经过粉碎、过筛或干燥等加工处理。其细度以通过 80～100 目筛比较适宜。剧毒药、贵重药及有色的原辅料宜更细一些，易于混匀，含量准确，并可避免压片时产生裂片、黏冲和花斑等现象。

（2）制粒

除某些结晶性或可供直接压片的药物外，一般粉末状药物均需事先制成颗粒后才能压片。其主要原因：粉末流动性差；细粉内含有很多空气；片剂各成分密度不同；粉末压片更易产尘、黏冲。湿法制粒法的主要过程为制软材、制湿颗粒、干燥；流化床制粒法集沸腾混合、喷雾制粒、气流干燥于一体；喷雾制粒法可由液体直接得到固体粉末颗粒；湿法混合制粒法可将混合、制软材、制粒一次完成。

（3）整粒和压片前干颗粒的预处理

① 过筛整粒：颗粒在干燥过程中，一部分湿颗粒彼此黏连结块，需过筛整粒，使成为适合压片的均匀颗粒。

② 挥发油或挥发性物质：挥发油可加在润滑剂与颗粒混合后筛出的部分细粉中，或加入直接从干颗粒中筛出的部分细粉中，再与全部干颗粒混匀。

③ 加润滑剂与崩解剂：润滑剂常在整粒后用细筛筛入干颗粒中混匀；崩解剂应先干燥过筛，再加入干颗粒（外加法）中混匀。

（4）压片

目前常用的压片机有撞击式单冲压片机和旋转式多冲压片机。

2. 干法制粒压片

在药物对水、热不稳定，有吸湿性或采用直接压片法流动性差的情况下，多采用干法制粒压片。主要操作过程：将药物原粉与适量粉状填充剂、润滑剂或黏合剂等混合均匀后，用适宜的设备压成块状或大片状，然后再将其破碎成大小适宜的颗粒进行压片。干法制粒压片可分为滚压法和重压法。

3. 直接压片法

① 粉末直接压片法。其系指药物粉末与适宜的辅料混合后，不经制粒而直接压片的方法。主要优点为省去了制粒、干燥等工序，节能，省时，适于对湿热不稳定的药物。

② 结晶药物直接压片法。某些结晶性或颗粒性药物，具有适宜的流动性和可压性，只需稍加粉碎等处理，筛出适宜大小的晶体或颗粒，再加入崩解剂和润滑剂混合均匀，不经制粒直接压片。

五、片剂包衣

在素片制备完成后，为满足片剂的一些特殊要求，还需对素片进行包衣处理。片剂包衣系指在片剂（片芯、素片）表面包裹上适宜材料的衣层的操作。

进行包衣的目的主要有：① 掩盖片剂的不良嗅味；② 防潮、避光、隔绝空气以增加药物的稳定性；③ 在胃液中因酸性或胃酶破坏的药物、对胃有刺激以及可引起呕吐的药物可以包肠溶性薄膜衣；④ 控制药物在胃肠道一定部位释放或缓缓释放；⑤ 可将两种有配伍变化的药物成分分别置于片芯和衣层；⑥ 改善片剂的外观和便于识别等。片剂的包衣通常分为糖衣和薄膜衣 2 大类，其中薄膜衣又可分为胃溶衣、肠溶衣和控释衣 3 类。待包衣片芯的质量要求：① 片芯在外形上必须具有适宜的弧度，否则边缘部位难以覆盖衣层，甚至所包衣层在边缘处会发生断裂；② 片芯的硬度不仅要能承受包衣过程的滚动、碰撞和摩擦，还要对包衣过程中所用溶剂的吸收量应低；③ 片芯的脆性要求最小，以免因碰撞而破裂。包衣完成后要求衣层应均匀、牢固，与药片不起作用；崩解时限应符合有关规定，经较长时间贮存仍能保持光洁、美观、色泽一致并无裂片现象，且不影响药物的崩解、溶解和吸收。

六、片剂的质量评价

① 外观　片剂的外观应完整光洁，边缘整齐，色泽均匀，字迹清晰。

② 片重差异　《中国药典》2015 年版规定片剂质量差异的限度如表 6-1 所示。

表 6-1　片剂质量差异要求

平均质量/g	质量差异限度/%
0.30 g 以下	±7.5
0.30 g 或 0.3 g 以上	±5

检查法：取药片 20 片，精密称定总重量，求得平均片重后，再分别精密称定各片的质量。每片质量与平均片重相比较，超出质量差异限度的药片不得多于 2 片，并不得有 1 片超出限度 1 倍。糖衣片、薄膜衣片应在包衣前检查片芯的质量差异，符合规定后方可包衣，包衣后不再检查质量差异。对规定检查含量均匀度的片剂，可不进行质量差异的检查。

③ 硬度与脆碎度　片剂应有适宜的硬度，以免在包装、运输等过程中破碎或磨损，但硬度与片剂的崩解和溶出也密切相关；片剂因磨损和震动往往引起碎片、顶裂或破裂等，可采用国产脆碎度检查仪检测。

④ 崩解时限　凡规定检查溶出度、释放度或融变时限的片剂，可不进行崩解时限检查；除咀嚼片不需作崩解时限测定外，一般内服片剂都应在规定的条件和时间内，在规定介质中崩解成能通过直径 2 mm 筛孔的颗粒或粉末；普通片剂应在 15 min 内完全崩解；包衣片应在 1 h 内全部崩解；含片需在 30 min 内全部崩解；舌下片在 5 min 内全部溶化；分散片在 3 min 内崩解；泡腾片在 5 min 内崩解。

⑤ 含量均匀度　片剂每片标识量小于 10 mg 或主药含量小于每片质量 5% 者应检查均匀度。

⑥ 溶出度　需测定溶出度的情况：在消化液中难溶的药物；与其他成分容易发生相互作用的药物；久贮后溶解度降低的药物；剂量小、药效强、副作用大的药物。测定方法有转篮法、浆法和小杯法。

⑦ 释放度测定　释放度系指口服药物从缓释制剂、控释制剂、肠溶制剂及透皮贴剂等在规定溶剂中释放的速度和程度。

⑧ 卫生学检查　中药或化学药的片剂，不得检出大肠杆菌、致病菌、活螨及螨卵；杂菌每克不得超过 1 000 个；真菌每克不得超过 100 个。

实验一　乙酰水杨酸肠溶片的制备

乙酰水杨酸又名阿司匹林(分子式为 $C_9H_8O_4$)，结构式如图 6-2 所示，是一种历史悠久的解热镇痛药物，主要用于发热、疼痛及类风湿关节炎等。其临床常见剂型主要有肠溶片、肠溶胶囊、泡腾片和栓剂等。

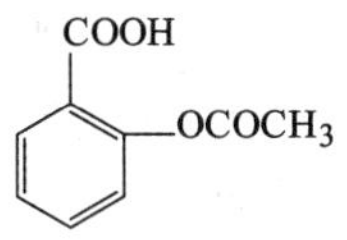

图 6-2 乙酰水杨酸结构式

一、实验目的

(1) 通过制备乙酰水杨酸肠溶片,熟悉片剂制备的基本工艺过程。

(2) 熟悉薄膜衣材料的种类、组成及特性,掌握包薄膜衣的基本操作。

(3) 了解单冲压片机和包衣机的基本构造及使用方法。

二、实验仪器和材料

1. 主要仪器

电子天平、摇摆式颗粒机、单冲压片机、冲头(5.5 mm 浅凹冲)、包衣机、乳钵、喷枪、空气压缩机、烘箱、搪瓷盘、药典筛(40 目、80 目)等。

2. 主要材料

乙酰水杨酸、微晶纤维素、羟丙甲纤维素、酒石酸、滑石粉、Ⅱ号丙烯酸树脂、邻苯二甲酸二乙酯、蓖麻油、柠檬黄、吐温-80 等。

三、实验步骤

1. 乙酰水杨酸素片的制备

(1) 素片处方

乙酰水杨酸素片 1 000 片,处方见表 6-2。

表 6-2 素片处方

原辅料名称	质量
乙酰水杨酸	25.0 g
淀粉	36.0 g
微晶纤维素	30.0 g
羧甲基淀粉钠	5.0 g
酒石酸	0.8 g
2% HPMC 醇溶液	适量
4% 滑石粉	适量

(2) 单冲压片机的安装与调试

单冲压片机基本结构如图 6-3 所示。其安装与调试过程如下:① 先装好下冲头,旋紧下冲固定螺丝,旋动片重调节器,使下冲在较低的部位。再将模圈装进模板,旋紧模圈固定螺丝,然后将模板固定在机座上(整个装拆过程切勿碰撞而损坏冲头);② 调节出片调节器,使下冲头上升到恰与模圈相齐平,再装上冲并旋紧上冲固定螺丝,转动压力调节器,使上冲处在压力较低的部位,缓慢地用手摇转压片机的转轮使上冲逐渐下降,观察其是否正好在冲模的中心位置。如不在中心位置,应缓慢上升上冲头(不得将上冲头强制地冲入模孔,更不应使上下冲相撞)，稍微松动一点模板固定螺丝，装好饲料靴和加料斗，并加入颗粒；③ 用手转动转轮，如感到不易转动时，不得用力硬转，应调节压力调节器使之适当增加或减小压力。称其平均片重，调节片重调节器，使压出的片重符合要求，同时调节压力调节器，使压出的片剂有一定的硬度；④ 开动电动机进行试压，检查片重和崩解时间，达到要求后方可正式电动压片。

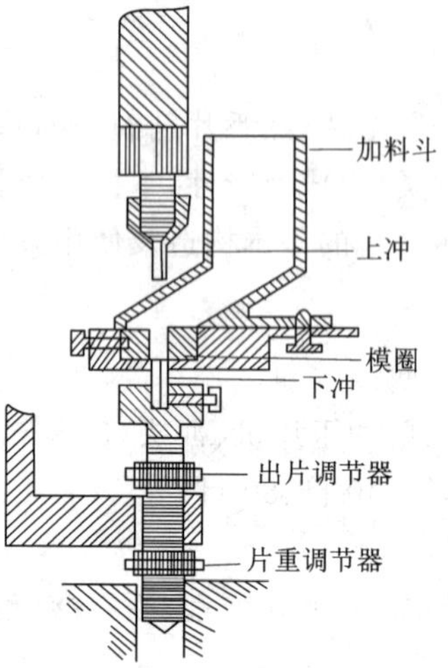

图 6-3 单冲压片机的结构示意图

(3) 制法

将乙酰水杨酸晶体研细、过 80 目筛，再与淀粉、微晶纤维素和羧甲基淀粉钠用 40 目药典筛混合均匀。加入预先配好的 2%HPMC 醇水溶液(内含酒石酸)制成软材，用摇摆式颗粒机制粒，所制湿颗粒置于烘箱中 60 ℃干燥 2 h；干颗粒用 18 目筛整粒，加入适量滑石粉，混合均匀后采用单冲压片机压片。先用手转动转轮，调节压力调节器和片重调节器，使压出的片子的质量和硬度符合要求，后开动电动机进行电动压片。

2. 乙酰水杨酸素片的包衣

(1) 包衣处方

包衣处方如表 6-3 所示。

表 6-3　　包衣处方

原辅料名称	质量
Ⅱ号丙烯酸树脂	10.0 g
邻苯二甲酸二乙酯	2.0 g
蓖麻油	4.0 g
吐温-80	2.0 g
滑石粉	3.0 g
钛白粉	适量
柠檬黄	适量
85%乙醇加至 200 mL	

（2）制法

将包衣材料用85%乙醇溶液浸泡过夜溶解，加入邻苯二甲酸二乙酯、蓖麻油和吐温-80研磨均匀，另将其他成分加入上述包衣液中研磨均匀，即得。

（3）包衣

将步骤1中制备的乙酰水杨酸素片置于包衣锅内，控制片床温度为40 ℃至50 ℃，转速为30至40 r/min，将上述配制的包衣液用喷枪连续均匀地喷于素片表面，并根据素片表面的干湿情况调控片床温度和喷雾速度，以防止片面过干或过湿，喷雾至包衣片增重为4%～5%，将所得包衣片置于烘箱在30～40 ℃条件下干燥3～4 h。

四、操作要点及注意事项

（1）制软材时黏合剂用量应使软材手握成团、手指轻压散裂为宜，软材经摇摆式颗粒机所制备的颗粒应无长条、块状和过多的细粉。

（2）乙酰水杨酸对湿、热不稳定，易水解成水杨酸和醋酸，因此处方中用含有少量酒石酸淀粉浆混匀后制粒，或采用乙醇或2%～5%HPMC的醇水溶液作为黏合剂，以增加乙酰水杨酸的稳定性。硬脂酸镁和硬脂酸钙能加速乙酰水杨酸的水解，因此处方中选用滑石粉作为润滑剂。实验中湿颗粒和包衣片的干燥温度宜控制在50～60 ℃，以防止高温加速主药的降解。

（3）在包肠溶衣前应吹去素片表面的细粉。因实验中片剂量少，为改善片剂在包衣锅中的滚动性，可在锅内纵向粘贴若干1～2 cm宽的长硬纸条或胶布。

（4）在包衣过程中，喷雾较快时，片子表面过于潮湿后会导致片子的滚动减慢，出现翻转困难，因此，应及时停止喷雾并吹热风进行干燥。

（5）包衣温度宜控制在50 ℃左右，以防止高温使主药降解或使片子表面产生气泡，导致衣膜与片芯分离。

五、实验结果与讨论

（1）记录压制素片的片重与平均片重，计算质量差异，并记录素片的硬度数据。

（2）分析讨论压片过程中哪些因素对素片质量和硬度有何重要影响。

（3）记录素片包衣后的增重情况，探讨包衣工艺过程对包衣效果的影响。

六、思考题

（1）小剂量药物在压片过程中易出现哪些质量问题？应如何解决？

（2）药物制剂包肠溶衣的目的有哪些？

（3）对湿热不稳定的药物进行片剂处方设计时应注意哪些事项？

（4）薄膜包衣中可能出现哪些问题？如何解决？

实验二　大黄苏打片的制备

大黄苏打片的主要成分为大黄、碳酸氢钠、薄荷油。碳酸氢钠可中和过剩胃酸，大黄、薄荷油可抗酸、健胃、解毒，因此大黄苏打片有抗酸、健胃作用，用于胃酸过多、消化不良、食欲不振等。但口服该药物也存在一些不良反应，如口服后可能因产生大量二氧化碳使胃扩张，并刺激溃疡。因大黄苏打片稳定性相对较差，故应于密闭阴暗处贮藏。

一、实验目的

（1）通过制备大黄苏打片，掌握中药片剂的制备工艺流程及其操作要点。

（2）了解片剂崩解时限检查的基本操作过程。

二、实验仪器和材料

1. 主要仪器设备

电子天平、烘箱、压片机等。

2. 材料试剂

药筛、大黄粉、碳酸氢钠、薄荷油、淀粉浆（10%）、姜黄粉等。

三、实验步骤

1. 大黄苏打片处方

大黄苏打片处方如表 6-4 所示。

表 6-4　大黄苏打片处方

原辅料名称	质量或体积
大黄粉	150.0 g
碳酸氢钠	150.0 g
薄荷油	4.0 mL
淀粉浆（10%）	适量
姜黄粉	适量
共制	1 000 片

2. 制法

（1）取大黄粉，加入适量淀粉浆制软材，过 14 目筛制备湿颗粒。所得湿颗粒在温度低于 60 ℃的条件下烘干，干燥后的颗粒过 16 目筛进行整粒。

（2）取碳酸氢钠及适量姜黄粉着色混匀，加入适量淀粉浆制软材，过 14 目筛制备湿颗粒。所得湿颗粒在温度低于 60 ℃的条件下烘干，干燥后的颗粒过 16 目筛进行整粒。

（3）将上述制备的两种干颗粒混合均匀，将溶有薄荷油的乙醇溶液喷入干颗粒中，并加入 1%滑石粉和 10%干淀粉搅匀，压片，即得大黄苏打片。

3. 质量检查

（1）质量差异

取药片 20 片，精密称定总质量，求得平均片重后，再分别精密称定各片的质量，每片质量与平均片重比较，超出质量差异限度的药片不得多于 2 片，并不得有 1 片超出限度的一倍。

（2）崩解时限

取供试品 6 片，分别置于崩解仪吊篮中，于(37±1)℃的水中，按规定速度上下移动，各片均应在 30 min 内全部崩解。如有 1 片未完全崩解，应另取 6 片加挡板复试。要求均应符合规定。

四、操作要点及注意事项

(1) 大黄中含有蒽醌衍生物，在碱溶液中呈红色。如将大黄与碳酸氢钠混合后湿法制粒，则最后所制成的片剂呈深棕红色。因此，将大黄粉和碳酸氢钠分别制粒，可使制备的片剂颜色浅而美观。

(2) 制软材过程中加入的黏合剂或润湿剂应适宜，制备的软材应软硬适度(手握成团，轻压即散)。制成湿颗粒后应及时干燥，干燥温度应逐渐上升，并控制水分，以适应制片工艺需要。

(3) 薄荷油具有挥发性，最好喷加于干颗粒筛出的部分细粒中，混匀后，再与干颗粒混匀，以免混合不匀和片子产生花斑。

五、实验结果与讨论

(1) 仔细观察大黄苏打片制备过程中的颜色变化情况，并进行记录。

(2) 记录大黄苏打片的片重与平均片重，计算质量差异，并记录大黄苏打片的硬度数据。

(3) 分析讨论压片过程中哪些因素对素片质量和硬度有重要影响。

六、思考题

(1) 在制备碳酸氢钠颗粒时，加入姜黄粉进行着色的目的是什么?

(2) 湿法制粒压片法的操作要点有哪些?

实验三 扑炎痛片的制备

扑炎痛化学名为2-乙酰氧基苯甲酸-乙酰氨基苯酯，是一种新型解热镇痛抗炎药。扑炎痛是由阿司匹林和扑热息痛经拼合原理制成的，它既保留了原药的解热镇痛功能，也减少了原药的毒副作用，并有协同作用，适用于急、慢性风湿性关节炎，风湿痛，感冒发烧，头痛和神经痛等。扑炎痛口服吸收迅速，$t_{1/2}$约1 h，主要在肝内代谢，且该药物对胃的刺激性也较小，毒性低，作用时间长。目前，扑炎痛主要以片剂的形式应用于临床。

一、实验目的

(1) 通过制备扑炎痛片，掌握片剂的制备工艺流程及其操作要点。

(2) 掌握压片操作方法，了解压片机的基本结构及其使用方法。

二、实验仪器和材料

1. 仪器设备

药筛、量筒、烧杯、电子天平、烘箱、压片机等。

2. 材料试剂

扑炎痛、糊精、淀粉、羧丙基纤维素、羧甲基淀粉钠、微分硅胶等。

三、实验步骤

1. 扑炎痛片处方

扑炎痛片处方如表6-5所示。

表 6-5 扑炎痛片处方

原辅料名称	质量
扑炎痛	250.0 g
糊精	25.0 g
淀粉	50.0 g
羧丙基纤维素	20.0 g
羧甲基淀粉钠	16.0 g
微粉硅胶	0.8 g
共　制	500 片

2. 制法

(1) 粉碎

取适量扑炎痛于研钵中，不断研磨，过 100 目筛后，备用。取淀粉适量，过 100 目筛后，备用。

(2) 淀粉浆的制备

① 取淀粉，称量 7.5 g 加入 100 mL 的烧杯中；② 用量筒取蒸馏水 50 mL 倒入烧杯中，用玻璃棒搅拌均匀；③ 取电炉插上电源，将含淀粉的烧杯放到电炉上，边加热边搅拌，直至形成糊状，室温冷却后，备用。

(3) 混合

按处方量称取扑炎痛、淀粉、羧甲基淀粉钠，按等量递加法混合均匀。

(4) 制湿颗粒

将混合好的药粉放到盘子里，加适量淀粉浆制软材(手握成团，轻压即散)，过 16 目筛制颗粒。

(5) 干燥

将湿颗粒放到干燥箱内，50～60 ℃干燥 2 h。

(6) 整粒

将干燥后的颗粒，再过 16 目筛。将整粒后的颗粒称重，加滑石粉，加崩解剂，混合均匀，根据投料量计算片重。

(7) 压片

调节压片机，用旋转压片机压片。

四、操作要点及注意事项

(1) 制软材过程中加入的黏合剂或润湿剂应适宜，制备的软材应软硬适度(手握成团，轻压即散)。制成湿颗粒后应及时干燥，干燥温度应逐渐上升，并控制水分，以适应制片工艺需要。

(2) 为保证混合均匀度，本实验应将各组分按等量递加法混合均匀。

五、实验结果与讨论

(1) 记录扑炎痛片的片重与平均片重，计算质量差异，并记录扑炎痛片的硬度数据。

(2) 分析讨论压片过程中哪些因素对素片质量和硬度有重要影响。

六、思考题

(1) 湿制颗粒压片法的操作要点有哪些?

(2) 将湿颗粒进行干燥时,是否干燥至含水率越低越好?为什么?

实验四 肠康片的制备

肠康片的主要成分为盐酸小檗碱、木香粉和制吴茱萸。肠康片有清热燥湿、理气止痛的功效,可用于大肠湿热所致的泄泻、痢疾。其制法为取1/2处方量的木香粉碎成细粉及盐酸小檗碱和剩余的木香与制吴茱萸提制成的清膏混匀,制成颗粒,干燥、压片、包薄膜衣。

一、实验目的

(1) 通过制备肠康片,掌握中药浸膏片的制备工艺流程及其操作要点。

(2) 掌握中药浸膏的制备方法。

二、实验仪器和材料

1. 仪器设备

药筛、电子天平、烘箱、压片机等。

2. 材料试剂

盐酸小檗碱、木香粉、制吴茱萸、L-HPC、白糖粉、硬脂酸镁等。

三、实验步骤

1. 肠康片处方

肠康片处方如表6-6所示。

表6-6 肠康片处方

原辅料名称	质量
盐酸小檗碱	56.0 g
木香粉	156.0 g
肠康清膏	160.0 g
L-HPC	15.0 g
白糖粉	10.0 g
硬脂酸镁	2.5 g
共制	1 000片

2. 制法

(1) 肠康清膏制备

1/2处方量的木香与制吴茱萸加水浸泡30 min,煎煮2次,2 h/次,合并煎煮液,过滤,滤液静置24 h,取上清液浓缩为相对密度为1.18~1.20(70 ℃)的清膏。

(2) 制粒

将处方量的盐酸小檗碱、木香粉、蔗糖粉和羟丙基纤维素混合均匀，加入清膏后制成“手捏成团，轻压即散”的软材，14 目筛制粒，70 ℃干燥后 16 目筛整理，加硬脂酸镁混匀。

(3) 压片

根据含量检测确定片重，采用单冲压片机压片。

(4) 包衣

将上述制备的素片进行包衣，即得。

四、操作要点及注意事项

(1) 肠康片在压片过程中受环境湿度影响较为明显，因此制粒、压片及贮存时的湿度必须控制在 45%～65%，以减少水分对药物性质及稳定性的影响。

(2) 肠康片为中药浸膏片，内含浸膏和木香细粉，其本身兼有辅料的作用，如浸膏可作为黏合剂，木香细粉作为填充剂和崩解剂。

五、实验结果与讨论

(1) 记录所得肠康清膏的质量，计算清膏得率。

(2) 记录压制素片的片重与平均片重，计算质量差异，并记录素片的硬度数据。

(3) 记录素片包衣后的增重情况，探讨包衣工艺过程对包衣效果的影响。

六、思考题

(1) 中药浸膏片的制备过程中有哪些问题需要特别注意？

(2) 简述片剂包衣的目的及质量要求？

第二节　胶　囊　剂

胶囊剂系指药物盛装于硬质空胶囊或具有弹性的软质胶囊中制成的固体制剂。可分为硬胶囊剂、软胶囊剂、肠溶剂和缓控释胶囊剂。胶囊剂的主要特点有：① 可掩盖药物的不良嗅味，减小药物的刺激性；② 与片剂、丸剂相比，吸收好、生物利用度高；③ 提高对光和热等不稳定的药物的稳定性；④ 油类等液态药物可制成胶囊剂；⑤ 可制成缓控释胶囊剂，达到延长药效的目的；⑥ 对胶囊进行包衣，达到定位释药的目的。虽然胶囊剂具有众多优点，但以下情况不宜制成胶囊剂：① 药物的水溶液或乙醇溶液；② 易溶性药物，如氯化钠、溴化物、碘化物等以及小剂量的刺激性药物；③ 易风化药物可使胶囊壁变软；④ 吸湿性药物可使胶囊壁干燥而变脆。

胶囊壳的主要成分是明胶，一般还需添加少量增塑剂(甘油)、防腐剂(尼泊金类)、着色剂(胭脂红)、遮光剂(二氧化钛)以及便于加工成型与改进胶囊壳的辅助剂等。胶囊壳的规格由大到小分为 000,00,0,1, 2,3,4,5 号共 8 种，常用 0～5 号，随着数字由小到大，胶囊的容积由大到小。由于药物的填充多用容积控制，而药物的密度、晶态、颗粒大小不同，所占体积也不同，故应按药物剂量所占容积来选用适宜大小的胶囊壳，一般试装后决定。胶囊剂的一般制备流程如图 6-4 所示。

胶囊剂的质量检查项目如下：

(1) 外观

胶囊剂应整洁，不得有黏结、变形或破裂现象，并应无异嗅。

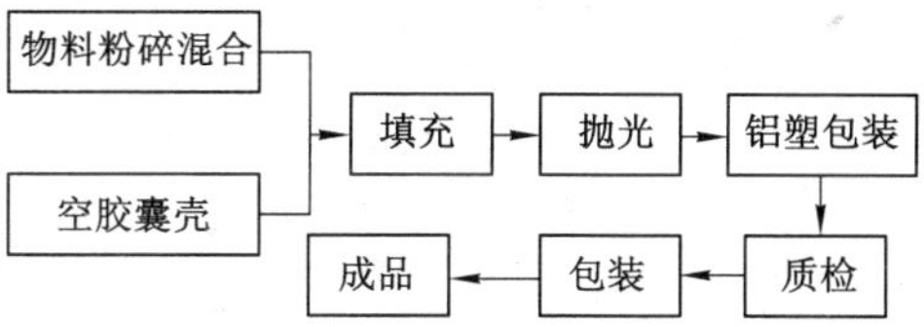

图 6-4　胶囊剂的一般制备流程

(2) 装量差异

平均装量为 0.30 g 以下，装量差异限度为±10%；平均装量为 0.30 g 或 0.30 g 以上，装量差异限度为±7.5%。

(3) 崩解时限

硬胶囊应在 30 min 内全部崩解，软胶囊在 1 h 内全部崩解；肠溶胶囊先在盐酸溶液中检查 2 h(不得有裂缝)，后在人工肠液中检查，1 h 内应全部崩解。

实验五　阿莫西林胶囊的制备

阿莫西林，又名安莫西林或安默西林，是一种最常用的半合成青霉素类广谱β-内酰胺类抗生素，为一种白色粉末，半衰期约为 61.3 min。在酸性条件下稳定，其胃肠道吸收率达 90%。阿莫西林杀菌作用强，穿透细胞膜的能力也强。口服后药物分子中的内酰胺基立即水解生成肽键，迅速和菌体内的转肽酶结合使之失活，切断了菌体依靠转肽酶合成糖肽用来建造细胞壁的唯一途径，使细菌细胞迅速成为球形体而破裂溶解，菌体最终因细胞壁损失，水分不断渗透而胀裂死亡。其对大多数致病的 G+菌和 G−菌(包括球菌和杆菌)均有强大的抑菌和杀菌作用，其中对肺炎链球菌、溶血性链球菌等链球菌属、不产青霉素酶葡萄球菌、粪肠球菌等需氧革兰阳性球菌，大肠埃希菌、奇异变形菌、沙门菌属、流感嗜血杆菌、淋病奈瑟菌等需氧革兰阴性菌的不产β内酰胺酶菌株及幽门螺杆菌具有良好的抗菌活性。阿莫西林是目前应用较为广泛的口服半合成青霉素之一，其制剂有胶囊、片剂、颗粒剂和分散片等，在临床使用中尤以阿莫西林胶囊应用最为广泛。

一、实验目的

(1) 通过制备阿莫西林胶囊，掌握胶囊剂的制备方法和工艺过程。

(2) 熟悉硬胶囊剂的装量差异检查方法。

二、实验仪器和材料

1. 主要仪器设备

药筛、电子天平、半自动胶囊灌装机等。

2. 材料试剂

阿莫西林、硬脂酸镁、羧甲淀粉钠等。

三、实验步骤

1. 阿莫西林胶囊处方

阿莫西林胶囊处方如表 6-7 所示。

表 6-7　　阿莫西林胶囊处方

原辅料名称	质量
阿莫西林	25.0 g
硬脂酸镁	0.75 g
羧甲淀粉钠	1.0 g
共制阿莫西林胶囊 100 粒	

2. 制法

(1) 内容物制备

取阿莫西林原粉 25.0 g、羧甲淀粉钠 1.0 g、硬脂酸镁 7.5 g、淀粉适量混匀，得药粉。

(2) 填充

将胶囊体插入胶囊板中，将药粉置于胶囊板上，轻轻敲动胶囊板，使药粉落入胶囊体中，至全部胶囊体都装满药粉后，套上胶囊帽，即得。

(3) 装量差异检查

① 先将 20 粒胶囊分别精密称定质量；

② 再将内容物完全倾出，再分别精密称定囊壳重量；

③ 求出每粒内容物的装量与平均装量；

④ 将每粒装量与平均装量进行比较，超出装量差异限度的不得多于 2 粒，并不得有 1 粒超出装量差异限度的 1 倍，则装量差异检查合格。

四、操作要点及注意事项

(1) 除另有规定外，胶囊剂应密封贮存，其存放环境温度不高于 30 ℃，湿度应适宜，防止受潮、发霉、变质。

(2) 质量检查倾出内容物时必须倒干净，以减小误差。

五、实验结果与讨论

计算所制胶囊的装量差异，并分析导致装量存在差异的原因。

六、思考题

(1) 胶囊剂的主要特点有哪些？

(2) 胶囊壳的规格由大到小可分为哪些型号？

实验六　人工牛黄甲硝唑胶囊的制备

人工牛黄甲硝唑为复方制剂，其组分为每粒含甲硝唑 200 mg，人工牛黄 5 mg。人工牛黄甲硝唑为胶囊剂，内容物为黄色或微黄色颗粒或粉末，主要用于急性智齿冠周炎，局部牙槽脓肿、牙髓炎、根尖周炎等。

一、实验目的

(1) 通过制备人工牛黄甲硝唑胶囊，掌握胶囊剂的制备方法和工艺过程。

(2) 熟悉硬胶囊剂的装量差异检查方法。

二、实验仪器和材料

1. 仪器设备

药筛、电子天平、半自动胶囊灌装机等。

2. 材料试剂

人工牛黄、甲硝唑、淀粉等。

三、实验步骤

1. 人工牛黄甲硝唑胶囊处方

人工牛黄甲硝唑胶囊处方如表 6-8 所示。

表 6-8　　人工牛黄甲硝唑胶囊处方

原辅料名称	质量
甲硝唑	20.0 g
人工牛黄	0.5 g
淀粉	适量
共制人工牛黄甲硝唑胶囊 100 粒	

2. 制法

(1) 内容物制备

取甲硝唑原粉 20.0 g、人工牛黄 0.5 g 与淀粉适量混匀,得药粉。

(2) 填充

将胶囊体插入胶囊板中,将药粉置于胶囊板上,轻轻敲动胶囊板,使药粉落入胶囊体中,至全部胶囊体都装满药粉后,套上胶囊帽,即得。

3. 装量差异检查

(1) 先将 20 粒胶囊分别精密称定质量;

(2) 再将内容物完全倾出,再分别精密称定囊壳重量;

(3) 求出每粒内容物的装量与平均装量;

(4) 将每粒装量与平均装量进行比较,超出装量差异限度的不得多于 2 粒,并不得有 1 粒超出装量差异限度的 1 倍,则装量差异检查合格。

四、操作要点及注意事项

(1) 除另有规定外,胶囊剂应密封贮存,其存放环境温度不高于 30 ℃,湿度应适宜,防止受潮、发霉和变质。

(2) 质量检查,倾出内容物时必须倒干净,以减小误差。

五、实验结果与讨论

计算所制胶囊的装量差异,并分析导致装量存在差异的原因。

六、思考题

(1) 胶囊壳的主要组成成分是什么?

(2) 哪些药物不适于制成胶囊剂?

第三节 颗 粒 剂

颗粒剂系指药物与适宜的辅料制成的干燥颗粒状制剂。根据其在水中的溶解情况,分为可溶型、混悬型及泡腾型颗粒剂。与散剂相比,颗粒剂具有以下特点:① 分散性、附着性、聚集性、分离性、吸湿性等均较小,有利于分剂量和含量准确;② 服用方便,可适当加入芳香剂、矫味剂、着色剂等;③ 必要时可进行包衣或制成缓释制剂;④ 粒子大小不一,使用容量法分剂量时不易准确,且混合性能较差。

颗粒剂的制备工艺流程如图 6-5 所示。

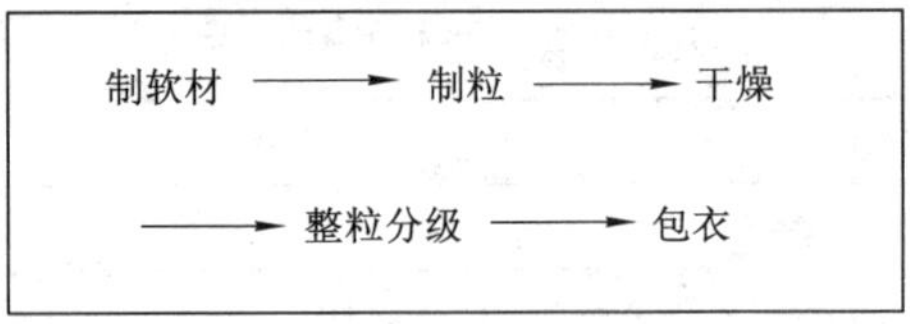

图 6-5 颗粒剂的制备工艺流程

包括以下步骤:

(1) 制软材 药物与辅料混合后,加黏合剂制软材(握紧成团,轻压易裂开);

(2) 制粒 颗粒剂常用挤出制粒法,喷雾干燥制粒或流化制粒;

(3) 干燥 常用加热、真空及沸腾干燥等方法;

(4) 整粒与分级 按粒度规格的上下限,过筛,把不能通过筛孔的部分进行适当破碎,并根据粒度规格的下限,过筛,除去粉末部分,获得一定粒度的均匀颗粒;

(5) 包衣 达到矫味、矫嗅、稳定、缓释或肠溶的目的,一般用薄膜包衣。

颗粒剂的质量检查:

(1) 外观 干燥、均匀、色泽一致,无吸潮、软化、结块、潮解等现象。

(2) 粒度 一般颗粒剂不能通过一号筛(2 000 μm),能通过五号筛的总和不得超过 15%。

(3) 干燥失重 干燥减失质量不得超过 2.0%。

(4) 溶化性 可溶性颗粒应全部融化或有轻微浑浊,不得有异物,混悬性颗粒剂应能混悬均匀,泡腾性颗粒剂应在 5 min 内颗粒完全分散

(5) 装量差异 单剂量包装颗粒剂质量差异限度应符合药典规定。

实验七 板蓝根颗粒的制备

板蓝根,又名靛青根、蓝靛根、大青根,为十字花科植物菘蓝的干燥根,通常在秋季进行采挖,炮制后可入药。其性寒,味先微甜后苦涩,具有清热解毒、预防感冒、利咽之功效。板蓝根常加工成板蓝根颗粒,具有清热解毒,凉血利咽,用于肺胃热盛所致的咽喉肿痛、口咽

干燥,急性扁桃体炎见上述症候者。

一、实验目的

(1) 通过制备板蓝根颗粒,掌握颗粒剂的制备方法和工艺过程。

(2) 熟悉颗粒剂的质量要求及质量检查方法。

二、实验仪器和材料

1. 仪器设备

药筛、电子天平、电炉等。

2. 材料试剂

95%乙醇、板蓝根、糊精、糖分等。

三、实验步骤

1. 板蓝根颗粒处方

板蓝根颗粒处方如表 6-9 所示。

表 6-9　板蓝根颗粒处方

原辅料名称	质量
板蓝根	50.0 g(浓缩浸膏 10 mL)
糊精	10.0 g
糖粉	30.0 g
95%乙醇	适量
共制	颗粒 50 g

2. 制法

(1) 提取

将板蓝根浸泡 30 min,煎煮 2 次,首次 45 min, 过滤,保留滤液。药渣加 4~5 倍量水煎煮 30 min,过滤后合并滤液,浓缩成 1∶1(即浓缩成 50 mL);再加入 95%的乙醇,边加边搅拌,使含醇量达 70%,静置使其沉淀。取上清液,加热浓缩为 10 mL 浸膏备用。

(2) 制备软材

加入蔗糖、糊精,混匀,加入适量 95%乙醇,边加边搅拌,制软材。

(3) 制粒

将上述软材采用 1 号筛制粒,于 50 ℃烘箱干燥 15 min。

(4) 整粒分装

过 16 目筛,分装即得。

3. 质量检查

(1) 粒度

除另有规定外,取单剂量分装的颗粒剂 5 袋(瓶)或多剂量分装颗粒剂 1 包(瓶),称定质量,置药筛内过筛。过筛时,将筛保持水平状态,左右往返轻轻筛动 3 min。不能通过一号筛和能通过四号筛的颗粒和粉末总和,不得超过 8.0%。

(2) 溶化性

取供试品 10 g，加热水 20 倍，搅拌 5 min，立即观察。可溶性颗粒剂应全部溶化，允许有轻微浑浊；混悬性颗粒剂应能混悬均匀。泡腾性颗粒剂遇水时应立即产生 CO_2 气并呈泡腾状。颗粒剂均不得有焦屑等异物。

(3) 水分

除另有规定外，水分不得超过 5.0％。

四、操作要点及注意事项

(1) 浓缩药液时如果溶液过稠或快要浓缩成浸膏时应将火力减弱、缓慢间隔加热，以免浸膏底部因受热不均而变糊。

(2) 制备软材时应根据浸膏的黏稠程度、辅料加入后的情况适量滴加乙醇。

五、实验结果与讨论

(1) 记录板蓝根浸膏的质量，计算浸膏提取率。

(2) 记录所制板蓝根颗粒的粒度分布情况、溶化性能及水分含量。

六、思考题

(1) 在制备板蓝根颗粒中加入的糊精、糖粉分别起什么作用？

(2) 在中药颗粒剂制备过程中应特别注意哪些问题？

实验八　双黄连颗粒的制备

双黄连由黄芩、金银花和连翘三味中药组成，具有清热解毒之功效。双黄连方中金银花、连翘为轻宣透邪、清热解毒之佳品；黄芩苦寒，清热泻火解毒。现代研究表明，金银花含有绿原酸、异绿原酸，连翘含连翘脂苷、连翘苷，黄芩含黄芩苷、黄芩素等。上述 3 种药物中的有效成分均具有优良的抗菌、抗炎、解毒作用，因此，双黄连制剂在临床应用广泛，疗效确切。

一、实验目的

(1) 通过制备双黄连颗粒，掌握颗粒剂的制备方法和工艺过程。

(2) 熟悉中药浸膏的提取制备方法。

二、实验仪器与材料

1. 主要仪器设备

药筛、电子天平、电炉等。

2. 主要材料试剂

盐酸、乙醇、金银花、连翘、黄芩、糊精、蔗糖等辅料。

三、实验步骤

1. 双黄连处方

双黄连处方见表 6-10。

表 6-10 双黄连处方

原辅料名称	质量(或体积)
黄芩	2.0 g
金银花	1.5 g
连翘	50.0 mL
糊精	适量
蔗糖	适量
纯化水	适量
共制	1 000 g

2. 制法

(1) 黄芪提取

将黄芩切片,加水煎煮 3 次,每次煎煮时间分别为 2 h、1.5 h 和 1 h,合并 3 次的煎煮液,并浓缩至相对密度为 1.05～1.10。保温 80 ℃,采用浓度为 2 mol/L 的盐酸溶液调节 pH 值至 1.0～2.0,继续保温 1 h,静置 24 h,过滤,所得沉淀用水洗至 pH 值为 5.0,并继续用 70%乙醇溶液洗至 pH 值至 7.0,低温干燥,备用。

(2) 金银花和连翘提取

金银花和连翘加水温浸 30 min 后,煎煮 2 次,每次 1.5 h,合并煎煮液,过滤,滤液浓缩至相对密度为 1.2～1.25(70～80 ℃测定),冷却至 40 ℃;于搅拌条件下缓缓加入乙醇至溶液中乙醇含量达 75%,搅拌均匀,静置 12 h,过滤取上清液;残渣加 75%乙醇适量,搅匀,静置 12 h,过滤,合并乙醇液,浓缩至无醇味,所得浸膏减压干燥,备用。

(3) 制粒

将黄芩提取物与金银花、连翘提取物混合粉碎、过筛,加入辅料糊精、蔗糖(细粉∶糊精∶蔗糖为 1∶1∶3.5)及适量水,搅拌均匀,制成软材,采用 1 号筛制粒,干燥、整粒即得双黄连颗粒剂成品 1 000 g。

四、操作要点及注意事项

(1) 制粒是颗粒剂制备的关键工艺技术,常用挤出制粒、湿法制粒和喷雾干燥制粒等方法。采用挤出制粒制备软材时,软材的软硬应适当,以“手握成团,轻压即散”为宜。

(2) 制成湿颗粒后应及时干燥。干燥温度应逐渐上升,一般控制在 60～80 ℃。

五、实验结果与讨论

(1) 记录提取黄芪、金银花和连翘所得浸膏的质量,并分别计算浸膏提取率。

(2) 记录所制双黄连颗粒的粒度分布情况、溶化性能及水分含量。

六、思考题

(1) 颗粒制剂具有哪些优缺点?

(2) 在颗粒剂制备过程中应注意哪些问题?

第四节　酊　　剂

酊剂系指药物用规定浓度的乙醇浸出或溶解而制成的澄清液体制剂。最常用的酊剂是碘酊，又称碘酒，是碘和碘化钾的酒精溶液，主要用于皮肤及外科手术消毒。常用的碘酊是含碘2%～3%的酒精溶液。由于碘在酒精中溶解速率较慢，因此，在处方设计中加入适量碘化钾与碘生成络合物以加速碘的溶解。除此之外，碘与碘化钾形成络合物后还能使碘在溶液中更加稳定，减少碘的挥发损失。因碘与水和乙醇的化学反应易受光线催化，故碘酊应置于棕色瓶内，于冷暗处保存。

实验九　碘酊的制备

一、实验目的

(1) 通过制备碘酊，熟悉酊剂制备的基本工艺过程。

(2) 熟悉碘酊的质量要求及含量的测定方法。

二、实验仪器与材料

1. 主要仪器

电子天平、量筒、玻璃棒、烧杯等。

2. 主要材料

乙醇、纯化水、碘、碘化钾等。

三、实验步骤

1. 碘酊处方

碘酊处方如表6-11所示。

表6-11　碘酊处方

原辅料名称	质量(或体积)
碘	2.0 g
碘化钾	1.5 g
乙醇	50.0 mL
纯化水	适量
共制	100 mL

2. 制法

取碘化钾，加2 mL纯化水使其溶解，然后加入碘及乙醇，搅拌使其溶解，再加入适量纯化水至100 mL，即得。

四、操作要点及注意事项

处方中碘化钾起助溶剂作用，且在碘化钾浓度高时助溶作用较好，因此，在溶解碘化钾时应尽可能用少的纯化水溶解。

五、实验结果与讨论

记录所制碘酊的澄清度情况，并讨论影响碘酊澄清度的主要因素。

六、思考题

（1）碘酊处方中碘化钾的作用是什么？

（2）碘酊制剂应如何保存？

第五节　口　服　液

口服液系指药材用水或其他溶剂，采用适宜的方法提取、纯化、浓缩制成的内服单剂量包装的液体制剂。口服液具有口服方便、吸收快、奏效迅速等优点，在临床上有着广泛的应用。

实验十　黄芪精口服液的制备

黄芪精口服液具有补气升阳、益卫固表、脱毒生肌、利水消肿的功效。黄芪中含有香豆素及2,4-二羟基-5,6-二甲氧基黄酮，黄芪多糖为黄芪精口服液的主要活性成分，具有强心肌收缩力，提高机体免疫力的作用。

一、实验目的

（1）掌握中药材中有效成分的提取方法。

（2）通过制备黄芪精口服液，掌握液体口服制剂制备的基本工艺过程。

二、实验仪器与材料

1. 主要仪器

电子天平、旋转蒸发仪、水浴锅、电炉等。

2. 主要材料

黄芪 200 g、蜂蜜 30 g、对羟基苯甲酸乙酯 0.07 g、30%乙醇、香精适量、纯化水等。

三、实验步骤

1. 黄芪精口服液处方

黄芪精口服液处方如表6-12所示。

表 6-12　　黄芪精口服液处方

原辅料名称	质量(或体积)
黄芪粗粉	200.0 g
蜂蜜	30.0 g
对羟基苯甲酸乙酯	0.07 g
30%乙醇	适量
香精	适量
加水稀释至 300 mL	

2. 制法

取 200 g 黄芪粗粉，取适量 30%乙醇为溶剂浸渍 24 h 后再进行渗漉提取，过滤，收集滤液，并减压浓缩至适量。于浓缩液中加入蜂蜜 30 g、对羟基苯甲酸乙酯 0.07 g、香精适量，加纯化水稀释至 300 mL，混匀，静置，过滤，灌封，每支装量 10 mL，即得。

四、操作要点及注意事项

(1) 制备时应根据药物的性质，选取适宜的提取方法和提取溶剂，以提高药材中有效成分的提取率。

(2) 为提高产品的澄明度，可对提取液进行纯化处理，如加入澄清剂或絮凝剂等方法除去杂质。

(3) 为保证口服液质量，制备过程中常需加入适宜的防腐剂，且成品灌装后应灭菌。

五、实验结果与讨论

记录制备黄芪精口服液过程中溶液澄清度的变化情况，并讨论主要影响因素。

六、思考题

(1) 黄芪精口服液处方中加入蜂蜜和对羟基苯甲酸乙酯的作用分别是什么？

(2) 去除中药材提取液中杂质的常用方法有哪些？

第六节　滴　丸　剂

滴丸剂系指固体或液体药物与水溶性基质混匀、加热熔化后，滴入不相混溶的冷却液中，收缩冷凝成丸的一种速效或高效制剂。滴丸的成形与基质种类、含药量、冷却液以及冷却温度等多种因素有关。滴液密度与冷却液密度相差过大，沉降速度过快，则不易得到球形滴丸。冷却距离不足或冷却温度偏高，均使滴丸不能充分固化而互相粘连。

实验十一　小红参滴丸制备

小红参又名云南茜草，味甘、微苦、性温，为云南民间习用药，药用部位主要为茜草科植物滇西草的根及根茎，主要有效成分为蒽醌类衍生物，在临床上具有补血活血、镇静止痛，治疗胸痹心痛作用。采用固体分散技术，将其制成滴丸，可使药物成分在基质中以分子状均匀分散，形成固体溶液，药物含量高，服用量少，起效快，疗效高，并能提高药物在体内的生物利用度。

一、实验目的

(1) 通过小红参滴丸的制备，掌握滴制法制备滴丸的操作工艺要点。

(2) 了解滴丸的制备原理及影响滴丸质量的主要因素。

二、实验仪器与材料

1. 主要仪器设备

烧杯、量筒、天平、蒸发皿、滴丸装置等。

2. 材料试剂

小红参、聚乙二醇 6000(PEG-6000)、二甲基硅油、乙醇等。

三、实验步骤

1. 小红参滴丸处方

小红参滴丸处方见表 6-13。

表 6-13 小红参滴丸处方

原辅料名称	质量
小红参浸膏	4.3 g
聚乙二醇 6000	6.0 g

2. 制法

(1) 提取

取小红参生药材 20 g,粉碎成粗粉,浸泡 12 h,分别用药材量的 6 倍、4 倍的 60%乙醇回流提取 2 次,时间分别为 1.5 h 和 1 h。合并 2 次提取液,过滤,回收乙醇,滤液浓缩成浸膏备用。

(2) 滴丸制备

取小红参浸膏 4.3 g,PEG-6000 6 g,加热熔融,混匀,置于滴丸装置中(85 ℃恒温),控制滴速为(8±2)滴/min,滴入冷却的二甲基硅油(4±2 ℃)中,滴制成丸,取出,用石油醚洗去冷却剂,置于干燥器内室温干燥,即得。

3. 质量检查

(1) 性状

滴丸外观应呈球状,大小均匀,色泽一致。

(2) 质量差异

取滴丸 20 丸,精密称定总质量,求得平均丸重后,再分别精密称定各丸质量。每丸质量与平均丸重相比较,超出质量差异限度的滴丸不得多于 2 丸,并不得有 1 丸超出限度一倍。

(3) 溶散时限

按《中国药典》2015 版一部附录ⅫA 规定检查方法测定。

四、操作要点及注意事项

(1) 熔融液内的气泡必须除尽,才能使滴丸呈高度分散状态且外形光滑。

(2) 滴制时药液的温度不宜低于 80 ℃,否则在滴口易凝固而不易滴下。

五、实验结果与讨论

(1) 记录所制滴丸的外观性状,并讨论滴速、温度对滴丸形成的影响。

(2) 计算所制滴丸的质量差异,记录所制滴丸的溶散时限。

六、思考题

(1) 简要说明影响滴丸成型、形状和质量的因素有哪些?应如何控制?

(2) 滴丸在应用上有何特点?

第七节 丸 剂

丸剂根据赋形剂的不同可分为水丸、蜜丸、水蜜丸、糊丸、浓缩丸及蜡丸等。麻仁丸属于水蜜丸，其处方以滋脾润肠、润燥通便的火麻仁为君药，以苦寒泄热、攻积通便的大黄，利肺降气、润燥通便的杏仁及养阴敛津、柔肝理脾的白芍为臣药，佐以下气破结的枳实，行气除螨的厚朴，以加强降泻通便之力。水蜜丸常采用泛制法进行制备，在转动的适宜的容器或机械中，将药材细粉与赋形剂交替润湿、撒布，不断翻滚，药物逐渐增大成丸。丸剂外观应圆整均匀、色泽一致，水分、质量差异、崩解时限、微生物限度等应符合规定。

实验十二 麻仁丸的制备

一、实验目的

(1) 通过制备麻仁丸，掌握泛制法制备丸剂的方法及操作要点。

(2) 了解水丸、蜜丸、滴丸对原辅料的处理原则及影响质量的因素。

二、实验仪器与材料

1. 仪器设备

研钵、药筛、电子天平、烘箱等。

2. 材料试剂

火麻仁、苦杏仁、大黄、厚朴、枳实(炒)、白芍、炼蜜、蒸馏水等。

三、实验步骤

1. 麻仁丸处方

麻仁丸处方如表 6-14 所示。

表 6-14　　麻仁丸处方

原辅料名称	质量
火麻仁	50.0 g
苦杏仁	25.0 g
大黄	50.0 g
厚朴	25.0 g
枳实(炒)	50.0 g
白芍	50.0 g
炼蜜	适量
蒸馏水	适量

2. 制法

将大黄、厚朴、枳实(炒)、白芍四味药材粉碎成细粉，然后与火麻仁和苦杏仁掺研成细粉，过筛，混匀。往每100 g细粉中加入适量(30～40 g)炼蜜及适量的蒸馏水，采取泛制法制丸，干燥，即得麻仁丸。

四、操作要点及注意事项

(1) 麻仁丸方中的六味药材应研制成细粉或极细粉；制丸时加入炼蜜和水应适量，既有利于成丸，又不影响丸剂的溶解时限。

(2) 泛制法制备的水蜜丸一般含水量较大，因此所制得的湿丸应及时干燥；对于含挥发性、对热敏感或淀粉较多的丸剂，应控制在较低的温度条件下干燥。

(3) 在丸剂的制备过程中极易染菌，因此在制备过程中应采取适宜的方法加以控制。

五、实验结果与讨论

(1) 记录所制麻仁丸的外观性状。

(2) 记录麻仁丸的质量，并计算质量差异。

六、思考题

(1) 丸剂的制备方法有哪些？各有何特点？

(2) 丸剂具有哪些优缺点？

(3) 采用泛制法制丸过程中，出现丸粒不易长大，丸粒愈泛愈多以及黏连现象的原因是什么？如何解决？

第八节　糖　浆　剂

糖浆剂是指含有药物、药材提取物或芳香物质的浓蔗糖水溶液，根据其组成和用途的不同，其可分为单糖浆、药用糖浆和芳香糖浆。糖浆剂可以掩盖某些药物的不适气味，使药物容易内服，尤受儿童欢迎，高浓度糖浆具有防腐能力，当糖浆剂中蔗糖低于65%时，应加适量的防腐剂(苯甲酸、苯甲酸钠，尼泊金等)。金银花和忍冬藤为同一植物的不同药用部位，具有清热解毒、消痈散肿的功效，在治疗内外痈肿等方面有着重要的应用。糖浆剂的配制方法主要有热溶法、冷溶法和混合法，其一般的制备工艺流程为处方拟定、物料准备、浸提精制、配制、过滤、灌装、质检、包装。

实验十三　金银花糖浆剂的制备

一、实验目的

(1) 掌握中药材中有效成分的提取方法。

(2) 通过制备金银花糖浆剂，掌握糖浆剂的一般制备方法。

二、实验仪器与材料

1. 主要仪器设备

烧杯、量筒、玻璃棒、纱布、滤纸、漏斗、不锈钢锅、蒸发皿、电子天平、电炉、水浴锅等。

2. 主要材料和试剂

金银花、忍冬藤、防腐剂、蒸馏水等。

三、实验步骤

1. 金银花糖浆剂

金银花糖浆剂处方见表 6-15。

表 6-15　　金银花糖浆剂处方

原辅料名称	质量或体积
金银花	45.0 g
忍冬藤	105.0 g
蔗糖	390.0 g
防腐剂	适量
蒸馏水	600.0 mL

2. 制法

取金银花加水蒸馏，收集蒸馏液约 60 mL。剩余药渣和忍冬藤加适量水煎煮 2 次，每次 1 h，过滤，合并煎煮滤液，减压浓缩至 390 mL，静置，取上清液，加入蔗糖 390 g 及适量防腐剂，加热至沸腾使其溶解，过滤，冷却。加入上述金银花浓缩液，混匀，并加水至 600 mL，即得。

四、操作要点及注意事项

(1) 本实验采用热溶法配制糖浆，煮沸时间不宜过长，以防蔗糖水解产生过多的转化糖加深糖浆的颜色。

(2) 糖浆剂的配制应在无菌环境中进行，各操作器具均应进行清洁或灭菌处理，配制好的糖浆剂应及时灌装。

(3) 配制糖浆剂中所用蔗糖应选用无色、无异嗅的药用白砂糖，不能使用食用糖，因食用糖中含有蛋白质、黏液质等杂质。

五、实验结果与讨论

记录所制金银花糖浆剂的外观性状，并分析加热过程对金银花糖浆剂颜色的影响。

六、思考题

(1) 糖浆剂制备过程中蔗糖的焦化、转化，对糖浆剂的质量有何影响？

(2) 糖浆剂易产生沉淀、霉变、发酵的主要因素有哪些？应如何解决？

第九节　混　悬　剂

混悬剂是难溶性固体药物，以微粒状态分散于分散介质中形成的非均匀分散的液体制剂。分散相微粒的大小一般在 0.5～10 μm 之间，分散介质一般为水，也可用植物油。混悬剂属于热力学不稳定的粗分散体系，为使药物颗粒沉降缓慢，因此应减小颗粒粒径、增大分散介质密度和黏度，此外还可加入表面活性剂、絮凝剂、反絮凝剂的方法来增加混悬剂的稳定性。炉甘石洗剂中氧化锌和炉甘石的颗粒在水中带有负电荷，可因同电相斥而不易聚集。但因混悬剂属于动力学不稳定体系，久置微粒将下沉聚集或结块，但下沉的微粒经振摇后应易再分散，以便于准确分剂量。

混悬剂常用的制备方法主要有分散法和凝聚法。分散法制备混悬剂时，亲水性药物一般先研至一定细度，再加液体研磨和稀释；疏水性药物应先将药物与润湿剂研匀，再加液体研磨、稀释。凝聚法包括化学反应法和微粒结晶法，制备时应注意化学反应生成沉淀的条件，以便制得均匀、细腻的新生沉淀。

实验十四 炉甘石洗剂的制备

一、实验目的

(1) 通过制备炉甘石洗剂，掌握混悬制剂的一般制备方法。

(2) 了解助悬剂、润湿剂、絮凝剂与反絮凝剂在混悬剂处方中的作用。

二、实验仪器与材料

1. 主要仪器设备

研钵、120 目筛、烧杯、量筒、滴管、移液管、电子天平等。

2. 主要材料试剂

炉甘石、氧化锌、甘油、羧甲基纤维素钠、蒸馏水等。

三、实验步骤

1. 炉甘石洗剂处方

炉甘石洗剂处方如表 6-15 所示。

表 6-15　　炉甘石洗剂处方

原辅料名称	质量或体积
炉甘石	3.0 g
氧化锌	1.5 g
甘油	1.5 g
羧甲基纤维素钠	适量
蒸馏水	30.0 mL

2. 制法

称取羧甲基纤维素钠 0.15 g，加入 20 mL 蒸馏水，加热溶解，制成稳定剂溶液。取过 120 目筛的炉甘石、氧化锌置于研钵中，加入上述配置的羧甲基纤维素钠溶液，研磨成糊状，再加入甘油研匀，最后加蒸馏水至足量。

四、操作要点及注意事项

(1) 混悬剂为热力学和动力学不稳定体系，因此在制备过程中应加入适宜的助悬剂、润湿剂、絮凝剂与反絮凝剂等稳定剂。

(2) 实验中加入的羧甲基纤维素钠除能增加分散介质的黏度以延缓微粒沉降，还能形成一带电的水化膜包裹在颗粒表面，防止颗粒聚集。但如果羧甲基纤维素钠加入量过大将会影响混悬制剂的倾倒，还会增加不良味道在口中滞留的时间。

(3) 为使药物颗粒细小，分散均匀，制备时可采用胶体磨、超声波发生器等处理。

五、实验结果与讨论

记录观察所制炉甘石洗剂的沉降情况，并分析影响沉降速率的因素。

六、思考题

(1) 结合 Stokes 定律，阐述影响混悬剂微粒沉降速率的影响因素有哪些？

(2) 为提高混悬剂的稳定性，制备混悬剂时加入的稳定剂一般有哪些类型？

第十节 注 射 剂

注射剂系指将药物制成的供注入体内的无菌溶液、乳状液和混悬液以及供临用前配制成溶液或混悬液的无菌粉末。注射剂的主要特点有：① 药效迅速、作用可靠，其药物吸收快、作用迅速，不经肠胃，不受消化系统及食物影响；② 可用于不宜口服给药的患者，如昏迷、抽搐、惊厥等状态的病人，或患有消化系统障碍的患者；③ 可用于不宜口服的药物，如不易被胃肠道吸收，或具有刺激性，或易被消化液破坏的药物；④ 发挥局部定位作用，如牙科和麻醉科用的局麻药；⑤ 注射给药不方便，注射时有疼痛，且剂型要求严格，需由技术熟练的人注射；⑥ 制造过程复杂，生产费用较大，价格较高。

注射剂的一般质量要求：① 无菌，注射剂成品中不得含有任何活的微生物；② 无热原是注射剂的重要质量指标，特别是供静脉及脊椎注射的制剂；③ 澄明度，不得有肉眼可见的浑浊和异物；④ 安全性，不能引起对组织的刺激性或发生毒性反应；⑤ 渗透压，要求与血浆的渗透压相等或相近；⑥ pH 与血液相等或接近(血液 pH 值约 7.4)，一般控制在4～9范围内；⑦ 稳定性，稳定性问题较为突出，必须确保物理和化学稳定；⑧ 降压物质，某些注射剂其降压物质必须符合要求。在注射剂生产过程中常常遇到的问题是澄明度、化学稳定性、无菌及热原等。

注射剂的制备过程必须符合《药品生产质量管理规范》(GMP)的要求，注射剂的生产过程包括原辅料的准备、配制、灌封、灭菌、质量检查、包装等步骤，其一般制备过程如图 6-6 所示。

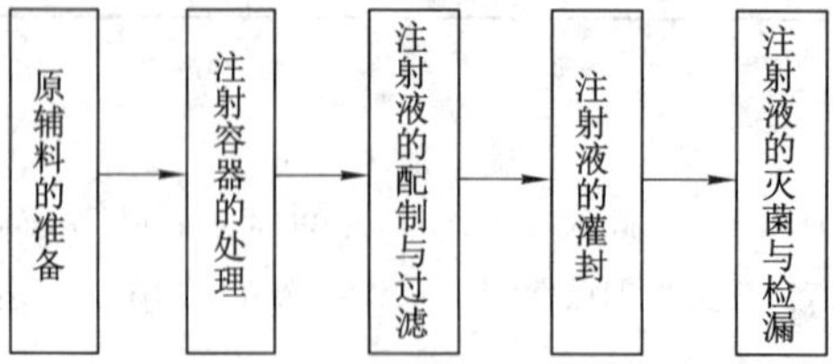

图 6-6 注射剂的制备流程

实验十五 黄芪注射液的制备

黄芪注射液系采用豆科植物黄芪的根，经提取精制后制备的灭菌注射液，每 1 mL 中含黄芪生药 1 g，含有多种氨基酸、香豆素和黄酮类化合物。黄芪注射液益气养元、扶正祛邪、养心通脉、健脾利湿，主要用于心气虚损、血脉瘀阻之病毒性心肌炎、心功能不全及脾虚湿困之肝炎。

一、实验目的

(1) 通过黄芪注射液的制备，掌握中草药注射剂的制备方法及工艺过程中的操作要点。

(2) 掌握影响中药注射剂质量的主要因素。

二、实验仪器与材料

1. 主要仪器设备

烧杯、量筒、天平、蒸发皿、G4 垂熔玻璃漏斗、2 mL 安瓿、热压灭菌锅、漏斗等。

2. 主要材料试剂

乙醇、20%NaOH 溶液、活性炭、滤纸等。

三、实验步骤

1. 黄芪注射液处方

黄芪注射液处方如表 6-17 所示。

表 6-17　　黄芪注射液处方

原辅料名称	质量或体积
黄　芪	50.0 g
苯甲醇	0.25 mL
注射用水	加至 50 mL

2. 制法

(1) 提取

将黄芪切碎，称取 50 g，加适量蒸馏水煎煮 2 次，每次约 1 h，过滤，合并 2 次滤液，浓缩至约 20 mL。

(2) 纯化

取浓缩液，加乙醇至醇量达 70%，静置 40 h 以上，过滤，滤液回收乙醇并浓缩至约 10 mL，再加乙醇至含醇浓度达 80%，静置 40 h，过滤，滤液回收乙醇，浓缩至约 5 mL。

(3) 配液

浓缩液中加入适量注射用水至 50 mL，冷藏过夜，过滤，滤液用 20%NaOH 调至 pH 值至7.5以上，煮沸，稍冷后加活性炭 0.25 g，加入苯甲醇，再经 4 号垂熔漏斗精滤。

(4) 灌注与熔封

将过滤合格的药液，立即灌装于 2 mL 安瓿中，要求装量准确，药液不沾安瓿瓶壁。随灌随封,熔封后的安瓿顶部应圆滑、无尖头、鼓泡或凹陷现象。

(5) 灭菌与检漏

将灌封好的安瓿用100 ℃流通蒸气灭菌15 min。灭菌完毕立即将安瓿放入1%亚甲基蓝水溶液中,剔除变色安瓿,将合格安瓿洗净、擦干,供质量检查。

3. 质量检查

(1) 性状　淡黄色具有光的澄明液体。

(2) pH值　6.5~7.5。

(3) 热原　按《中国药典》2015版二部附录Ⅺ A检查方法进行;

(4) 含量测定　应为标示量的90.0%~110.0%。

四、操作要点及注意事项

(1) 由于黄芪中含淀粉、蛋白质、糖等杂质较多,煎煮液浓缩黏度大,易焦化,故不宜直火浓缩,且浓缩后浓度不宜太浓,一般在1∶2至1∶3。因浓缩液冷却后易成凝固状胶块,难于在乙醇中搅匀,故浓缩后稍冷即需加入乙醇。

(2) 配液后如果装瓶贮存,灌封时应重新调至pH=7.5,否则会出现混浊沉淀。

(3) 水处理主要去除一些树脂等杂质,但往往尚有一些其他成分析出,混悬在溶液中,加入NaOH调至pH=7.5以上可使其溶解并使注射液色泽变深。如果不用NaOH溶液溶解,而用活性炭吸附除去,则色泽较淡。

(4) 黄芪注射液内含有多种氨基酸等物质,活性炭对其有一定吸附力,会使其含量降低,故为了提高澄明度加入少量活性炭后应迅速趁热过滤,不可加温久置。

五、实验结果与讨论

(1) 记录黄芪注射液的外观性状,并分析哪些操作步骤对黄芪注射液的澄清度有重要影响。

(2) 记录黄芪注射液的pH值、主药含量及热原情况。

六、思考题

(1) 简要说明黄芪注射液制备中的每一步操作的目的。

(2) 中草药注射剂存在的主要问题是什么?该如何解决?

实验十六　维生素C注射液的制备

维生素C(Vitamin C或Ascorbic Acid)用于防治坏血病,促进创伤及骨折、预防冠心病等,临床应用十分广泛。维生素C在干燥状态下较稳定,但在潮湿状态或溶液中,其分子结构中的烯二醇结构被很快氧化,生成黄色双酮化合物,虽仍有药效,但会迅速进一步氧化、断裂、生成一系列有色的无效物质。

溶液的pH值、氧、重金属离子和温度对Vitamin C的氧化均有影响。针对Vitamin C溶液易氧化的特点,在注射液处方设计中应重点考虑怎样延缓药的氧化分解,通常采取如下措施:

(1) 除氧,尽量减少药物与空气的接触,在配液和灌封中通入惰性气体,常用高纯度的氮气和二氧化碳;

(2) 加抗氧剂;

(3) 调节溶液 pH 值在最稳定 pH 范围；

(4) 加金属离子络合剂。金属离子对药物的氧化反应有强烈的催化作用，当 Vitamin C 溶液中含有 0.000 2 mol/L 铜离子时，其氧化速度可以增大 104 倍，故常用依地酸钠或依地酸钙钠络合金属离子。

一、实验目的

(1) 掌握注射剂的制备方法及工艺过程中的操作要点。

(2) 熟悉注射剂成品质量检查标准和检查方法，了解影响成品质量的因素。

(3) 熟悉提高易氧化药物稳定性的基本方法。

(4) 了解无菌与灭菌制剂生产工艺中的关键操作。

二、实验仪器与材料

1. 主要仪器设备

烧杯、量筒、普通天平、3 号垂熔玻璃漏斗、安瓿(2 mL)、pH 计、灌注器、熔封设备、电炉、水浴、澄明度检查台等。

2. 主要材料试剂

Vitamin C(注射用规格)、碳酸氢钠(注射用规格)、焦亚硫酸钠(注射用规格)、依地酸二钠(注射用规格)、二氧化碳、注射用水、钢瓶、亚甲基蓝、硫酸铜等。

三、实验步骤

1. 维生素 C 注射液处方

维生素 C 注射液处方如表 6-18 所示。

表 6-18　　维生素 C 注射液处方

原辅料名称	质量或体积
维生素 C	52.0 g
碳酸氢钠	24.2 g
亚硫酸氢钠	2.0 g
依地酸二钠	0.5 g
注射用水	加至 1 000.0 mL

2. 制法

(1) 原辅料质检与投料计算

供注射用的原料药与辅料必须经检验达到注射用原料标准才能使用。按处方计算投料量，如注射剂灭菌后含量下降，应酌情增加投料量。

(2) 空安瓿的处理

空安瓿→锯口→圆口→灌水→热处理→洗涤→烘干。

(3) 注射液的配制

量取处方量 80% 的注射用水，通二氧化碳饱和，加依地酸二钠、Vitamin C 使之溶解，分次缓缓加入碳酸氢钠，搅拌使其完全溶解，加焦亚硫酸钠溶解，搅拌均匀，调节药液 pH 5.8～6.2，添加二氧化碳饱和的注射用水至足量。用 G3 垂熔漏斗预漏，再用 0.65 mm 的微孔滤膜精滤。检查滤液澄明度。

(4) 灌注与熔封

将过滤合格的药液,立即灌装于 2 mL 安瓿中,通二氧化碳于安瓿上部空间,要求装量准确,药液不沾安瓿瓶壁。随灌随封,熔封后的安瓿顶部应圆滑、无尖头、鼓泡或凹陷现象。

(6) 灭菌与检漏

将灌封好的安瓿用 100 ℃流通蒸气灭菌 15 min。灭菌完毕立即将安瓿放入 1%亚甲基蓝水溶液中,剔除变色安瓿,将合格安瓿洗净、擦干,供质量检查。

3. 质量检查

(1) pH 值　应为 5.0～7.0,按《中国药典》2015 版二部附录Ⅵ H 检查方法进行;

(2) 颜色　按《中国药典》2015 版二部附录检查方法进行;

(3) 澄明度　按《中国药典》2015 版二部附录检查方法进行;

(4) 热原　按《中国药典》2015 版二部附录Ⅺ A 检查方法进行;

(5) 含量测定　应为标示量的 90.0%～110.0%;

(6) 其他　按《中国药典》2015 版二部注射剂通则(附录Ⅰ B)项下。

四、操作要点及注意事项

(1) 维生素 C 显强酸性,加入碳酸氢钠使其部分中和成钠盐,既可调节至维生素 C 较稳定的 pH 值 6.0 左右,又可避免酸性太强,在注射时产生疼痛。加入碳酸氢钠至维生素 C 溶液中时应缓慢,以防溶液溢出,并应充分搅拌以免局部碱性过强。

(2) 维生素 C 易氧化变色、含量下降,尤其当金属离子(特别是铜离子)存在时变化更快。故在处方中加入 $NaHSO_3$ 作抗氧剂,EDTA 作金属离子络合剂,并在药液内和灌封时均通 CO_2 气,尽量避免药液与金属器具接触,以减少氧化。

(3) 惰性气体的使用。对维生素 C 等易氧化药物的注射液,除加入抗氧剂、金属离子络合剂等外,较有效的方法是在配液和灌封时通入高纯度氮气或二氧化碳等惰性气体。惰性气体应先通过洗气装置,除去微量杂质。使用纯度较低的二氧化碳时,可将气体分别通过盛装浓硫酸、1%硫酸铜、1%高锰酸钾溶液的洗气瓶处理,以分别除去水分、硫化物、有机物和微生物,最后经注射用水洗气瓶除去可溶性杂质和二氧化硫。若惰性气体纯度较高时,只需通过甘油和注射用水洗涤即可。氮气应依次通过碱式焦性没食子酸溶液和 10%高锰酸钾溶液,以除去氧和有机物质。

(4) 为减少维生素 C 氧化变色,灭菌时间控制在 100 ℃、15 min。

五、实验结果与讨论

(1) 记录维生素 C 注射液的外观及澄清度,并分析为防止维生素 C 氧化,在制备过程中采取了哪些措施。

(2) 记录维生素 C 注射液的 pH 值、含量及热原情况。

六、思考题

(1) 分析影响注射剂澄明度的因素。

(2) 用 $NaHCO_3$ 调节维生素 C 注射液的 pH 值,应注意什么问题? 为什么?

(3) 影响药物氧化的因素有哪些? 如何防止?

(4) 何谓注射用水? 制备时主要采用哪些方法和设备?

第七章 药 物 分 析

实验一 分光光度法同时测定银黄颗粒中黄芩苷和绿原酸含量

一、实验目的

(1) 掌握分光光度法测定银黄颗粒中黄芩苷和绿原酸含量的基本原理与方法。

(2) 掌握主药含量的计算方法。

二、实验原理与方法

银黄颗粒为金银花提取物与黄芩提取物的混合制粒的制剂。绿原酸在 318 nm 波长处有最大的吸收,黄芩苷在 278 nm 波长处有最大的吸收,两者吸收光谱互相重叠。可以通过解联立方程组的方法求出混合物中各组分的含量。

已知在 318 nm 和 276 nm 下绿原酸和黄芩苷对照品在 0.2 mol/L 盐酸溶液中的吸收系数为:

$$E_{276}^{绿}=222.70,\quad E_{276}^{黄}=631.20$$

$$E_{318}^{绿}=515.22,\quad E_{319}^{黄}=369.51$$

分别在 276 nm 和 318 nm 处有最大的吸收峰并且吸收峰发生重叠。则有:

$$A_{318}=A_{318}^{绿}+A_{318}^{黄}$$

$$A_{276}=A_{276}^{绿}+A_{276}^{黄}$$

推得:

$$A_{318}=515.22C_{绿}+369.51C_{黄}$$

$$A_{276}=222.70C_{绿}+631.20C_{黄}$$

换算得:

$$C_{绿}=2.599A_{318}-1.522A_{276}$$

$$C_{黄}=2.121A_{276}-0.916A_{324}$$

银黄颗粒中黄芩苷和绿原酸含量为:

$$W_{绿}\left(\frac{mg}{g}\right)=\frac{50(A_{311}-A_{275})}{m_{样}}$$

$$W_{黄}\left(\frac{mg}{g}\right)=\frac{50(A_{276}-A_{324})}{m_{样}}$$

式中:A_{318}为供试品溶液在 318 nm 波长处测得的吸收度;A_{276}为供试品溶液在 276 nm 波长处测得的吸收度;$m_{样}$为银黄颗粒的取样量。

三、实验仪器与试剂

1. 主要仪器

可见-紫外分光光度计、刻度吸管(1 mL、5 mL)、容量瓶(100 mL、50 mL)等。

2. 主要试剂

0.2 mol/L 盐酸溶液、银黄注射液等。

四、实验步骤

(1) 精密称取本品 1 g,加入 0.2 mol/L 的 HCl 溶液定容至 50 mL,过滤。

(2) 精密量取过滤液 1 mL,置于 100 mL 容量瓶中,加入 0.2 mol/L 的 HCl 溶液稀释至刻度,摇匀。

(3) 将上述供试品溶液置于 1 cm 石英吸收池中,以 0.2 mol/L 盐酸为空白,分别在绿原酸和黄芩苷的最大吸收波长处 318 nm 和 276 nm 测定吸收度,并分别记录。

(4) 参照上面的公式分别计算该银黄颗粒中绿原酸和黄芩苷的含量。

五、实验结果与讨论

(1) 记录实验条件、过程、试剂用量等。

(2) 记录实验结果,按上述公式计算绿原酸和黄芩苷含量列入表 7-1 中。

(3) 分析实验结果及其影响因素,实验过程中存在的问题及要注意的问题。

表 7-1　　银黄颗粒中绿原酸和黄芩苷含量

A_{318}	A_{276}	$C_{绿}$	$C_{黄}$	$W_{绿}$	$W_{黄}$

六、注意事项

本品每克银黄颗粒中,金银花提取物绿原酸汁不得少于 2.7 mg,黄芩提取物黄芩苷汁不得少于 5.4 mg。

七、思考题

(1) 联立方程法与等吸收点法有何不同?

(2) 本实验中选择在 278 nm 和 318 nm 两个波长测定含量的依据是什么?

(3) 有一供试品,按药典的操作要求和条件,得到下列数据:$A_{278}=0.767\ 6$,$A_{318}=0.625\ 6$,试计算该供试品中绿原酸和黄芩苷的含量各是多少?是否符合规定?

(4) 药典规定银黄口服液每 1 mL 含金银花提取物绿原酸汁应不低于 10.8 mg,含黄芩提取物黄芩苷汁应不低于 21.6 mg。试计算在按药典规定用紫外分光光度法测定其含量时,在 278 nm 和 318 nm 处测定的吸收度应是多少,才能符合规定?

八、注释

[1] VV755B 型紫外可见分光光度计的使用方法

(1) 开机,预热至少 20 min,才进入稳定的工作状态。

(2) 调节所需波长,每调一次,需重新调零。

(3) 4 只比色皿,其中一个放入参比试样,其余为待测样,盖上盖。

(4) 将参比试样推入光路(注意对正),按 MODE 键,使其显示 T 或 A 状态。

(5) 显示 T 时,按 100%T 键,显示 T100.00 或 A0.000。

(6) 打开池盖,按 0%T 键,显示 T0.0 或 AE1.

(7) 盖上,按 100%T 键,至显示 T100.00。

(8) 将待测样品推入光路,显示试样的 A 值,记录。

实验二　四环素的薄层层析鉴定

四环素抗菌谱广、毒性小、极少过敏、耐药较严重,能抑制细菌生长,作用不及青霉素类或链霉素类。在酸性或碱性溶液中不够稳定,能够形成差向四环素(图 7-1),进而影响药品的药效。因此,各国药典都对差向四环素含量进行不同程度的控制。

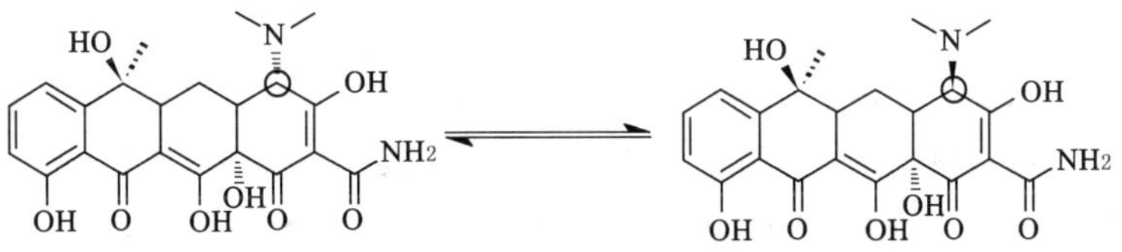

四环素结构式　　差向四环素结构式

图 7-1　四环素和差向四环素的相互转变

一、实验目的

(1) 考察四环素成品中是否混有差向四环素,鉴别其纯度,并与粗品进行比较。

(2) 掌握薄层层析法的操作。

二、实验原理与方法

薄板层析法(简称 TLC)是色层分离法中的一种操作形式。将固定相在平板上铺成薄层,样品点在薄层上,然后在适当的流动相中展层。薄板层析具有分离效率较高、展开时间短、设备简单和操作方便等优点,常用于分析鉴定中。

本实验的分离机理是分配层析机理,即固定相为吸附在硅藻土上的液体,利用各组分在固定相和流动相中不同程度的分配而达到层析分层目的。利用阻滞因数 R_f 值来表征各组分的差别移动。

$$R_f = \frac{\text{溶质(浓度中心)的移动距离}(r)}{\text{在同一时间流动相(前缘)的移动距离}(R)} \tag{7-1}$$

由于四环素易溶于流动相液体,差向四环素易溶于固定相液体,因此,四环素的 R_f 值大于差向四环素的 R_f。

三、实验仪器与试剂

1. 主要仪器

玻璃板、毛细管、电吹风、层析缸、紫外灯、烘箱等。

2. 主要试剂

(1) 浓盐酸、刚果红指示剂、氯化铵、聚乙二醇、甘油、EDTA、浓氨水、丙酮、氯仿、乙酸乙酯、甲醇、四环素标准品等。

(2) 硅藻土：取薄板层析用硅藻土 50 g，加 25 mL 浓盐酸和 250 mL 水，搅拌煮沸 10 min，冷却，过滤，用蒸馏水洗，直至洗液对刚果红指示剂不显颜色，然后用丙酮：氯仿：乙酸乙酯＝3：1：1 的混合液体洗涤，过滤，105 ℃烘箱干燥。

(3) pH＝7 的 EDTA 溶液：取 37.2 g 乙二胺四乙酸二钠盐（EDTA），溶解在 900 mL 左右的蒸馏水中，用浓氨水调节 pH 值到 7，再用蒸馏水稀释至 1 000 mL。

(4) EDTA 缓冲液：在 40 mL 甘油中，加入 10 mL 聚乙二醇-400，摇匀即得 20%(*W*/*V*)聚乙二醇-400 的甘油溶液，再加入 950 mL pH 值为 7 的 EDTA 溶液，摇匀即得 EDTA 缓冲液。

(5) 层析剂的配制：取 pH 值为 7 的 EDTA 溶液 5 mL，缓慢加在 200 mL（丙酮：氯仿：乙酸乙酯＝3：1：1）溶液中，如呈乳浊状经棉花过滤，然后倒入层析缸中。

(6) 样品配制：称取 100 mg 四环素标准品，溶于 5 mL 甲醇中得 2%(*W*/*V*)溶液。

四、实验步骤

1. 制板

称取硅藻土 1 g，加 2 mL EDTA 缓冲液，再加入 0.75 mL 蒸馏水，在研钵中小心研磨，（注意：不要产生气泡），研匀后（大约 20 min），倒在 5×20 cm 玻璃板上，涂布均匀后，在室温下放置至无明显水渍，然后移入盛有饱和氯化铵溶液的缸中，饱和 24 h。

2. 点样

在离硅藻土玻璃板底边 1.5 cm 标记作为点样位置，离点样位置 15 cm 处画一溶剂前缘线。将薄板两侧刮去 0.5 cm 硅藻土，以避免端效应。一块板可点 2～3 个样品，样品间隔 1 cm，用毛细管点样，点样量 1～2 滴，用电吹风吹干后再点第 2 滴，要使点样直径尽量小，一般直径不超过 2～3 mm。

3. 展层

点样后，待溶液挥发尽，移入层析缸内，注意层析剂浸没薄层的一端约 0.5 cm，不能浸到样品斑点，盖好展析缸盖，用上行法展层。当溶剂前缘到达预定的前缘线时，取出晾干。

4. 显层

板以浓氨水熏后，在 254 nm 紫外灯下观察荧光斑点，上面斑点为四环素，下面为差向四环素，测定其 R_f 值。

五、实验结果与讨论

(1) 记录实验条件、过程、试剂用量等。

(2) 记录实验结果，按式(7-1)计算四环素的 R_f 值并列入表 7-2 中。

表 7-2　四环素的 R_f 值

	四环素	差向四环素
原点到层析斑点中心的距离		
原点到溶剂前沿的距离		
R_f		

(3) 分析实验结果及其影响因素，实验过程中存在的问题及要注意的问题。

六、注意事项

(1) 加入聚乙二醇-400和甘油的混合物能使含水量恒定，提高分离效果。

(2) 加入EDTA的目的在于去除硅藻土中微量重金属离子对四环素螯合的影响，防止拖尾巴。

(3) 薄板移入饱和氯化铵的缸中时，不宜太干或太湿，一般以无明显水渍为宜，太干时展开太快，引起拖尾巴；而太湿会使展开时间太慢。

(4) 以氨气熏，可使荧光增强。

七、思考题

(1) 硅藻土使用前为什么要用盐酸处理？

(2) 点样时为什么要使点样直径尽量小？

实验三 氨基酸的纸色谱分离与鉴定

一、实验目的

(1) 通过实验，掌握纸层析法的一般原理和操作技术。

(2) 掌握纸层析法分离鉴定氨基酸的一般过程。

二、实验原理与方法

纸色谱法(Paper Chromatography)又称纸层析法，通常用于蛋白质的氨基酸成分的定性和定量。1944年A. J. P. 马丁第一次用纸层析分析氨基酸，得到很好的分离效果。到现在为止，纸层析法已经成为定性或定量测定多肽、核酸碱基、糖、有机酸、维生素和抗生素等物质的一种最简单易行的分离分析工具。

层析用于分析简单的混合物时可做单向层析。对于复杂的混合物，可做双向层析。其原理是以滤纸为惰性支持物的分配层析，层析溶剂由有机溶剂和水组成。滤纸纤维上的羟基具有亲水性，吸附一层水作为固定相，有机溶剂作为流动相。当有机相流经固定相时，由于分配系数不同，结果物质在两相间不断分配而得到分离。

其一般操作是将样品溶解在适当溶剂中，点样在滤纸的一端；再选用适当的溶剂系统，从点样的一端通过毛细现象向另一端展开，展开完毕，取出滤纸晾干或烘干，再以适当的显色剂或紫外灯、荧光灯下观察其图谱。样品经展开后某一物质在纸层析谱上的位置常用比移值(Rate of flow，R_f)来表示。

$$R_f = \frac{\text{原点至层析斑点的距离}}{\text{原点至溶剂前沿的距离}} \tag{7-2}$$

在一定的条件下某种物质的R_f值是常数。R_f值的大小与被测物的结构、性质、溶剂系统、层析滤纸的质量和层析温度等因素有关。本实验利用单向纸层析法分离氨基酸。

三、实验仪器与试剂

1. 主要仪器

层析缸、毛细管、小烧杯、量筒、培养皿、分液漏斗、层析滤纸(新华一号)、喷雾器(或白瓷盘）、烘箱（或吹风机）、铅笔、直尺等。

2. 主要试剂

(1) 正丁醇、醋酸、赖氨酸、脯氨酸、亮氨酸、水合茚三酮等。

(2) 扩展剂（40 mL）：将 20 mL 水饱和的正丁醇和 5 mL 醋酸以体积比 4∶1 在分液漏斗中进行混合。然后与 15 mL 蒸馏水混合，充分振荡，静置后分层，放出下层水层。取漏斗内的扩展剂约 5 mL 置于小烧杯中做平衡溶剂，其余的倒入培养皿中备用。

(3) 氨基酸溶液：0.5%的赖氨酸、脯氨酸、亮氨酸溶液及它们的混合液（各组分浓度均为 0.5%）各配置 5 mL。

(4) 显色剂：50～100 mL 0.1%水合茚三酮正丁醇溶液。

四、实验步骤

1. 检查

检查培养皿是否干燥、洁净；若否，将其洗净并置于干燥箱内 120 ℃烘干。

2. 平衡

剪一大块塑料薄膜铺在桌面上，将层析缸或大烧杯倒置于塑料薄膜上，再把盛有约 5 mL 展层溶液的小烧杯置于倒置的层析缸或大烧杯中，用塑料薄膜密封起来，平衡 20 min。

3. 规划

戴上手套，取宽约 10 cm、高约 15 cm 的层析滤纸一张。在纸的下端距边缘 2～3 cm 处轻轻用铅笔划一条平行于底边的直线 A，在直线上做 4 个记号，记号之间间隔 2 cm，这就是原点的位置。另在距左边缘 1 cm 处画一条平行于左边缘的直线 B，在 B 线上以 A、B 两线的交点为原点标明刻度（以 cm 为单位）。

4. 点样

用毛细管分别取 10 mL 左右的氨基酸样品点在 4 个位置上。干后重复点样，同一位置上需点 2～3 次，2～3 mL/次，保证每点在纸上扩散的直径最大不超过 3 mm。其中 3 个是已知样，1 个是待测样品。

5. 层析

用针、线将滤纸缝成筒状，纸的两侧边缘不能接触且要保持平行。向培养皿中加入扩展剂，使其液面高度达到 1 cm 左右，将点好样的滤纸筒直立于培养皿中，点样的一端在下，扩展剂的液面在 A 线下约 1 cm，罩上大烧杯，仍用塑料薄膜密封。当扩展剂上升到 A 线时开始计时，每隔一定时间测定一下扩展剂上升的高度，填入表 7-3 中。当上升到 15～18 cm，取出滤纸，剪断连线，立即用铅笔描出溶剂前沿线，自然风干或用电吹风热风吹干。

表 7-3　扩展剂前沿上升速度

X/min	0	5	10	15	20	25	30	40	60	…
Y/cm										

6. 显色

用喷雾器在通风橱中向滤纸上均匀喷上 0.1%茚三酮正丁醇溶液，然后置于烘箱中在 100 ℃烘烤 5 min，或用热风吹干即可显出各层析斑点。

7. 计算

计算各种氨基酸的 R_f 值，填入表 7-4。并判断混合样品中都有哪些氨基酸，各人将自己的实验结果贴在实验报告上。以层析时间为横坐标、扩展剂上升高度为纵坐标画图，求出扩展剂上升到 15 cm 时所需要的时间。

表 7-4　　各种氨基酸的 R_f 值

	赖氨酸	脯氨酸	亮氨酸	待测氨基酸
原点到层析斑点中心的距离				
原点到溶剂前沿的距离				
R_f				
判断待测氨基酸				

五、实验结果与讨论

(1) 记录实验条件、过程、试剂用量等。

(2) 记录实验结果，分析实验结果及其影响因素。

(3) 实验过程中存在的问题及要注意的问题。

六、注意事项

(1) 点样时要避免手指或唾液等污染滤纸有效面，即展层时样品可能达到的部分。

(2) 点样斑点不能太大，防止层析后氨基酸斑点过度扩散和重叠，且点样后吹风温度不宜过高，以免样品变性(斑点发黄)。

(3) 展层开始时切勿使样品点浸入溶剂中。

(4) 展层剂要临用前配制，以免发生酯化，影响层析结果。

七、思考题

(1) 为什么在展层时有时用一种溶剂系统，而有时用两种溶剂系统?

(2) 酸性溶剂系统(或碱性溶剂系统)对氨基酸极性基团的解离有何影响?

(3) 酸性溶剂系统(或碱性溶剂系统)对碱性氨基酸(赖、精、组)和酸性氨基酸(天冬、谷)的 R_f 值有什么影响?

(4) 什么是分配系数?

实验四　四环素的效价测定

一、实验目的

(1) 了解四环素比色法测定的标准曲线制作方法；

(2) 测定混有金霉素的四环素含量。

二、实验原理与方法

抗生素是一种生理活性物质，它对生命现象很敏感，可以用抗生素的生物效能表示它的效价，其最小效价单元就叫作“单位”(U)。经由国际协商规定出来的标准单位，称为“国际单位”(IU)。通常各种抗生素的单位，是根据国家抗生素标准品测定出来的，是衡量药物有效成分的一种尺度。

抗生素的剂量常用质量和效价来表示。化学合成和半合成的抗菌药物都以质量表示，生物合成的抗生素以效价表示，并同时注明与效价相对应的质量。效价是以抗菌效能(活性部分)作为衡量的标准，因此，效价的高低是衡量抗生素质量的相对标准。效价以“单位”(U)来表示。

四环素在酸性下加热，生成黄色的脱水四环素。脱水四环素在 445 nm 处有吸收峰，利用此性质可用比色法测定其含量。在四环素中常混有金霉素，后者在酸性下加热形成脱水金霉素，在 434 nm 波长处有吸收峰，因此对四环素的测定产生干扰。如果使金霉素在碱性条件下形成异金霉素，就不会再在酸性加热时形成脱水金霉素，因而可消除金霉素的影响。

三、实验仪器与试剂

1. 主要仪器

50 mL 容量瓶、分光光度计等。

2. 主要试剂

(1) EDTA 二钠盐、NaOH、浓盐酸、四环素标准品等。

(2) 混合溶剂：称取化学纯乙二胺四乙酸二钠盐(EDTA)0.9 g 和固体氢氧化钠 10.8 g，用蒸馏水溶解并稀释至 1 L，然后将其用标定氢氧化钠标准溶液的方法标定，要求浓度在 0.265～0.275 mol/L。

(3) 2 mol/L 盐酸溶液：量取 166.7 mL 浓盐酸，用蒸馏水稀释至 1 L。

(4) 标准溶液的配制：准确称取四环素标准品 50 mg，溶于 50 mL 容量瓶中，并用蒸馏水稀释至刻度，配制成四环素标准溶液，此标准溶液浓度为 1 000 μg/mL 左右。

四、实验步骤

1. 标准曲线制作

分别吸取上述标准溶液 1.0、0.8、0.6、0.4 和 0.2 mL 于 50 mL 容量瓶中，加混合试剂 11 mL，放置 5 min 后，再加 2 mol/L 盐酸 4 mL。与此同时，另作 5 支空白样品，操作方法相同。然后将空白样品直接用蒸馏水稀释至刻度，而样品放在沸水中加热 5 min，冷却后，再稀释至刻度。以对应的空白样品为对照，在 440 nm 波长进行比色，以吸取的样品浓度(μg/mL)为横坐标，测得的光密度值(OD)为纵坐标，作标准曲线。

2. 四环素样品的测定

精确称取样品 50 mg 左右，用蒸馏水稀释至 50 mL 容量瓶中，分别吸取 0.5 mL 于 2 支 50 mL 容量瓶中；也可取 0.25 mL 于 2 支 25 mL 具塞比色管中，其中 1 支加混合剂 5.5 mL，放置 5 min，再加 2 mol/L 盐酸 2 mL。另 1 支操作方法相同，直接用蒸馏水稀释至刻度作空白式样，样品放在沸水中加热 5 min，冷却后，再稀释至刻度。以下操作同标准曲线绘制法。由测得的 OD 值计算出相应的浓度，然后求成品的毫克效价单位(μg/mg)，计算总收率。

五、实验结果与讨论

(1) 记录实验条件、过程、试剂用量等。

(2) 记录标准曲线测定结果填入表 7-5,绘制标准曲线。

(3) 记录四环素样品的测定结果(表 7-6),从标准曲线图上查出浓度和效价,分析实验过程中存在的问题、实验结果及其影响因素。

表 7-5 标准曲线数据

吸取样品体积/mL	1.0	0.8	0.6	0.4	0.2
浓度/(μg/mL)					
OD 值					
标准曲线方程					

表 7-6 四环素样品测定

OD 值	浓度/(μg/mL)	价效/(μg/mg)

六、注意事项

进行标准曲线制作时,应从低浓度至高浓度测定。因为低浓度的残留液对高浓度待测液的测定不会有太大影响,所以可不用润洗比色管;但若由高浓度到低浓度测定,则需要对比色管进行润洗,以消除误差,因为高浓度残留液会对低浓度的溶液浓度造成很大影响。

七、思考题

(1) 混合试剂中氢氧化钠和 EDTA 各起什么作用?

(2) 空白对照液和样品液的操作方法有何不同?

(3) 分析实验误差。

实验五 崩解时限检查实验

一、实验目的

(1) 掌握崩解时限检查操作规程。

(2) 掌握崩解时限检查的实验方法。

二、实验原理与方法

片剂崩解时限测定仪器装置采用升降式崩解仪,主要结构为一能升降的金属支架与下端镶有筛网的吊篮,并附有挡板。升降金属支架上下移动距离为 55±2 mm,往返频率为 30～32 次/min;玻璃管 6 根,管长 77.5±2.5 mm;内径 21.5 mm,壁厚 2 mm;透明塑料板 2 块,直径 90 mm,厚 6 mm,板面有 6 个孔,孔径 26 mm;不锈钢板 1 块(放在上面一块塑料板上),直径 90 mm,厚 1 mm,板面有 6 个孔,孔径 22 mm;不锈钢丝筛网 1 张,放在下面一块塑料板下,直径 90 mm,筛孔内径 2.0 mm;不锈钢轴 1 根,固定在上面一块塑料板与不锈钢板上,长 80 mm。将上述玻璃管 6 根垂直于 2 块塑料板的孔中,并用 3 只螺丝将不锈钢板、塑料板和不锈钢丝筛网固定，即得，结构如图 7-2 所示。

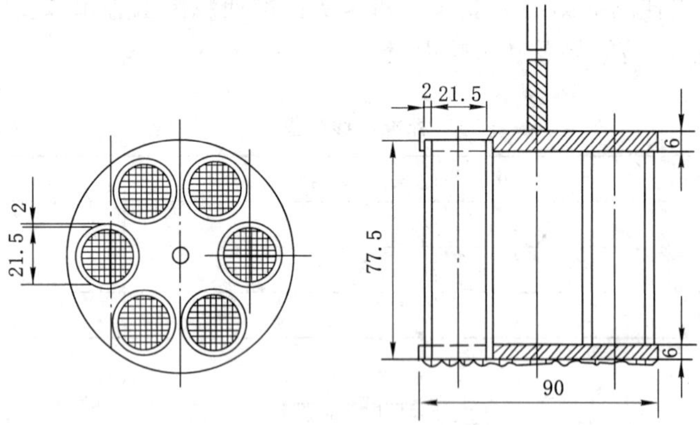

图 7-2　升降式崩解仪吊篮结构

其挡板为一平整光滑的透明塑料块，相对密度 1.18～1.20，直径 20.7±0.15 mm，厚 9.5±0.15 mm；挡板共有 5 个孔，孔径 2 mm，中央 1 个孔，其余 4 个孔距中心为 6 mm，各孔间距相等；挡板侧边有 4 个等距离的 V 形槽，V 形槽上端宽 9.5 mm，深 2.55 mm，底部开口处的宽与深度均为 1.6 mm，如图 7-3 所示。

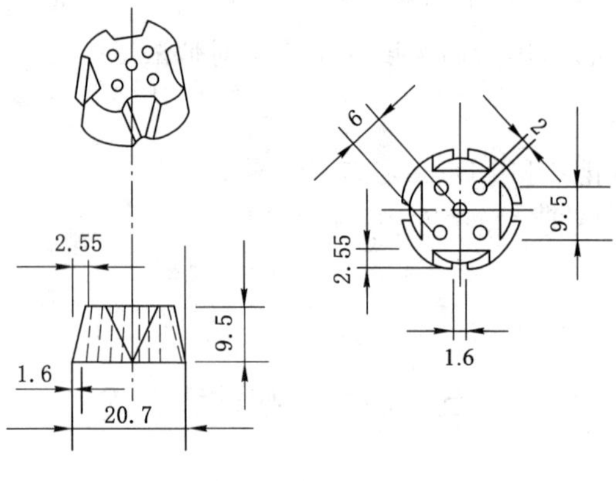

图 7-3　升降式崩解仪挡板结构

三、实验仪器与试剂

1. 主要仪器

升降式崩解仪等。

2. 主要试剂

稀盐酸溶液等。

四、实验步骤

(1) 将吊篮通过上端的不锈钢轴悬挂于金属支架上，浸入 1 000 mL 烧杯中，并调节吊篮位置使其下降时筛网距烧杯底部 25 mm，烧杯内盛有温度为 37±1 ℃的水，调节水位高度使上升时筛网在水面下 15 mm 处。

(2) 取 6 片药片,分别置于上述吊篮的玻璃管中,加挡板,启动崩解仪进行检查。药材原粉片各片均应在 30 min 内全部崩解,浸膏(兰浸膏)片、糖衣片各片均应在 1 h 内全部崩解。如有 1 片不能完全崩解,应另取 6 片复试,均应符合规定。

五、实验结果与讨论

(1) 记录实验条件、过程和试剂用量等。

(2) 记录各药片的崩解时间,结果填入表 7-7 中。

(3) 分析讨论实验过程中存在的问题、实验结果及其影响因素。

表 7-7　　各药片崩解时间记录

药片编号	1	2	3	4	5	6
崩解时间/min						

六、注意事项

如供试品黏附于挡板上,应另取 6 片,不加挡板按上述方法检查,应符合规定。

七、思考题

若所测的片剂的崩解时限大于规定值,请解释可能的原因是什么?

八、注释

[1] 药典检查规定

(1) 片剂

薄膜衣片,按上述装置与方法检查,并可改在盐酸溶液(9→1 000)中进行检查,应在 30 min 内全部崩解。如有 1 片不能完全崩解,应另取 6 片复试,均应符合规定。

肠溶衣片,按上述装置与方法不加挡板进行检查,先在盐酸溶液(9→1 000)中检查 2 h,每片均不得有裂缝、崩解或软化现象;继而将吊篮取出,用少量水洗涤后,每管各加入挡板,再按上述方法在磷酸盐缓冲液(pH=6.8)中进行检查,1 h 内应全部崩解。如有 1 片不能完全崩解,应另取 6 片复试,均应符合规定。

泡腾片,取 6 片,置 250 mL 烧杯中,烧杯内盛有 200 mL 水,水温为 15～25 ℃,有许多气泡放出,当片剂或碎片周围的气体停止逸出时,片剂应溶解或分散在水中,无聚集的颗粒剩留。除另有规定外,各片均应在 5 min 内崩解。如有 1 片不能完全崩解,应另取 6 片复试,均应符合规定。

凡含有药材浸膏、树脂、油脂或大量糊化淀粉的片剂,如有小部分颗粒状未通过筛网,但已软化无硬心者,可作符合规定论。

(2) 胶囊剂

硬胶囊剂或软胶囊剂,除另有规定外,取供试品 6 粒,按上述装置与方法加挡板进行检查。硬胶囊应在 30 min 内全部崩解,软胶囊应在 1 h 内全部崩解,软胶囊可改在人工胃液中进行检查。如有 1 粒不能完全崩解,应另取 6 粒复试,均应符合规定。

肠溶胶囊剂,除另有规定外,取供试品 6 粒,按上述装置与方法不加挡板进行检查。先在盐酸溶液(9→1 000)中检查 2 h,每粒的囊壳均不得有裂缝或崩解现象;继将吊篮取出,用少量水洗涤后，每管加入挡板，再按上述方法，在人工肠液中进行检查，1 h 内应全部崩解。如有 1 粒不能完全崩解，应另取 6 粒复试，均应符合规定。如有部分颗粒状物不能通过筛网，但已软化无硬心者，可作符合规定论。

(3) 滴丸剂

按上述装置，要求不锈钢丝网的筛孔内径为 0.42 mm。除另有规定外，取供试品 6 粒，按上述方法不加挡板进行检查，应在 30 min 内全部溶散；包衣滴丸应在 1 h 内全部溶散。如有 1 粒不能全部溶散，应另取 6 粒复试，均应符合规定。

以明胶为基质的滴丸，可改在人工胃液中进行检查。人工胃液：取稀盐酸 16.4 mL，加水约 800 mL，与胃蛋白酶 10 g 摇匀后，加水稀释成 1 000 mL，即得。人工肠液即磷酸盐缓冲液，含胰酶，pH=6.8。

实验六 对乙酰氨基酚片剂溶出度测定实验

一、实验目的

(1) 掌握片剂溶出度检查的操作方法。

(2) 掌握对乙酰氨基酚的紫外分光光度计测定方法。

(3) 熟悉片剂中溶出度质量评定的方法，熟悉容量分析操作方法。

(4) 了解溶出度测定的重要意义及应用。

二、实验原理与方法

溶出度是药物从片剂或胶囊剂等固体制剂在规定的溶剂中溶出的速度和程度。测定溶出度的依据是 Noyes-Whitney 的扩散理论。近年来，生物药剂学的研究表明，难溶性药物的片剂，崩解时限不能作为判断难溶性药物片剂吸收的指示，因为片剂崩解后的粉粒还不能直接被机体所吸收。药物只有固体制剂中的活性成分溶解之后，才能为机体所吸收。溶解是吸收的主要过程，溶解度小于 0.1～1 mg/mL 的药物，其体内吸收常受其溶出速度的影响。溶出度试验能有效地区分同一药物制剂生物利用度的差异，是控制固体制剂的重要指标之一。对乙酰氨基酚的溶解度大小、辅料的亲水程度和制片工艺都会影响制剂的溶出度。对乙酰氨基酚溶出度测定采用小杯法测定，本实验以对乙酰氨基酚片为样品，测定对乙酰氨基酚的溶出度。

对乙酰氨基酚在 0.04%氢氧化钠溶液中，在 257 nm 波长处有最大吸收，因此，可用紫外分光光度法进行测定，测定其在 257 nm 的吸收度(A)。

三、实验仪器与试剂

1. 主要仪器

可见-紫外分光光度计，溶出杯，刻度吸管(1、2、5 mL)，容量瓶(250、100、25 mL)等。

2. 主要试剂

0.04%氢氧化钠溶液、对乙酰氨基酚片剂(规格 0.3 g)等。

四、实验步骤

1. 仪器准备

① 溶出杯形状尺寸如图 7-4 所示，由硬质玻璃或其他惰性材料制成的透明或棕色的、底部为半球形的 250 mL 杯状容器，内径为 62±3 mm，高为 126±6 mm。

② 搅拌桨形状尺寸如图 7-5 所示。桨杆上部直径为 9.75±0.35 mm，桨杆下部直径为 6.0±0.2 mm；桨杆旋转时，桨轴与溶出杯的垂直轴在任一点的偏差均不得大于 2 mm；搅拌桨旋转时，A、B 两点的摆动幅度不得超过 0.5 mm。

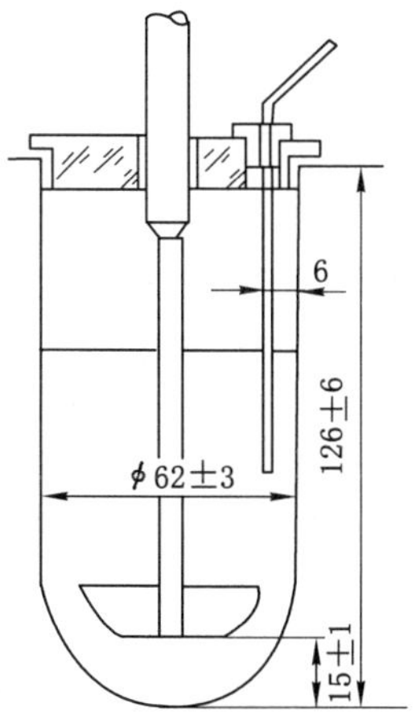

图 7-4　小杯法仪器装置

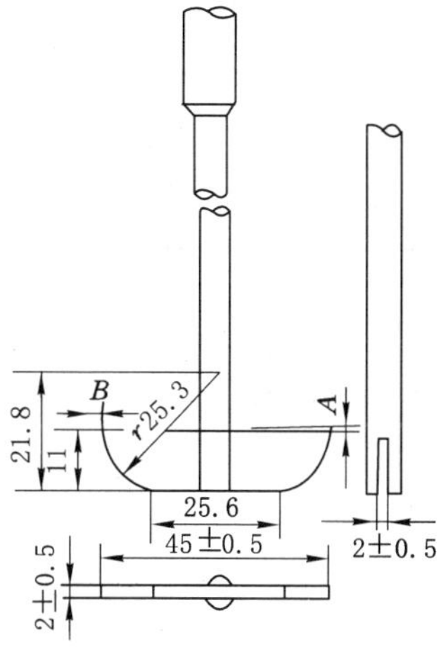

图 7-5　小杯法搅拌桨结构

③ 桨杆与电动机相连，转速应在各品种项下规定转速的±4%范围内。测定法测定前，应对仪器装置进行必要的调试，使桨叶底部距溶出杯的内底部 25±2 mm。分别量取经脱气处理的溶出介质，置于各溶出杯内，实际量取的体积与规定体积的偏差应不超过±1%，待溶出介质温度恒定在 37±0.5 ℃后，取供试品 6 片(袋、粒)，分别投入 6 个溶出杯内(当品种项下规定需要使用沉降篮或其他沉降装置时，可将片剂或胶囊剂先装入规定的沉降篮内)，注意供试品表面上不要有气泡，按各品种项下规定的转速启动仪器，计时；至规定的取样时间(实际取样时间与规定时间的差异不得超过±2%)，吸取溶出液适量(取样位置应在桨叶顶端至液面的中点，距溶出杯内壁不小于 10 mm 处；须多次取样时，所量取溶出介质的体积之和应在溶出介质的 1%之内，如超过总体积的 1%时，应及时补充相同体积的温度为 37±0.5 ℃的溶出介质，或在计算时加以校正)，立即用适当的微孔滤膜滤过，自取样至滤过应在 30 s 内完成。取澄清滤液，照该品种项下规定的方法测定，计算每片(粒、袋)的溶出量。取样位置应在桨叶顶端至液面的中点，距溶出杯内壁不小于 6 mm 处。

2. 对乙酰氨基酚片溶出度的测定

取溶出介质(盐酸 9 mL 加水至 1 000 mL)1 000 mL，加热至 37 ℃，置溶出杯中，调节转速为 100 r/min，将 1 片药片放在转篮内，以溶出介质接触药片时为零时刻开始计时，每 1、5、10、15、20、25、30 min 定时取样，取样位置固定在转篮上端液面中间、距离杯壁 1 cm 处，每次取样 5 mL，将样品液过滤，吸取滤液 1 mL，置于 50 mL 容量瓶中，加入 0.04%氢氧化钠溶液稀释至 50 mL，摇匀。以 0.04%氢氧化钠溶液作为参比，照分光光度法(中国药典2010 年版二部附录)，在 257 nm 处测定吸光度 A 值。

五、实验结果与讨论

(1) 记录实验条件、过程和试剂用量等。

(2) 记录各药片的溶出质量，计算溶出量，填入表 7-8 中。

(3) 药典规定对乙酰氨基酚 30 min 的溶出量限度为 80%，请根据实验结果判断实验所测定药片溶出度是否符合规定。

(4) 分析讨论实验结果、影响因素和实验过程中存在的问题。

表 7-8　　各药片溶出量值

时间/min	1	5	10	15	20	25	30
A_s							
溶出量/%							

溶出量与溶出质量计算方法如下：

$$溶出质量 = \frac{A \times 50 \times 1\,000 \times 1\%}{E_{1cm}^{1\%}} \tag{7-3}$$

$$溶出量(\%) = \frac{溶出质量}{标示量} \times 100\% \tag{7-4}$$

六、注意事项

(1) 对所用的溶出度测定仪，应预先检查其是否运转正常，并检查温度的控制和转速等是否精确等。

(2) 溶出方法分转篮法、桨法和小杯法等 3 种。本实验选用小杯法，小杯的尺寸和结构应符合药典规定。

(3) 每次取出样品液后，应同时补充相同体积的空白溶液。

(4) 根据药典规定，应同时测定 6 片的溶出度，鉴于实验时间限制，每实验组仅要求完成 1 片的测试。

七、思考题

(1) 什么是溶出度？与释放度的区别是什么？为何有些药物的片剂或胶囊剂需测定溶出度？

(2) 欲使溶出度测定结果准确，实验过程应注意哪些问题？

实验七　当归苦参丸制剂的色谱鉴定

一、实验目的

(1) 熟悉 HPLC 定量检测的方法和原理。

(2) 掌握 HPLC 法测定当归苦参丸中有效含量的方法。

二、实验原理与方法

当归苦参丸由当归和苦参两味中药组成，具有活血化瘀、清热解湿的作用，用于治疗痤疮、脓疱。阿魏酸是当归的主要有效成分，故以阿魏酸为指标进行含量测定，对当归苦参丸进行质量控制。采用高效液相色谱法（HPLC）测定当归苦参丸中阿魏酸的含量。该方法简单、快速、重复性较好。

图 7-6 是一张 HPLC 色谱分离图。

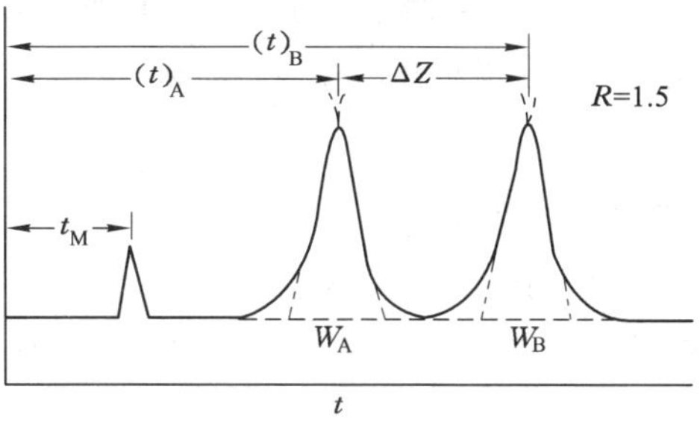

图 7-6 高效液相色谱分析图

HPLC 色谱分离图中的主要参数：

（1）死时间 t_M：当检测器采用 TCD 时，以空气峰的保留时间作为死时间；

（2）保留时间 t_R；

（3）调整保留时间：$t'_R = t_R - t_M$；

（4）相对保留值：$r_{is} = t_{R(i)}/t_{R(s)}$，其中 i 为待测组分，s 为参比物质。

三、实验仪器与试剂

1. 主要仪器

高效液相色谱（HPLC），紫外检测器，进样针，研钵，锥形瓶，刻度吸管（1、5 mL），容量瓶（100、50 mL）等。

2. 主要试剂

五氧化二磷、阿魏酸标准品、甲醇、超纯水、冰醋酸等。

四、实验步骤

1. 对照品溶液的制备

精密称取在五氧化二磷干燥器中干燥至恒重的阿魏酸标准品 13.01 mg，置于 25 mL 容量瓶中，加甲醇溶解并稀释至刻度，摇匀作为储备液。

2. 供试品溶液的制备

取本品适量研成细粉，精密称量 2.0 g，置于 50 mL 具塞锥形瓶中，加入 1%冰醋酸甲醇溶液 50 mL，超声 30 min，放冷，用甲醇补足质量，摇匀，过滤，取滤液，即得。

3. 线性关系的考查

分别精密吸取阿魏酸对照品储备液 0.5、1.0、2.0、3.0 和 4.0 mL 置于 25 mL 容量瓶中，加甲醇稀释至刻度，摇匀；分别吸取 20 μL 注入液相色谱仪，测定峰面积。以峰面积为纵坐标，进样浓度为横坐标，绘制标准曲线，计算得回归方程。

本次实验的色谱条件：

① 色谱柱：ZORBAX SB-C18(200 mm× 4.6 mm，5 μm)；
② 柱温：35 ℃；
③ 流动相：甲醇-1%冰醋酸：30：70；
④ 流速：1.0 mL/min；
⑤ 检测波长：316 nm。

4. 样品测试

精密吸取样品溶液 20 μL 按上述色谱条件注入液相色谱仪，根据阿魏酸的峰面积利用标准曲线方程计算有效含量，并计算相对标准偏差(RSD)。

五、实验结果与讨论

(1) 记录实验条件、过程和试剂用量等。

(2) 以阿魏酸标准液测定其色谱参数，填入表 7-9 中；

(3) 测定不同体积的阿魏酸标准液的色谱峰，填入表 7-10 中，绘制标准曲线，获得标准曲线方程。

(4) 记录样品测试数据，填入表 7-11 中，计算当归苦参丸中阿魏酸的百分含量。

表 7-9　阿魏酸色谱参数

t_M	t_R	t'_R

表 7-10　阿魏酸标准曲线

吸取样品体积/mL	1	2	5	10	20
浓度/(mg/mL)					
峰面积					
标准曲线方程					

表 7-11　样品测试

测定数据	次数		
	1	2	3
峰面积			
浓度/(mg/mL)			
平均值			
RSD			

六、注意事项

(1) 进入 HPLC 的样品需要仔细经过过滤处理，否则容易导致色谱柱堵塞。

(2) 进入色谱柱的样品需要经过超声除气处理，气泡进入色谱注导致色谱峰出峰时间不准确，且气泡难以从色谱柱中排出。

七、思考题

(1) 此次检测阿魏酸采用的是什么检测器？为什么？

(2) 为什么选择检测波长为 316 nm？

实验八　茶碱缓释制剂的释放度测定

一、实验目的

(1) 熟悉茶碱缓释制剂的基本原理与设计方法。

(2) 掌握溶蚀性和亲水凝胶骨架型缓释片的释放原理与制备工艺。

(3) 熟悉缓释片释放度的测定方法。

二、实验原理与方法

缓释制剂系指用药后能在较长时间内持续释放药物以达到长效作用的制剂。其中药物释放主要是一级速度过程。如口服缓释制剂在人体胃肠道的转运时间一般可维持 8～12 h，根据药物用量及药物的吸收代谢性质，其作用可达 12～24 h，患者 1 d 口服 1～2 次。缓释制剂的种类很多，按照给药途径有口服、肌肉注射、透皮及腔道用制剂。其中口服缓释制剂研究最多。根据释药动力学行为是否符合一级动力学（或 Higuchi 方程）和零级动力学方程，口服缓释制剂可分为缓释制剂和控释制剂。

缓释制剂按照剂型可分为片剂、颗粒剂、小丸和胶囊剂等。其中，片剂又分为骨架片、膜控片、胃内漂浮片等。骨架片是药物和一种或多种骨架材料以及其他辅料，通过制片工艺成型的片状固体制剂。骨架材料、制片工艺对骨架片的释药行为有重要影响。按照所使用的骨架材料可分为不溶性骨架片、溶蚀性骨架片和亲水凝胶骨架片等。不溶性骨架片采用乙基纤维素、丙烯酸树脂等水不溶骨架材料制备，药物在不溶性骨架中以扩散方式释放。溶蚀性骨架片采用水不溶但可溶蚀的硬脂醇、单硬脂酸甘油酯等蜡质材料制成，骨架材料可在体液中逐渐溶蚀、水解。亲水凝胶骨架片主要采用甲基纤维素、羧甲基纤维素、卡波姆、海藻酸盐、壳聚糖等骨架材料。这些材料遇水形成凝胶层，随着凝胶层继续水化，骨架膨胀，药物可通过水凝胶层扩散释出，延缓了药物的释放。本实验以茶碱为模型药物制备溶蚀性骨架片和亲水凝胶骨架片。

由于缓释制剂中含药物量较普通制剂多，制剂工艺复杂。为了获得可靠的治疗效果，避免突释引起的毒副作用，需要制定合理的体外药物释放度试验方法。通过释放度的测定，找出其释放规律，从而可选定所需的骨架材料，同时也用于控制缓释片剂的质量。释放度的测定方法采用溶出度测定仪，释放介质一般采用人工胃液、人工肠液、水等介质。一般采用 3 个取样点作为药物释放度的标准。第一个时间点通常为 1 或 2 h，主要考察制剂有无突释效应。第 2 个或第 3 个时间点主要考察制剂释放的特性和趋势。具体时间及释放量根据各品种要求而定，最后一个时间点主要考察制剂是否释放完全，释放量要求 75％以上。

三、主要实验仪器与试剂

1. 主要仪器

单冲压片机，溶出度仪，紫外分光光度计，容量瓶（100、50 和 10 mL）等。

2. 主要试剂

茶碱、硬脂醇、羟丙基甲基纤维素(HPMC K10M)、乳糖、乙醇、硬脂酸镁、0.1 mol/L 的盐酸溶液等。

四、实验步骤

1. 茶碱亲水凝胶骨架片的制备

处方(30 片):茶碱 3.0 g、HPMC K10M 1.2 g、乳糖 1.5 g、80%乙醇溶液适量、硬脂酸镁 0.069 g。

制备流程如图 7-7 所示。

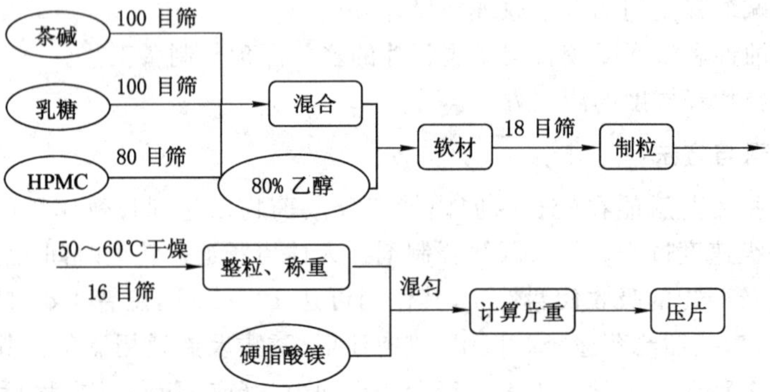

图 7-7 茶碱亲水凝胶骨架片的制备工艺流程图

制备步骤:

(1) 将茶碱、乳糖分别过 100 目筛,羟丙基甲基纤维素过 80 目筛,混合均匀,加 80 % 乙醇溶液制成软材,过 18 目筛制粒。

(2) 于 50～60℃干燥,16 目整粒,称重,加入硬脂酸镁混匀。

(3) 计算片重,压片即得。每片含茶碱 100 mg。

2. 茶碱溶蚀性骨架片的制备

处方(30 片):茶碱 3.0 g、硬脂醇 0.3 g、HPMC K10M 0.03 g、硬脂酸镁 0.039 g 等。

制备流程如图 7-8 所示。

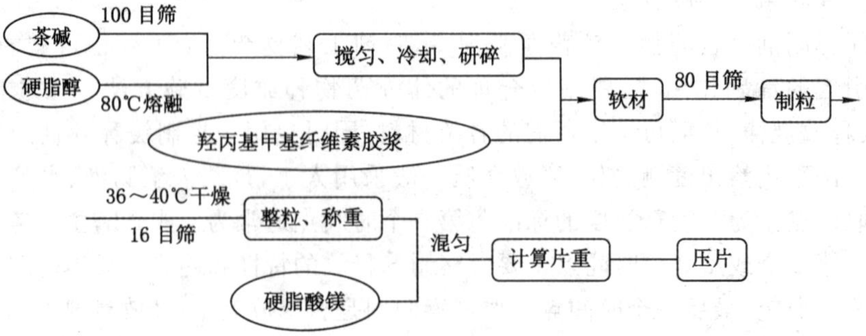

图 7-8 茶碱溶蚀性骨架片的制备工艺流程图

制备步骤：

(1) 取茶碱过100目筛，另将硬脂醇置于蒸发皿中，于80 ℃水浴上加热融化，加入茶碱搅匀，冷却，置研钵中研碎。

(2) 加羟丙基甲基纤维素胶浆(以3 mL 80%乙醇制得)制成软材，若胶浆量不足，可再加80%乙醇适量，18目筛制粒。

(3) 于50～60 ℃干燥，16目筛整粒，称重，加入硬脂酸镁混匀。

(4) 计算片重，压片即得。每片含茶碱100 mg。

3. 释放度测试

(1) 标准曲线的制作

精密称取茶碱对照品约20 mg，置于100 mL容量瓶中，加0.1 mol/L的盐酸溶液溶解，摇匀并定容。精密吸取此溶液10 mL置于50 mL容量瓶中，加蒸馏水摇匀并定容。然后精密吸取该溶液2.5、5.0、7.5、10、12.5、15、17.5 mL，分别置于50 mL容量瓶中，加蒸馏水定容。按分光光度法，在波长270 nm处测定吸光度，以吸光度对浓度进行回归分析，得到标准曲线回归方程。

(2) 释放度试验

取制得的亲水凝胶缓释片或溶蚀性骨架缓释片1片，按《中国药典》2010年版释放度测定方法规定，采用溶出度测定法桨法的装置，以蒸馏水900 mL为释放介质，温度为37±0.5 ℃，转速为50 r/min，经1、2、3、4、5、6 h分别取样6 mL，同时补加同体积释放介质，样品经0.45 μm微孔滤膜过滤，取滤液1 mL，置于10 mL容量瓶中加蒸馏水定容，在270 nm处测定吸光度，分别计算出每片在上述不同时间的溶出量。

五、实验结果与讨论

(1) 记录实验条件、过程和试剂用量等。

(2) 记录茶碱亲水凝胶骨架片质量，计算差异和平均片重，填入表7-12中，分析是否符合标准。

表7-12　茶碱亲水凝胶骨架片质量及差异

编号	1	2	3	4	5	6	7	8	9	10	11	12	13	14	15
片重/mg															
差异 平均片重/mg															

(3) 记录茶碱溶蚀性骨架片质量，计算差异和平均片重，填入表7-13中，分析是否符合标准。

表7-13　茶碱溶蚀性骨架片质量及差异

编号	1	2	3	4	5	6	7	8	9	10	11	12	13	14	15
片重/mg															
差异 平均片重/mg															

(4) 记录茶碱对照品的吸光度,填入表7-14中并绘制标准曲线。

(5) 记录标准片与茶碱亲水凝胶或溶蚀性骨架片的累积释放度数据,填入表7-15中,绘制标准品及缓释片的释放曲线,并计算累积释放率。

表7-14　　标准曲线数据

吸取样品体积/mL	2.5	5.0	7.5	10	12.5	15	17.5
浓度/(μg/mL)							
吸光度值 A_{270}							
标准曲线方程							

表7-15　　标准片与茶碱亲水凝胶或溶蚀性骨架片的累积释放度数据

样品编号		标准品(对照)		缓释片		
		A	B	1#	2#	3#
	V/mL					
	n					
T_1	A_{270}					
	C/(μg/mL)					
	Rel/%					
T_2	A_{270}					
	C/(μg/mL)					
	Rel/%					
T_3	A_{270}					
	C/(μg/mL)					
	Rel/%					
T_4	A_{270}					
	C/(μg/mL)					
	Rel/%					
T_5	A_{270}					
	C/(μg/mL)					
	Rel/%					
T_6	A_{270}					
	C/(μg/mL)					
	Rel/%					

累积释放率按照式(7-5)计算。

$$Rel = \frac{(n \times V \times C)}{G} \times 100 \tag{7-5}$$

式中:Rel 为累积释放率,%;n 为稀释倍数;V 为取样体积,mL;C 为按照标准曲线计算的样品浓度,mg/mL;G 为缓释片平均所含茶碱量,或标准片的标示量,mg;T_1、T_2、T_3、T_4、T_5、

T_6为取样时间分别为 1、2、3、4、5 和 6 h。

六、注意事项

制粒完成后，所成颗粒应不能通过 40 目筛，且刚好能通过 18 目筛，判断依据是手捏成团、手指轻压散裂。

七、思考题

(1) 设计口服缓释制剂时主要考虑哪些影响因素?

(2) 缓释制剂的释放度实验有何意义? 如何使其具有实用价值?

实验九　脂质体的包封率的测定

一、实验目的

(1) 掌握薄膜分散法制备脂质体的工艺。

(2) 掌握用阳离子交换树脂法测定脂质体包封率的方法。

(3) 熟悉脂质体形成原理和作用特点。

(4) 了解“主动载药”与“被动载药”的概念。

二、实验原理与方法

脂质体是由磷脂与(或不与)附加剂为骨架膜材制成的具有双分子层结构的封闭囊状体。常见的磷脂分子结构中有两条较长的疏水烃链和一个亲水基团。将适量的磷脂加至水或缓冲溶液中，磷脂分子定向排列，其亲水基团面向两侧的水相，疏水的烃链彼此相对缔和为双分子层，构成脂质体。用于制备脂质体的磷脂有天然磷脂(如豆磷脂、卵磷脂等)和合成磷脂(如二棕榈酰磷脂酰胆碱、二硬脂酰磷脂酰胆碱等)。常用的附加剂为胆固醇。胆固醇也是两亲性物质，与磷脂混合使用，可制得稳定的脂质体，其作用是调节双分子层的流动性，减低脂质体膜的通透性。其他附加剂有十八胺、磷脂酸等，这两种附加剂能改变脂质体表面的电荷性质，从而改变脂质体的包封率、体内外其他参数。

脂质体可分为 3 类:小单室(层)脂质体，粒径为 20～50 nm，经超声波处理的脂质体，绝大部分为小单室脂质体;多室(层)脂质体，粒径约为 400～3 500 nm，显微镜下可观察到尤如洋葱断面或人手指纹的多层结构;大单室脂质体，粒径约为 200～1 000 nm，用乙醚注入法制备的脂质体多为这一类。

脂质体的制法有如下几种，可根据药物的性质或需要进行选择:① 薄膜分散法:这是一种经典的制备方法，它可形成多室脂质体，经超声处理后得到小单室脂质体。此法优点是操作简便，脂质体结构典型，但包封率较低。② 注入法:有乙醚注入法和乙醇注入法等。“乙醚注入法”是将磷脂等膜材料溶于乙醚中，在搅拌下慢慢滴入 55～65 ℃含药或不含药的水性介质中，蒸去乙醚，继续搅拌 1～2 h，即可形成脂质体。③ 逆相蒸发法:系将磷脂等脂溶性成分溶于有机溶剂如氯仿中，再按一定比例与含药的缓冲液混合、乳化，然后减压蒸去有机溶剂即可形成脂质体。该法适合于水溶性药物、大分子活性物质如胰岛素等的脂质体制备，可提高包封率。④ 冷冻干燥法:适于在水中不稳定药物脂质体的制备。⑤ 熔融法:采用此法制备的多相脂质体,其物理稳定性好,可加热灭菌。

在制备含药脂质体时,根据药物装载的机理不同,可分为“主动载药”与“被动载药”两大类 。所谓“主动载药”,即通过内外水相的不同离子或化合物梯度进行载药,主要有 K^+-Na^+ 梯度和 H^+ 梯度(即 pH 梯度)等。传统上,人们采用最多的方法是“被动载药”法。所谓“被动载药”,即首先将药物溶于水相或有机相(脂溶性药物)中,然后按所选择的脂质体制备方法制备含药脂质体。其共同特点是:在装载过程中脂质体的内外水相或双分子层膜上的药物浓度基本一致,决定其包封率的因素为药物与磷脂膜的作用力、膜材的组成、脂质体的内水相体积、脂质体数目及药脂比(药物与磷脂膜材比)等。对于脂溶性的、与磷脂膜亲和力高的药物,“被动载药”法较为适用。而对于两亲性药物,其油水分配系数受介质的 pH 值和离子强度的影响较大,包封条件的较小变化就有可能使包封率有较大的变化。

评价脂质体质量的指标有粒径、粒径分布和包封率等。其中脂质体的包封率是衡量脂质体内在质量的一个重要指标。常见的包封率测定方法有分子筛法、超速离心法和超滤法等。本实验采用阳离子交换树脂法测定包封率。“阳离子交换树脂法”是利用离子交换作用,将荷正电的未包进脂质体中的药物(即游离药物),如本实验中的游离的小檗碱,被阳离子交换树脂吸附除去。而包封于脂质体中的药物(如小檗碱),由于脂质体荷负电荷,不能被阳离子交换树脂吸附,从而达到分离目的,用以测定包封率。

三、实验仪器与试剂

1. 主要仪器

油镜、水浴装置、磁力搅拌器和烧杯等。

2. 主要试剂

(1) 注射用豆磷脂、胆固醇、无水乙醇、磷酸氢二钠($Na_2HPO_4 \cdot 12H_2O$)、磷酸二氢钠($NaH_2PO_4 \cdot 2H_2O$)等。

(2) 磷酸盐缓冲液(PBS)的配制:称取磷酸氢二钠($Na_2HPO_4 \cdot 12H_2O$)0.37 g 和磷酸二氢钠($NaH_2PO_4 \cdot 2H_2O$)2.0 g,加蒸馏水适量,溶解并稀释至 1 000 mL(pH 约为 5.7)。

(3) 柠檬酸缓冲液的配制:称取柠檬酸 10.5 g 和柠檬酸钠 7 g 置于 1 000 mL 量瓶中,加水溶解并稀释至 1 000 mL,混匀,即得。

(4) 盐酸小檗碱溶液的配制:称取适量的盐酸小檗碱,用磷酸盐缓冲液配成 1 mg/mL 和 3 mg/mL 的两种浓度的溶液。

(5) $NaHCO_3$溶液的配制:称取 $NaHCO_3$ 50 g,置于 1 000 mL 量瓶中,加水溶解并稀释至 1 000 mL,混匀,即得。

四、实验步骤

1. 空白脂质体的制备

处方(30 mL):注射用豆磷脂 0.9 g、胆固醇 0.3 g、无水乙醇 1～2 mL、磷酸盐缓冲液适量。

制备步骤:

(1) 称取处方量磷脂、胆固醇于 50 mL 小烧杯中,加无水乙醇 1～2 mL,置于 65～70 ℃水浴中搅拌使溶解,旋转该小烧杯使磷脂的乙醇液在杯壁上成膜,用吸耳球轻吹风,将乙醇挥发去。

(2) 另取磷酸盐缓冲液 30 mL 于小烧杯中，置于 65～70 ℃水浴中，保温，待用。

(3) 取预热的磷酸盐缓冲液 30 mL，加至含有磷脂和胆固醇脂质膜的小烧杯中，于 65～70 ℃水浴中搅拌水化 10 min。随后将小烧杯置于磁力搅拌器上，室温搅拌 30～60 min；如果溶液体积减少，可补加水至 30 mL，混匀，即得。

(4) 取样，在油镜下观察脂质体的形态，画出所见脂质体结构，记录最多和最大的脂质体的粒径；随后将所得脂质体溶液通过 0.8 μm 微孔滤膜 2 遍，进行整粒，再于油镜下观察脂质体的形态，画出所见脂质体结构，记录最多和最大的脂质体的粒径。

2. 被动载药法制备盐酸小檗碱脂质体

处方(30 mL)：注射用豆磷脂 0.6 g、胆固醇 0.2 g、无水乙醇 1～2 mL、盐酸小檗碱溶液(1 mg/mL)30 mL。

制备步骤：

按处方量称取豆磷脂、胆固醇置于 50 mL 的小烧杯中，加无水乙醇 1～2 mL，余下操作除将磷酸盐缓冲液换成盐酸小檗碱溶液外，同“空白脂质体制备”，即为“被动载药”法制备的小檗碱脂质体。

3. 主动载药法制备盐酸小檗碱脂质体

制备步骤：

(1) 空白脂质体制备

称取磷脂 0.9 g 和胆固醇 0.3 g，置于 50 mL 或 100 mL 烧杯中，加 2 mL 无水乙醇，于 65～70 ℃水浴中溶解并挥散乙醇，于烧杯上成膜后，加入同温的柠檬酸缓冲液 30 mL，于 65～70 ℃水浴中搅拌水化 10 min，随后将烧杯取出，置于电磁搅拌器上，在室温下搅拌30～60 min，充分水化，补加蒸馏水至 30 mL，所得脂质体溶液通过 0.8 μm 微孔滤膜 2 遍，进行整粒。

(2) 主动载药

准确量取空白脂质体 2 mL、盐酸小檗碱溶液(3 mg/mL)1 mL、$NaHCO_3$溶液 0.5 mL，在振摇下依次加入 10 mL 西林瓶中，混匀，在 70 ℃水浴中保温 20 min，随后立即用冷水降温，即得。

4. 盐酸小檗碱脂质体包封率的测定

(1) 阳离子交换树脂分离柱的制备

称取已处理好的阳离子交换树脂适量，装于底部已垫有少量玻璃棉的 5 mL 注射器筒中，加入 PBS 水化阳离子交换树脂，自然滴尽 PBS，即得。

(2) 柱分离度的考察

① 盐酸小檗碱与空白脂质体混合液的制备：精密量取 3 mg/mL 盐酸小檗碱溶液 0.1 mL，置于小试管中，加入 0.2 mL 空白脂质体，混匀，即得。

② 对照品溶液的制备：取①中制得的混合液 0.1 mL 置于 10 mL 量瓶中，加入 95%乙醇 6 mL，振摇使之溶解；再加 PBS 至刻度，摇匀，过滤，弃去初滤液，取续滤液 4 mL 于10 mL量瓶中，加 PBS 至刻度，摇匀，得对照品溶液。

③ 样品溶液的制备：取①中制得的混合液 0.1 mL 至分离柱顶部，待柱顶部的液体消失后，放置 5 min；仔细加入 PBS(注意不能将柱顶部离子交换树脂冲散)，进行洗脱(约需 2～3 mL PBS)，同时收集洗脱液于 10 mL 量瓶中，然后加入 95%乙醇 6 mL，振摇使之溶解，再加

PBS 至刻度，摇匀，过滤，弃初滤液，取续滤液为样品溶液。

④ 空白溶媒的配制：取乙醇（95%）30 mL 置于 50 mL 量瓶中，加 PBS 至刻度，摇匀，即得。

⑤ 吸收度的测定：以空白溶媒为对照，在 345 nm 波长处分别测定样品溶液与对照品溶液的吸收度，计算柱分离度，分离度要求大于 0.95。

$$柱分离度 = 1 - \frac{A_{样}}{A_{对} \times 2.5} \tag{7-6}$$

式中 $A_{样}$——样品溶液的吸收度；

$A_{对}$——对照品溶液的吸收度；

2.5——对照品溶液的稀释倍数。

（3）包封率的测定

精密量取盐酸小檗碱脂质体 0.1 mL 2 份，1 份置于 10 mL 量瓶中，按“柱分离度考察”项下②进行操作，另 1 份置于分离柱顶部，按“柱分离度考察”项下③进行操作，所得溶液于 345 nm 波长处测定吸收度，按式(7-7)计算包封率。

$$包封率(\%) = \frac{A_{L}}{A_{T}} \times 100 \tag{7-7}$$

式中 A_{L}——通过分离柱后收集脂质体中盐酸小檗碱的吸收度；

A_{T}——盐酸小檗碱脂质体中总的药物吸收度。

五、实验结果与讨论

（1）绘制显微镜下脂质体的形态图，从形态上看，“脂质体”“乳剂”及“微囊”有何差别？

（2）记录显微镜下可测定的脂质体的粒径。

最大粒径（μm）：

最多粒径（μm）：

（3）计算柱分离度与包封率。

（4）对比“主动载药”与“被动载药”法制备的盐酸小檗碱脂质体的包封率，评价其方法的优劣。

六、注意事项

（1）在整个实验过程中禁止用火。

（2）在空白脂质体的制备过程中磷脂和胆固醇的乙醇溶液应澄清，不能在水浴中放置过长时间，且磷脂、胆固醇形成的薄膜应尽量薄。

（3）60～65 ℃水浴中搅拌水化 10 min 时，一定要充分保证所有脂质水化，不得存在脂质块。

（4）“主动载药”过程中，加药顺序一定不能颠倒，加 3 种液体时，随加随摇，确保混合均匀，保证体系中各部位的梯度一致。

（5）水浴保温时，也应注意随时轻摇，只需保证体系均匀即可，无须剧烈摇。

（6）用冷水冷却过程中，也应轻摇。

七、思考题

（1）简述以脂质体作为药物载体的机理和特点，并讨论影响脂质体形成的因素。

（2）如何提高脂质体对药物的包封率？

（3）包封率测定方法如何选择？本实验所用的方法与“分子筛法”“超速离心法”相比，有何优缺点？

（4）设计一个有关脂质体的实验方案。本实验方案还有哪些方面有待改进？

实验十　3,5-二硝基水杨酸法测定还原糖和总糖

一、实验目的

（1）掌握还原糖和总糖测定的基本原理。

（2）学习比色法测定还原糖的操作方法和分光光度计的使用方法。

二、实验原理与方法

还原糖的测定是糖定量测定的基本方法。还原糖是指含有自由醛基或酮基的糖类，单糖都是还原糖；二糖和多糖不一定是还原糖，如乳糖和麦芽糖是还原糖，蔗糖和淀粉是非还原糖。利用糖的溶解度不同，可将植物样品中的单糖、二糖和多糖分别提取出来。对没有还原性的二糖和多糖，可用酸水解法使其降解成有还原性的单糖进行测定，再分别求出样品中还原糖和总糖的含量，还原糖以葡萄糖含量计。

还原糖在碱性条件下加热被氧化成糖酸及其他产物，3,5-二硝基水杨酸则被还原为棕红色的3-氨基-5-硝基水杨酸。在一定范围内，还原糖的量与棕红色物质颜色的深浅成正比关系，利用分光光度计在540 nm波长下测定光密度值，查对标准曲线并计算，便可求出样品中还原糖和总糖的含量。由于多糖水解为单糖时，每断裂一个糖苷键需加入1分子水，所以在计算多糖含量时应乘以0.9。

三、实验仪器与试剂

1. 主要仪器

20 mL具塞玻璃刻度试管、滤纸、100 mL烧杯、100 mL三角瓶、100 mL容量瓶、1 000 mL容量瓶、刻度吸管（1、2、10 mL）、恒温水浴锅、煤气炉、漏斗、天平、分光光度计等。

2. 主要试剂

（1）小麦面粉（1 000 g）、葡萄糖、3,5-二硝基水杨酸、氢氧化钠、丙三醇、碘、碘化钾、酚酞、乙醇、盐酸等。

（2）1 mg/mL葡萄糖标准液：准确称取80 ℃烘至恒重的分析纯葡萄糖100 mg，置于小烧杯中，加少量蒸馏水溶解后，转移到100 mL容量瓶中，用蒸馏水定容至100 mL，混匀，4 ℃冰箱中保存备用。

（3）3,5-二硝基水杨酸（DNS）试剂：称取6.5 g DNS溶于少量热蒸馏水中，溶解后移入1 000 mL容量瓶中，加入325 mL 2 mol/L氢氧化钠溶液，再加入45 g丙三醇，摇匀，冷却后定容至1 000 mL。

（4）碘-碘化钾溶液：称取5 g碘和10 g碘化钾，溶于100 mL蒸馏水中。

（5）酚酞指示剂：称取0.1 g酚酞，溶于250 mL 70%乙醇中。

（6）6 mol/L HCl和6 mol/L NaOH：分别取59.19 mL 37%浓盐酸和24 g NaOH定

容至 100 mL。

四、实验步骤

1. 绘制葡萄糖标准曲线

取 7 支 20 mL 具塞刻度试管编号，按表 7-16 分别加入浓度为 1 mg/mL 的葡萄糖标准液、蒸馏水和 3,5-二硝基水杨酸(DNS)试剂，配成不同葡萄糖含量的反应液。

表 7-16　　葡萄糖标准曲线绘制

管号	葡萄糖标准液/mL	蒸馏水/mL	DNS/mL	葡萄糖含量/mg	OD_{540nm}
0	0	2	1.5	0	
1	0.2	1.8	1.5	0.2	
2	0.4	1.6	1.5	0.4	
3	0.6	1.4	1.5	0.6	
4	0.8	1.2	1.5	0.8	
5	1.0	1.0	1.5	1.0	
6	1.2	0.8	1.5	1.2	

将各管摇匀，在沸水浴中准确加热 5 min，取出，用冷水迅速冷却至室温，用蒸馏水定容至 20 mL，加塞后颠倒混匀。调分光光度计波长至 540 nm，用 0 号管调零点，等后面 7～10 号管准备好后，测出 1～6 号管的光密度值。以光密度值为纵坐标，葡萄糖含量(mg)为横坐标，在坐标纸上绘出标准曲线。

2. 样品中还原糖和总糖的测定

(1) 还原糖的提取

准确称取 3.00 g 食用面粉，放入 100 mL 烧杯中，先用少量蒸馏水调成糊状，然后加入 50 mL 蒸馏水，搅匀，置于 50 ℃恒温水浴中保温 20 min，不时搅拌，使还原糖浸出。过滤，将滤液全部收集在 100 mL 的容量瓶中，用蒸馏水定容至刻度，即为还原糖提取液。

(2) 总糖的水解和提取

准确称取 1.00 g 食用面粉，放入 100 mL 三角瓶中，加 15 mL 蒸馏水及 10 mL 6 mol/L HCl，置于沸水浴中加热水解 30 min，取出 1～2 滴置于白瓷板上，加 1 滴 I-KI 溶液检查水解是否完全。如已水解完全，则不呈现蓝色。水解毕，冷却至室温后加入 1 滴酚酞指示剂，以 6 mol/L NaOH 溶液中和至溶液呈微红色，并定容到 100 mL，过滤取滤液 10 mL 于 100 mL 容量瓶中，定容至刻度，混匀，即为稀释 1 000 倍的总糖水解液，用于总糖测定。

(3) 显色和比色

取 4 支 20 mL 具塞刻度试管，编号，按表 7-17 所示分别加入待测液和显色剂，将各管摇匀，在沸水浴中准确加热 5 min，取出，冷水迅速冷却至室温，用蒸馏水定容至 20 mL，加塞后颠倒混匀，在分光光度计上进行比色。调波长 540 nm，用 0 号管调零点，测出 7～10 号管的光密度值。

表 7-17　　样品还原糖测定

管号	还原糖待测液/mL	总糖待测液/mL	蒸馏水/mL	DNS/mL	OD_{540nm}	计算葡萄糖量/mg	平均值	还原糖百分含量/%	总糖百分含量/%
7	0.5	0	1.5	1.5					
8	0.5	0	1.5	1.5					
9	0	1	1	1.5					
10	0	1	1	1.5					

按式(7-8)和式(7-9)计算还原糖和总糖的百分含量(以葡萄糖计)。

$$\text{还原糖}(\%)=\frac{\text{查曲线所得葡萄糖毫克数}\times\dfrac{\text{提取液总体积}}{\text{测定时取用体积}}}{\text{样品毫克数}}\times 100 \tag{7-8}$$

$$\text{总糖}(\%)=\frac{\text{查曲线所得水解后葡萄糖毫克数}\times\text{稀释倍数}}{\text{样品毫克数}}\times 0.9\times 100 \tag{7-9}$$

五、实验结果与讨论

(1) 记录实验条件、过程和试剂用量等。

(2) 记录葡萄糖标准液在 540 nm 的光密度值,填入表 7-16 中,以葡萄糖的含量为横坐标,光密度为纵坐标采用 Origin 软件或 Excel 绘制葡萄糖标准曲线。

(3) 计算出 7、8 号管光密度值的平均值和 9、10 号管光密度值的平均值,根据标准曲线方程分别计算出相应的葡萄糖毫克数,按式(7-8)和式(7-9)计算出样品中还原糖和总糖的百分含量,填入表 7-17。

六、注意事项

(1) 标准曲线制作与样品测定应同时进行显色,并使用同一空白调零点和比色。

(2) 面粉中还原糖含量较少,计算总糖时可将其合并入多糖一起考虑。

七、思考题

(1) 在样品的总糖提取时,为什么要用浓 HCl 处理?而在其测定前,又为何要用 NaOH 中和?

(2) 标准葡萄糖浓度梯度和样品含糖量的测定为什么应该同步进行?比色时设 0 号管有什么意义?

(3) 绘制标准曲线的目的是什么?

实验十一　纤维素酶酶活力的测定

一、实验目的

(1) 掌握还原糖的测定原理。

(2) 学习用 3,5-二硝基水杨酸法测定纤维素酶活力的方法。

二、实验原理与方法

纤维素被纤维素酶水解最终降解生成β-葡萄糖。鉴于纤维素结构的复杂性,没有任何一种酶能将纤维素彻底水解。1950年Reese提出了C1-Cx概念。C1是一水解因子,作用于纤维素的结晶区,如棉花纤维即为高度结晶性纤维,使氢键破裂,呈无定形可溶态,成为长链纤维素分子。再由Cx最终催化形成还原性单糖。而Cx通常包括:① 内切葡萄糖苷酶(Endo-1,4-β-D-glucanase,EC3.2.1.4,简称EG),这类酶随机水解β-1,4-糖苷键,将长链纤维素分子(羧甲基纤维素钠CMC即为人工合成的一种线形纤维素钠盐)截短;② 外切葡萄糖苷酶(Exo-1,4-β-D-glucanase,EC3.2.1.91),又称纤维二糖水解酶(cellobiohydrolase,简称CBH),这类酶作用于β-1,4-糖苷键,每次切下一个纤维二糖分子;③ β-葡萄糖苷酶(β-glucosidase,EC3.2.1.21,简称BG),这类酶将纤维二糖(水杨素即为葡萄糖苷键连接的纤维二糖)水解成葡萄糖分子。

据上述理论,本实验设计以CMC为底物,衡量纤维素的Cx酶活性。将底物水解后释放还原性糖(以葡萄糖计),与3,5-二硝基水杨酸(DNS)反应产生颜色变化,这种颜色变化与葡萄糖的量成正比关系,即与酶样品中的酶活性成正比。通过在540 nm的光吸收值查对标准曲线(以葡萄糖为标准物)可以确定还原糖产生的量,从而确定出酶的活力单位。

纤维素酶类活性的定义:1 g酶粉(1 mL酶液)于50 ℃、pH 4.8条件下,每分钟水解0.5%CMC溶液产生1 μg还原糖(以葡萄糖计)的酶量定义为1个Cx酶活力单位。

三、实验仪器与试剂

1. 主要仪器

恒温水浴锅、热干燥箱、722型分光光度计、分析天平(感量0.1 mg)、一级玻璃制品、冰箱、比色皿、滴管、移液枪、电炉、容量瓶等。

2. 主要试剂

(1) 无水醋酸钠、冰醋酸、3,5-二硝基水杨酸(DNS)、无水葡萄糖、无水酒石酸钾钠、NaOH、重蒸苯酚、无水Na_2SO_3、羧甲基纤维素钠等。

(2) 0.1 mol/L乙酸-乙酸钠缓冲溶液(pH=4.8):量取冰醋酸6 mL,定容至1 000 mL,制成0.1 mol/L醋酸溶液;称取8.2 g醋酸钠,溶解后定容至1 000 mL,制成0.1 mol/L醋酸钠溶液。使用时以醋酸溶液∶醋酸钠溶液=4∶6的比例混合,低温冷藏备用。

(3) 3,5-二硝基水杨酸(DNS)显色液:称取10.0 g 3,5-二硝基水杨酸,溶入200 mL蒸馏水中,加入20 g分析纯氢氧化钠和200 g酒石酸钾钠,然后加水至500 mL,升温溶解后,加入2.0 g重蒸苯酚和0.50 g无水亚硫酸钠。加热搅拌,待全溶后冷却,定容至1 000 mL,存于棕色瓶中,放置一周后使用。

(4) 0.5%羧甲基纤维素钠溶液:准确称取0.500 g羧甲基纤维素钠用pH值为4.8的醋酸缓冲液溶解并定容至100 mL。

(5) 1 mg/mL标准葡萄糖溶液:无水葡萄糖于80 ℃烘干至恒重,准确称取100 mg溶于100 mL水中,于4 ℃冷藏备用。

(6) 纤维素酶样:将0.05 g酶用pH值为4.8的乙酸-乙酸钠缓冲溶液溶解定容至50 mL,从中取出1.0 mL用乙酸-乙酸钠缓冲溶液定容至100 mL,待检测用。

四、实验步骤

1. 标准曲线的编制

如表 7-18 所示，分别吸取 0.0、0.20、0.40、0.60、0.80、1.00 mL 葡萄糖标准液于 6 支 25 mL 比色管中，均用蒸馏水稀释至 1 mL，加 3,5-二硝基水杨酸显色剂 3 mL，在沸水浴中煮沸显色 10 min，冷却，加蒸馏水 21 mL，摇匀。以空白管调零，在 540 nm 处比色，记录吸光度值。以光密度为纵坐标，以葡萄糖质量数为横坐标，采用 Origin 软件或 Excel 绘制葡萄糖标准曲线。

表 7-18　葡萄糖标准曲线制作

序号	葡萄糖标液/mL	蒸馏水/mL	3,5-二硝基水杨酸/mL	吸光度 $A_{540\ nm}$
1	0.0	1.0	3.0	
2	0.2	0.8	3.0	
3	0.4	0.6	3.0	
4	0.6	0.4	3.0	
5	0.8	0.2	3.0	
6	1.0	0.0	3.0	

2. 空白管的测定

在 2 支 25 mL 试管中各加入 1.0 mL 酶液，沸水浴 5 min，冷却后加 3.0 mL 0.5% CMC-Na，与样品管同时放入 50 ℃水浴 30 min。其他操作同样品管。

3. 样品的测定

如表 7-19 所示，在 3 支 25 mL 试管中各加入 0.5%羧甲基纤维素钠溶液 3.0 mL 和酶液 1.0 mL，于 50 ℃水浴中糖化 30 min，取出，立即于沸水浴中煮沸 10 min 使酶失活，得糖化液，冷却加入 3.0 mL 3,5-二硝基水杨酸显色液，再置于沸水浴中 10 min，冷却后加水定容至 25 mL，混匀，以空白管调零，在 540 nm 处测 OD 值，根据标准曲线方程分别计算出相应的葡萄糖毫克数。

表 7-19　样品纤维素酶活力单位的测定

管号	CMC-Na/mL	酶液/mL	NDS/mL	OD_{540nm}	计算葡萄糖量/mg	纤维素酶活力单位	平均值
1	3.0	1.0	3.0				
2	3.0	1.0	3.0				
3	3.0	1.0	3.0				

在上述条件下，1 mg 酶每分钟催化纤维素水解生成 1 μg 葡萄糖定为一个活力单位，纤维素酶活力单位可按式(7-10)计算。

$$\text{纤维素酶活力单位}(\mu g/mg \cdot min) = \frac{N \times OD\text{值对应的葡萄糖量}(\mu g)}{30 \times l} \qquad (7\text{-}10)$$

式中 N——酶液的稀释倍数，此处为 100；

30——糖化所用的时间，min；

l——反应酶液的体积，mL。

五、实验结果与讨论

(1) 记录实验条件、过程和试剂用量等。

(2) 记录葡萄糖标准液在 540 nm 的光密度值，填入表 7-18 中，以葡萄糖的含量为横坐标，光密度为纵坐标采用 Origin 软件或 Excel 绘制葡萄糖标准曲线。

(3) 测定出 1、2、3 号管光密度值，根据标准曲线方程分别计算出相应的葡萄糖毫克数，按式(7-8)和式(7-9)计算出样品中还原糖和总糖的百分含量，并按式(7-10)计算出样品中纤维素酶活力单位，并计算出平均值，填入表 7-19。

(4) 分析讨论实验结果、影响因素和实验过程中存在的问题。

六、注意事项

(1) 无论是标准液还是样品液，都要去除葡萄糖外的其他各种成分对 OD 值的影响，使得到的标准曲线经过坐标原点。

(2) 用移液管或移液枪加各试剂时，不能将移液管或移液枪头混用。各比色管中，均用蒸馏水稀释至 1 mL，加 3,5-二硝基水杨酸显色剂 3 mL，在沸水浴中煮沸显色 10 min，冷却，加蒸馏水 21 mL，摇匀。

七、思考题

(1) 从图像可以看出来，所有的点并非全在一条直线上，造成这一误差的原因是本次实验中哪些方面的因素？

(2) 两个空白管是否有需要设立？若需要则解释其有什么作用？标准曲线是否需要过原点？

实验十二　超氧化物岐化酶的活性测定

一、实验目的

学习测定超氧化物岐化酶活性的方法。

二、实验原理与方法

超氧化物岐化酶(SOD)普遍存在于动植物与微生物体内。SOD 是含金属辅基的酶。高等植物有 2 种类型的 SOD：Mn-SOD 和 Cu/Zn-SOD。SOD 能够清除超氧阴离子自由基($O_2^- \cdot$)，它与 CAT、POD 等酶协同作用来防御活性氧或其他过氧化物自由基对细胞膜系统的伤害，从而减少自由基对机体的毒害。

超氧阴离子自由基($O_2^- \cdot$)是生物细胞某些生理生化反应中常见的中间产物。SOD 能通过歧化反应清除生物细胞中的超氧阴离子自由基，生成 H_2O_2 和 O_2。超氧化物歧化酶催化以下反应：

$$2O_2^- \cdot + 2H^+ \longrightarrow H_2O_2 + O_2$$

超氧自由基非常不稳定，寿命极短，一般用间接方法测定 SOD 活性。本实验依据 SOD 抑制氮蓝四唑(NBT)在光下的还原作用来确定酶活性的大小。有氧化物质存在时，核黄素可在光照条件下被还原。被还原的核黄素在有氧条件下极易再氧化而产生 O_2^- ·。当加入 NBT 后，在光照条件下 O_2^- ·又可将 NBT 还原为蓝色的甲腙，后者在 560 nm 处有最大光吸收。

当加入 SOD 时，SOD 可通过清除 O_2^- ·而抑制 NBT 的光还原反应，使蓝色甲腙生成速度减慢。于是，进行光还原反应后，反应液蓝色越深，说明酶的活性越低，反之酶的活性越高。抑制 NBT 光还原的相对百分率与酶活性在一定范围内呈正相关关系，据此可以计算出酶活性的大小。常常将抑制 50%的 NBT 光还原反应时所需的酶量作为一个酶活性单位(U)。

三、实验仪器与试剂

1. 主要仪器

研钵、高速冷冻离心机、分光光度计、计时器、微量移液枪、离心管、光照箱(光照度为 4 000 lx)、指形玻璃管、容量瓶(100、200、1 000 mL)等。

2. 主要试剂

(1) Na_2HPO_4、NaH_2PO_4、二硫苏糖醇(DTT)、聚乙烯吡咯烷酮(PVP)、L-蛋氨酸(MET)、氮蓝四唑(NBT)、EDTA 二钠盐、核黄素等。

(2) 经逆境处理的绿豆幼苗、芹菜或茶叶等。

(3) 0.1 mol/L 磷酸钠缓冲液(pH=7.8)：称取 Na_2HPO_4 11.35 g 和 NaH_2PO_4 2.41 g，加蒸馏水适量，溶解并稀释至 1 000 mL(pH 约为 7.8)。

(4) 酶提取缓冲液：称取 77 mg DTT 和 5 g PVP，加入到 0.1 mol/L 磷酸缓冲液(pH=7.8)中，定容至 100 mL，摇匀，即得提取缓冲液(含 5 mmol/L DTT 和 5% PVP)，低温(4 ℃)贮藏备用。

(5) 0.05 mol/L 磷酸缓冲液(pH=7.8)：将上述 0.1 mol/L 磷酸钠缓冲液(pH=7.8)稀释一倍即可。

(6) 0.13 mol/L L-蛋氨酸(MET)溶液：称取 1.94 g L-蛋氨酸，用 0.05 mol/L 磷酸缓冲液(pH=7.8)溶解，定容至 100 mL，充分混合(现用现配)。低温避光保存，可使用 2～3 d。

(7) 0.75 mmol/L 氮蓝四唑(NBT)溶液：称取 61.3 mg 氮蓝四唑，用蒸馏水溶解，定容至 100 mL，充分混匀(现用现配)。低温避光保存，可使用 2～3 d。

(8) 0.1 mmol/L Na_2-EDTA 溶液：称取 37.2 mg Na_2-EDTA，用蒸馏水溶解，定容至 100 mL，使用时稀释 100 倍。低温避光保存，可使用 8～10 d。

(9) 0.02 mmol/L 核黄素溶液：称取 75.3 g 核黄素，用蒸馏水溶解，定容至 100 mL，使用时稀释 100 倍。低温避光保存，即用黑纸将装有该液的棕色瓶包好，现用现配。

四、实验步骤

1. 酶液制备

取材，称取 5 g 样品，置于研钵中，加入 5 mL 提取缓冲液，在冰浴条件下研磨成匀浆。将匀浆液全部转入到离心管中，于 4 ℃、12 000 r/min 离心 30 min，收集上清液，低温保存备用，测量提取液总体积。

2. 活性测定

用 5 支玻璃管进行测定。按照表 7-20 所列内容加入各种溶液，注意最后加入核黄素溶液。其中3支为测定管，2支为对照管。混匀后将1支对照管置于暗处，其他各管置于4 000 lx日光灯下反应15 min后，立即置于暗处终止反应。以避光管作为空白参比调零，分别测定560 nm处其他各管的吸光度。

表 7-20　　测定SOD活性时各试剂加入量

试剂(酶)	用量/mL	终浓度(比色时)
0.05 mol/L 磷酸缓冲液(pH=7.8)	1.7	
0.13 mol/L L-蛋氨酸(MET)溶液	0.3	13 mmol/L
0.75 mmol/L 氮蓝四唑(NBT)溶液	0.3	75 μmol/L
0.1 mmol/L Na_2-EDTA 溶液	0.3	10 μmol/L
0.02 mmol/L 核黄素溶液	0.3	2.0 μmol/L
酶液	0.1	对照2支试管以缓冲液代替
总体积	3.0	

显色反应后，分别记录样品管反应混合液的吸光度值(OD_s)和照光对照管反应混合液的吸光度(OD_c)。以每分钟每克植物组织(鲜重)的反应体系对氮蓝四唑(NBT)光化还原的抑制50%为一个SOD活性单位(U)表示。

$$\text{SOD 活性单位} = \frac{(OD_c - OD_s) \times V}{0.5 \times OD_c \times V_s \times t \times m} \tag{7-11}$$

式中　OD_c——照光对照管反应液的吸光度；

OD_s——样品管反应混合液的吸光度；

V——样品提取液总体积，mL；

V_s——测定时所取样品提取液体积，mL；

t——光照反应时间，min；

m——样品质量，g。

五、实验结果与讨论

(1) 记录实验条件、过程和试剂用量等。

(2) 测定出1、2、3号平行样品在560 nm处的吸光度OD_s和OD_c，按式(7-11)计算出样品中SOD酶活力单位，并计算出平均值，填入表7-21中。

表 7-21　　样品超氧化物岐化酶活力单位的测定

重复次数	样品质量 m/g	提取液体积 V/mL	吸取样品液体 V_s/mL	560 nm 吸光度		样品中SOD活性/U	
				OD_c	OD_s	计算值	平均值±标准偏差
1							
2							
3							

(3) 分析讨论实验结果、影响因素和实验过程中存在的问题。

六、注意事项

(1) 通过预实验,摸索显色反应所需的时间。

(2) 当测定样品数量较大时,可在临用前根据用量将表中各试剂(酶液和核黄素除外)按比例混合后一次就加入 2.6 mL,然后依次加入核黄素和酶液,使终浓度不变,其余各步骤与上相同。

(3) 要求各管受光情况一致,所有反应管应排列在与日光灯管平行的直线上。反应温度控制在 25 ℃,视酶活性高低适当调整反应时间。温度较高时,光照时间应缩短;温度较低时,光照时间相应延长。

(4) 所用指形管要结晶透明,透光性好;用浅底广口的小玻璃皿照光效果更好。

(5) 线粒体内 SOD 酶浓度较高,因此研磨要充分。

七、思考题

(1) 在 SOD 测定中为什么设照光和不照光两个对照管?

(2) 影响本实验准确性的主要因素是什么? 应该如何克服?

实验十三 苯系物的气相色谱分析

一、实验目的

(1) 掌握气相色谱保留值定性及归一化法定量的方法和特点。

(2) 熟悉气相色谱仪的使用方法,掌握微量注射器进样技术。

二、实验原理与方法

气相色谱法是以气体(载气)作为流动相的柱色谱分离技术,它主要是利用物质的极性或吸附性质的差异来实现混合物的分离,分析的对象是气体和可挥发的物质。

顶空气相色谱法是通过测定样品上方气体成分来测定该组分在样品中的含量,常用于分析聚合物中的残留溶剂或单体、废水中的挥发性有机物,食品的气味性物质等。其理论依据是在一定条件下气相和液相(固相)之间存在着分配平衡。顶空气相色谱分析过程包括 3 个过程:取样、进样和分析。根据取样方式的不同,可以把顶空气相色谱分为静态顶空气相色谱和动态顶空气相色谱。本实验采用静态顶空气相色谱法。

色谱定量分析,常用的方法有峰面积(峰高)百分比法、归一化法、内标法、外标法和标准加入法。本实验采用归一化法。归一化法要求所有组分均出峰,同时还要有所有组分的标准样品才能定量,公式如式(7-12)所示。

$$x_i = \frac{f_i A_i}{\sum f_i A_i} \times 100\% \tag{7-12}$$

式中,x_i代表待测样品中组分 i 的含量;A_i代表组分 i 的峰面积;f_i代表组分 i 的校正因子。

因为所测样品为同系物,可以简单地认为各组分校正因子相同,则式(7-12)可简化为:

$$x_i = \frac{A_i}{\sum f_i} \times 100\% \tag{7-13}$$

载气携带被分析的气态混合物通过色谱柱时，各组分在气液两相间反复分配，由于各组分的 K 值不同，先后流出色谱柱得到分离。

气相色谱的结构：

(1) 气路系统(carrier gas supply)

气路系统：获得纯净、流速稳定的载气。包括压力计、流量计及气体净化装置。

载气：要求化学惰性，不与有关物质反应。载气的选择除了要求考虑对柱效的影响外，还要与分析对象和所用的检测器相配。

净化器：多为分子筛和活性炭管的串联，可除去水、氧气以及其他杂质。

(2) 进样系统：进样器+气化室

液体进样器：不同规格的专用注射器，填充柱色谱常用 10 μL，毛细管色谱常用 1 μL，新型仪器带有全自动液体进样器，清洗、润冲、取样、进样、换样等过程自动完成，一次可放置数十个试样。

气体进样器：推拉式、旋转式(六通阀)。

气化室：将液体试样瞬间气化的装置，无催化作用。

(3) 柱分离系统

填充柱：内径 2～4 mm，长 1～3 m，内填固定相。

毛细管柱：内径 0.1～0.5 mm，长达几十至 100 m，涂壁固定液毛细管柱因渗透性好、传质快，因而分离效率高、分析速度快、样品用量小。

柱温是影响分离的最重要的因素。选择柱温主要是考虑样品待测物沸点和对分离的要求。柱温通常要等于或略低于样品的平均沸点(分析时间 20～30 min)；对宽沸程的样品，应使用程序升温方法。

(4) 检测系统

检测器是气相色谱仪的关键部件。实际应用中，通常采用热导检测器(TCD)、氢火焰离子化检测器(FID)、电子捕获检测器(ECD)等。本实验选用热导检测器的结构，主要根据不同的气体有不同的热导系数，热导检测器包括：池体，一般用不锈钢制成；热敏元件，由电阻率高、电阻温度系数大且价廉易加工的钨丝制成；参考臂，仅允许纯载气通过，通常连接在进样装置之前；测量臂，需要携带被分离组分的载气流过，连接在紧靠近分离柱出口处。

三、实验仪器与试剂

1. 主要仪器

气相色谱仪、热导检测器、进样针等。

2. 主要试剂

苯、甲苯、二甲苯等。

四、实验步骤

1. 样品检测

配制苯、甲苯、二甲苯的标准混合液，按 1∶5∶5 取苯、甲苯、二甲苯混合均匀，置于密闭容器中保存。于顶空中，取 1 μL 混合气体，手动进样。收集谱图，采用面积归一化法计算各成分的含量。

本次实验的色谱条件：

(1) 色谱柱：长 2 m，102 白色担体 60～80 目，涂渍角鲨烷或 PEG 为固定液，液担比为 5∶100；

(2) 柱温：80 ℃；

(3) 气化室温度：100 ℃；

(4) 检测器温度：120 ℃；

(5) 载气：氢气。

2. 柱温对色谱图的影响

调节柱温至 90 ℃，同样的样品进样 3 次，收集谱图，采用面积归一化法计算各成分的含量，并与柱温为 80 ℃条件下的谱图进行比较。

五、实验结果与讨论

(1) 柱温 80 ℃和 90 ℃条件下色谱图。

(2) 记录柱温 80 ℃条件下色谱数据，填入表 7-22 并分析百分含量。

表 7-22　80 ℃条件下色谱图数据分析

峰号	1	2	3	4
保留时间				
成分				
峰面积				
百分含量				

(3) 记录柱温 90 ℃条件下色谱数据，填入表 7-23 并分析百分含量。

表 7-23　90 ℃条件下色谱图数据分析

峰号	1	2	3	4
保留时间				
成分				
峰面积				
百分含量				

(4) 试比较柱温 80 ℃和 90 ℃条件下各成分的保留时间及峰形，并判断其对结果的影响。

六、注意事项

二甲苯包括邻二甲苯、对二甲苯和间二甲苯，按沸点顺序标准混合样品中各成分的沸点如表 7-24 所示。

表 7-24　二甲苯各异构体的沸点

成分	苯	甲苯	邻二甲苯	对二甲苯	间二甲苯
沸点/℃	80.1	110.6	144.4	138.2	139.1

据表 7-24 知，按沸点排序，苯＜甲苯＜对二甲苯＜间二甲苯＜邻二甲苯，因为沸点低的先出峰，而对二甲苯和间二甲苯沸点只相差 0.9，故不能有效分离开而显示一个共同峰。

七、思考题

(1) 比较填充色谱柱与毛细管色谱柱的区别。

(2) 请指出哪些因素将会影响实验结果，并分析其原因。

实验十四　HPLC 法测定阿司匹林肠溶片中的有效含量

一、实验目的

(1) 熟悉 HPLC 定量检测的方法和原理。

(2) 掌握 HPLC 法测定阿司匹林肠溶片中有效含量的方法和操作技术。

二、实验原理与方法

阿司匹林(ASP)又名乙酰水杨酸，是从柳树皮和柳叶中提取的传统解热镇痛药，口服后在肠道迅速吸收，进入血液后被特异性脂酶水解为游离的水杨酸盐。它可阻断血栓素 A2 的形成，抑制调节血小板的聚集。现已广泛用于解热镇痛、抗风湿、预防暂时性脑缺血及中风，治疗脑血栓，防治心绞痛和心肌梗死等疾病。

测定阿司匹林片剂中阿司匹林含量的方法主要有酸碱滴定法、比色法、毛细管电泳法、紫外分光光度法和高效液相色谱法等。本实验采用高效液相色谱法测定肠溶片中阿司匹林含量，该方法简单、快速、重复性较好。

HPLC 色谱分离图及其主要参数见本章实验七(图 7-6)。

描述两个相邻色谱峰的分离程度采用分离度(R)表示，其定义为两个组分的保留值之差与其平均峰宽值之比，即：

$$R = \frac{2(t_{R2} - t_{R1})}{W_1 + W_2} \tag{7-14}$$

由于检测器对各个组分的灵敏度不同，计算试样某组分含量时应将色谱图上的峰值加以校正。校正因子见式(7-15)。

$$f = \frac{A_s/M_s}{A_i/m_i} = \frac{A_s/M_i}{A_s/m_i} \tag{7-15}$$

式中：s 为参比物质，i 为待测组分。

当检测器采用 TCD 时，常用苯为参比物质。试样中全部组分都显示出色谱峰时，测量全部峰值经相应校正因子校准并归一后，计算每个组分的质量分数的方法叫归一法。质量分数按式(7-16)计算。

$$\omega_i = \frac{f_i A_i}{\sum(f_i A_i)} \times 100\% \tag{7-16}$$

式中　ω_i——试样中组分 i 的质量分数；

f_i——组分 i 的校正因子；

A_i——组分 i 的峰面积。

三、实验仪器与试剂

1. 主要仪器

HPLC、紫外检测器、进样针、研钵、刻度吸管(1、5 mL)、容量瓶(100、50 mL)。

2. 主要试剂

冰醋酸、甲醇、超纯水、冰醋酸、阿司匹林标准品等。

四、实验步骤

1. 仪器准备

开机,预热至少 20 min,才进入稳定的工作状态。

2. 溶液准备

(1) 标准器溶液配制

精密称取阿司匹林标准品 0.200 g,置于 100 mL 容量瓶中,加冰醋酸-甲醇(1∶10)溶液使之溶解并稀释至刻度,摇匀,备用 2 个供试品溶液。分别量取 0.25、0.05、0.75、1.00 和 1.25 mL 用冰醋酸-甲醇(1∶10)溶液稀释至 50 mL 定容。浓度分别为 0.01、0.02、0.04、0.06和 0.08 mg/mL。

(2) 样品溶液配制

取阿司匹林肠溶片研细至粉末(同时称取 20 片计算平均片重),置 100 mL 容量瓶中,加冰醋酸-甲醇(1∶10)溶液使之溶解并稀释至刻度。摇匀,过滤,弃去初滤液,取续滤液 10 mL 置于 100 mL 容量瓶中定容,作为样品溶液。

3. 线性范围

分别精密吸取上述标准溶液系列各 20 μL(按溶液由低至高进样),按下述色谱条件注入液相色谱仪,以峰面积为纵坐标,以进样量为横坐标,绘制标准曲线得回归方程 $Y=aX+b$,$r=A$。进样量与峰面积呈良好的线性关系。

本次实验的色谱条件:

(1) 色谱柱:Agilent Eclipse XDB-C18(4.6 mm×150 mm,5 μm);

(2) 柱温:35 ℃;

(3) 流动相:V(0.5%醋酸-乙醇)∶V(水)=30∶70;

(4) 流速:1.0 mL/min;

(5) 检测波长:270 nm。

4. 样品测试

精密吸取样品溶液 20 μL 按上述色谱条件注入液相色谱仪,根据阿司匹林的峰面积利用标准曲线方程计算有效含量,并计算 RSD。

五、实验结果与讨论

(1) 记录实验条件、过程和试剂用量等。

(2) 以阿司匹林标准液测定其色谱参数,填入表 7-25 中。

(3) 测定不同体积的阿司匹林标准液的色谱峰,填入表 7-26 中,绘制标准曲线,获得标准曲线方程。

(4) 记录样品测试数据,填入表 7-27 中,计算阿司匹林中药物的百分含量。

表 7-25　　阿司匹林色谱参数

t_M	t_R	t'_R

表 7-26　　阿司匹林标准曲线

吸取样品体积/mL	1	2	5	10	20
浓度/(mg/mL)					
峰面积					
标准曲线方程					

表 7-27　　样品测试

测定数据	次数		
	1	2	3
峰面积			
浓度/(mg/mL)			
平均值			
RSD			

六、注意事项

(1) 本次用 HPLC 测定阿司匹林采用的是外标法。

(2) 每组 6 人,应每人至少进行 1 次进样测试。

七、思考题

(1) 测定阿司匹林肠溶片的有效含量还有哪些方法?试举一例。

(2) 本次实验采用的检测器是哪种?为何可以采用此种检测器检测阿司匹林?

实验十五　未知药物分子的结构测定

一、实验目的

(1) 学会利用简单的化学反应鉴别特殊的分子结构。

(2) 根据给出的已知条件推断药物分子的整体结构。

二、实验原理与方法

本品是局部麻醉药,白色结晶或结晶性粉末,易溶于水。临床常用其盐酸盐制备成注射液,用于麻醉、腰麻、“封闭疗法”等。注射液中加入微量肾上腺素,可延长作用时间。除用药过量引起中枢神经系统及心血管系统反应外,偶见过敏反应,用药前应作皮肤过敏试验。

本品的理化性质如下:

(1) 其盐酸盐为无色、无臭小针状或小叶状结晶，味微苦，舌尝有钝麻感；

(2) 0.1 mol/L 水溶液 pH=6.0，呈中性反应；

(3) 在空气中稳定，但对光线敏感，宜避光贮存；

(4) 易溶于水，略溶于乙醇，微溶于三氯甲烷，几乎不溶于乙醚；

(5) 本品有酯键易发生水解。

三、实验仪器与试剂

1. 主要仪器

试管、容量瓶、石蕊试纸等。

2. 主要试剂

(1) 稀盐酸、$NaNO_2$、碱性 β 萘酚、氯化金试液、NaOH 等。

(2) 0.1 mol/L $NaNO_2$溶液：精密称取 6.90 g $NaNO_2$固体，置于 100 mL 容量瓶中，定容，摇匀即得。

(3) 10% NaOH 溶液：称取 10 g NaOH 固体，置于 100 mL 容量瓶中，溶解定容，摇匀即得。

四、实验步骤

(1) 取本品约 50 mg，加入稀盐酸 1 mL 使其溶解，必要时缓缓煮沸至溶解，冷却，加入 0.1 mol/L $NaNO_2$溶液数滴，滴加碱性 β-萘酚试液数滴，生成橙黄到猩红色沉淀。

(2) 取本品约 0.1 g，加水 2 mL，溶解后，加 10% NaOH 溶液 1 mL，生成白色沉淀；加热，呈油状物，该油状物为 *N*,*N*-二乙基乙醇胺，继续加热，产生的蒸气使湿润的红色石蕊试纸变为蓝色；加热至油状物消失后，冷却，加盐酸酸化，析出白色沉淀取代基为对位的苯甲酸。

五、实验结果与讨论

(1) 实验步骤(1)可以推断出什么特殊结构？

(2) 写出 *N*,*N*-二乙基乙醇胺的结构式。

(3) 根据实验步骤(2)推断出该药物的分子式。

(4) 试给出该药物的结构式。

(5) 试给出该药物的临床名称。

六、注意事项

(1) 该药物分子易发生水解，因此须在酸性溶液中使其溶解，配成溶液。

(2) 本品保存时宜保持干燥，低温。

(3) 进行加热实验时，由于有刺激性气体逸出，宜在通风橱中进行。

七、思考题

(1) 实验步骤(2)加入 NaOH 的目的是什么？发生的是什么反应？

(2) 试给出实验步骤(2)反应的方程式。

第八章　制药过程常用检测手段

第一节　取样检测

一、紫外-可见分光光度计

（1）简述

紫外-可见分光光度法是通过被测物质在紫外光区或可见光区的特定波长处或一定波长范围内的吸光度，对该物质进行定性和定量分析的方法。本法在检验中主要用于物质的鉴别、检查和含量测定。朗伯-比尔（Lambert-Beer）定律是紫外分光光度法定量分析的依据，其数学表达式如式（8-1）所示。

$$A = \frac{\lg l}{T}Ecl \tag{8-1}$$

式中，A 为吸光度；T 为透光率；E 为吸收系数；c 为溶液浓度；l 为光路长度。

如溶液的浓度（c）为 1%（g/mL），光路长度（l）为 1 cm，相应的吸光度即为吸收系数，以 Ecl 表示。如溶液的浓度（c）为摩尔浓度（mol/L），光路长度为 1 cm 时，则相应的吸收系数为摩尔吸收系数，以 ε 表示。

（2）仪器

紫外-可见分光光度计主要由光源、单色器、样品室、检测器、记录仪、显示系统和数据处理系统等部分组成。为了满足紫外-可见光区全波长范围的测定，仪器备有两种光源，即氘灯和碘钨灯，前者用于紫外区，后者用于可见光区。单色器通常由进光狭缝、出光狭缝、平行光装置、色散元件、聚焦透镜或反射镜等组成。色散元件有棱镜和光栅两种，棱镜多用天然石英或熔融硅石制成，对 200～400 nm 波长光的色散能力很强，对 600 nm 以上波长的光色散能力较差，棱镜色散所得的光谱为非匀排光谱。光栅系将反射或透射光经衍射而达到色散作用，故常称为衍射光栅。光栅光谱是按波长作线性排列，故为匀排光谱，双光束仪器多用光栅为色散元件。检测器有光电管和光电倍增管 2 种。

紫外-可见分光光度计依据其结构和测量操作方式的不同可分为单光束和双光束分光光度计 2 类。单光束分光光度计有些仍为手工操作，即固定在某一波长，分别测量比较空白、样品或参比样的透光率或吸光度，操作比较费时，用于绘制吸收光谱图时很不方便，但适用于单波长的含量测定。双光束分光光度计藉扇形镜交替切换光路使其分成样品（S）和参比（R）两光束，并先后到达检测器，检测器信号经调制分离成两光路对应信号，信号的比值可直接用记录仪记录。双光束分光光度计操作简单，测量快速，自动化程度高，但作含量测定时，为求准确起见，仍宜用固定波长测量方式。

（3）样品测定操作方法

① 吸收系数测定

按各品种项下规定的方法配制供试品溶液，在规定的波长处测定其吸光度，并计算吸收系数，应符合规定范围。

② 鉴别及检查

按各品种项下的规定，测定供试品溶液的最大及最小吸收波长，有的必须测定其在最大吸收波长与最小吸收波长处的吸光度比值，均应符合规定。

③ 含量测定

a. 对照品比较法

按各品种项下规定的方法，分别配制供试品溶液和对照品溶液，对照品溶液中所含被测成分的量应为供试品溶液中被测成分标示量的100%±10%以内，用同一溶剂，在规定的波长处测定供试品溶液和对照品溶液的吸光度。

b. 吸收系数法

按各品种项下配制供试品溶液，在规定的波长及该波长±2 nm处测定其吸光度，按各品种在规定条件下给出的吸收系数计算含量。用本法测定时，吸收系数通常应大于100，并注意仪器的校正和检定。

c. 计算分光光度法

按规定，计算分光光度法一般不宜用于含量测定，对于少数采用计算分光光度法的品种，应严格按各品种项下规定的方法进行。用本法时应注意有一些吸光度是在待测成分吸收曲线的上升或下降陡坡处测定，影响精度的因素较多，故应仔细操作，尽量使供试品和对照品的测定条件一致。若该品种不用对照品，如维生素A测定法，则应在测定前对仪器作仔细的校正和检定。

d. 比色法

供试品本身在紫外-可见光区没有强吸收，或在紫外光区虽有吸收但为了避免干扰或提高灵敏度，加入适当的显色剂，使反应产物的最大吸收移至可见光区。用比色法测定时，由于显色时影响显色深浅的因素较多，应取供试品与对照品或标准品同时操作。除另有规定外，比色法所用的空白系指用同体积的溶剂代替对照品或供试品溶液，然后依次加入等量的相应试剂，并用同样方法处理。

当吸光度和浓度关系不呈良好线性时，应取数份梯度量对照品溶液，用溶剂补充至同一体积，显色后测定各份溶液的吸光度，然后以吸光度与相应的浓度绘制标准曲线，再根据供试品的吸光度在标准曲线上查得其相应的浓度，并求出其含量。

(4) 注意事项

① 试验中所用的量瓶和移液管均应经检定校正、洗净后使用。

② 使用的石英吸收池必须洁净，当吸收池中装入同一溶剂，在规定波长测定各吸收池的透光率，如透光率相差在0.3%以下者可配对使用，否则必须加以校正。

③ 取吸收池时，手指拿毛玻璃面的两侧。装样品溶液的体积以池体积的4/5为度，使用挥发性溶液时应加盖，透光面要用擦镜纸由上而下擦拭干净，检视应无残留溶剂，为防止溶剂挥发后溶质残留在池子的透光面，可先用蘸有空白溶剂的擦镜纸擦拭，然后再用干擦镜纸拭净。吸收池放入样品室时应注意每次放入方向相同。使用后用溶剂及水冲洗干净，晾干，防尘保存，吸收池如污染不易洗净时可用硫酸-发烟硝酸混合液稍加浸泡后，洗净备

用。如用铬酸钾清洁液清洗时，吸收池不宜在清洁液中长时间浸泡，否则清洁液中的铬酸钾结晶会损坏吸收池的光学表面，并应充分用水冲洗，以防铬酸钾吸附于吸收池表面。

④ 含有杂原子的有机溶剂，通常均具有很强的末端吸收。因此，当作溶剂使用时，它们的使用范围均不能小于截止使用波长。例如甲醇、乙醇的截止使用波长为 205 nm。另外，当溶剂不纯时，也可能增加干扰吸收。因此，在检查所用的溶剂在供试品所用的波长附近是否符合要求，即将溶剂置于 1 cm 石英吸收池中，以空气为空白（即空白光路中不置任何物质）测定其吸光度，溶剂和吸收池的吸光度应符合表 8-1 规定。

表 8-1　以空气为空白测定溶剂在不同波长处的吸光度

波长范围/nm	220～240	241～250	251～300	300 以上
吸光度	≤0.40	≤0.20	≤0.10	≤0.05

⑤ 称量应按规定要求。配制测定溶液时稀释转移次数应尽可能少，转移稀释时所取容积一般应不少于 5 mL。含量测定时供试品应称取 2 份，如为对照品比较法，对照品一般也应称取 2 份。吸收系数检查也应称取供试品 2 份，平行操作，每份结果对平均值的偏差应在±0.5%以内。作鉴别或检查可取样品 1 份。

⑥ 供试品溶液的浓度，除各品种项下已有注明者外，供试品溶液的吸光度以在 0.3～0.7 之间为宜，吸光度读数在此范围误差较小，并应结合所用仪器吸光度线性范围，配制合适的读数浓度。

⑦ 选用仪器的狭缝谱带宽度应小于供试品吸收带半高宽的 1 000，否则测得的吸光度值会偏低，或以减小狭缝宽度时供试品溶液的吸光度不再增加为准，对于紫外分光光度法测定的大部分品种，可以使用 2 nm 缝宽，但当吸收带的半高宽小于 20 nm 时，则应使用较窄的狭缝，例如青霉素钾及钠的吸光度检查需用 1 nm 缝宽或更窄，否则其 264 nm 的吸光度会偏低。

⑧ 测定时除另有规定者外，应在规定的吸收峰±2 nm 处，再测几点的吸光度，以核对供试品的吸收峰位置是否正确，并以吸光度最大的波长作为测定波长，除另有规定外吸光度最大波长应在该品种项下规定的波长±2 nm 以内，否则应考虑试样的同一性、纯度以及仪器波长的准确度。

⑨ 用于制剂含量测定时，应注意供试液与对照液的 pH 值是否一致，如 pH 值对吸收有影响，则应调溶液的 pH 值一致后再测定吸光度。

（5）结果计算

① 对照品比较法

可根据供试品溶液及对照品溶液的吸光度与对照品溶液的浓度以正比法算出供试品溶液的浓度，再计算含量，计算公式见式(8-2)。

$$c_{样品} = \frac{A_{样品} \times c_{对照}}{A_{对照}} \tag{8-2}$$

式中，A 为吸光度值；c 为测试液浓度，以 mg/mL 计。

② 吸收系数法

吸收系数(E)即在指定波长时，光路长度为 1 cm，试样浓度换算为 1%(g/mL)时的吸光度值。故应先求被测样品的 E 值，再与规定的 E 标准值比较，可计算出供试样品的含量，计算公式见式(8-3)。

$$E = A/cl \tag{8-3}$$

式中，A 为供试品溶液测得的吸光度值；c 为供试品溶液的百分浓度，即 100 mL 中所含溶质的克数，g/mL；l 为吸收池的光路长度，cm；E 为根据前式计算出的供试品吸收系数。

(6) 吸收系数测定法

本法主要用于新品种的吸收系数测定。

① 测定方法

取精制样品精密称取一定量，使样品溶液配成吸光度读数在 0.6～0.8 之间，置于 1 cm 吸收池中，在规定波长处按测出吸光度读数，然后再用同批溶剂将溶液稀释 1 倍，使吸光度在 0.3～0.4 之间，再按上述方法测定。样品应同时测定 2 份，同一台仪器测定的 2 份结果，对平均值的偏差应不超过±0.300，否则应重新测定。测定时，先按仪器正常灵敏度测试，然后再减小狭缝测定，直到减小狭缝吸光值不增加为止，取吸光度不改变的数据。再用 4 台不同型号的仪器复测。

吸收系数可根据朗伯-比尔定律求算，以下例予以说明。

已知某化合物的相对分子质量为 287，用乙醇配成浓度为 0.003 0%的溶液，在波长 297 nm 处，用 1 cm 石英池，测得吸光度为 0.613 9，求 E 值及摩尔吸收系数 ε 值。

$$E_{1\ \mathrm{cm},\ 297\ \mathrm{nm}}^{1\%} = \frac{A}{cl} = \frac{0.614}{0.003\,0 \times 1} = 205$$

$$\varepsilon_{297\ \mathrm{nm}} = \frac{A}{cl} = \frac{0.614}{\dfrac{0.003\,0 \times \dfrac{1\,000}{100}}{287} \times 1} = 5\,874$$

② 测定注意事项

a. 样品应为精制品，水分或干燥失重应另取样测定并予以扣除。

b. 所用的容量仪器及分析天平应经过检定，如有相差应加上校正值。

c. 测定所用的溶剂，其吸光度应符合规定。吸收池应于临用时配对或作空白校正。

d. 称取样品时，其称量准确度应按规定要求。

e. 所用的分光光度计应经过严格检定，特别是波长准确度和吸光度精度要进行校正。要注明测定时的温度。

二、平面色谱

平面色谱法(plane chromatography)是组分在以平面为载体的固定相和流动相之间吸附或分配平衡而进行的一种色谱方法。该法具有操作简单，不需要昂贵的仪器设备，分析速度快，结果直观，并有较高的分离能力。平面色谱法主要包括薄层色谱法(Thin layer chromatography，TLC)和纸色谱法(Paper chromatograph)。纸色谱法出现于 20 世纪 40 年代，主要用于微量分析，特别在生化和医药分析中的应用十分广泛。但色谱纸的机械强度较差，传质阻力大，使该法的应用和推广受到了限制。20 世纪 60 年代，薄层色谱法的发展和普及，使得纸色谱法的应用逐渐减少。20 世纪 80 年代出现了仪器化薄层色谱法(Instrumental thin layer chromatography)，薄层色谱的每一步骤均由仪器来代替以往的手工操作，再配以薄层扫描仪，这样就使在较长时期内被认为只能用来定性和半定量的薄层色谱法定量结果的重现性和准确度大大提高，成为一种有价值的分离分析方法。

1. 平面色谱法的分类

平面色谱法按操作方式可分为：

(1) 薄层色谱法

薄层色谱法是把固定相均匀地涂布在玻璃板、塑料板或铝箔上形成厚薄均匀的薄层，在此薄层上进行混合组分分离的色谱法。按照薄层色谱法的分离机制不同，薄层色谱法又可分为吸附薄层色谱法、分配薄层色谱法和分子排阻薄层色谱法。

(2) 纸色谱法

纸色谱法的固定相一般为纸纤维上吸附的水分，流动相为与水互不相溶的有机溶剂，根据被分离混合组分在水和有机溶剂中的溶解能力不同，在色谱纸上产生差速迁移而得到分离。纸色谱分离原理属于分配色谱的范畴。

(3) 薄层电泳法

薄层电泳法是带电荷的被分离物质（蛋白质、核苷酸、多肽、糖类等）在纸、醋酸纤维素、琼脂糖凝胶或聚丙烯酰胺凝胶等惰性支持体上，以不同速度向其电荷相反的电极方向泳动，产生差速迁移而得到分离的方法。薄层电泳法属于平面色谱范围，但由于电泳与色谱的驱动力、仪器设备及测定对象与薄层色谱法及纸色谱法有较大差别，在本节不予介绍。

2. 平面色谱法参数

平面色谱与柱色谱的基本原理相同，但操作方法不同，故各种参数也不完全相同。以下主要介绍平面色谱法的定性参数。

薄层色谱的定性参数是色谱过程热力学特性参数，包括比移值与相对比移值。

(1) 比移值(Retardation factor，R_f)

比移值是在一定条件下，溶质移动距离与流动相移动距离之比，是平面色谱法中用来表征平面色谱图上斑点位置的基本参数，也是平面色谱法用于定性的基本参数。计算公式见式(8-4)。

$$R_f = \frac{L}{L_0} \tag{8-4}$$

式中，L 为原点(Origin)至斑点中心的距离；L_0 为原点至溶剂前沿(Solvent front)的距离。当 $R_f=0$ 时，组分不随流动相展开，停留在原点，表示组分在固定相上完全保留；当 $R_f=1$ 时，组分随流动相展开至溶剂前沿，表示组分在固定相上完全不保留。所以 R_f 值在 0～1 之间。在实际工作中，R_f 值适宜范围是 0.2～0.8，最佳范围是 0.3～0.5。

由于 R_f 受被分离组分的结构和性质、固定相和流动相的种类和性质、展开室内的饱和度、温度等多因素的影响。在不同实验室或不同实验者间进行同一化合物 R_f 值的比较是很困难的。

(2) 相对比移值(Relative retardation factor，R_r)

相对比移值是在一定条件下，被测组分的比移值与参考物质比移值之比，计算式见式(8-5)。

$$R_r = \frac{R_{f(i)}}{R_{f(s)}} = \frac{L_{(i)}}{L_{(s)}} \tag{8-5}$$

式中，$R_{f(i)}$ 和 $R_{f(s)}$ 分别为组分 i 和参考物质 s 在相同条件下的比移值。$L_{(i)}$ 和 $L_{(s)}$ 分别为组分 i 和参考物质 s 在平面色谱上的移动距离。

相对比移值在一定程度上消除了测定中的系统误差，因此，与比移值相比具有较高的重现性和可比性。测定 R_r 时，可以选择纯物质加到试样中作为参考物质，也可以是试样中的某一已知组分。R_r 可以大于 1，也可以小于 1。R_r 与被测组分、参考物质和色谱条件等因素有关。

3. 薄层色谱的应用

薄层色谱是利用固体吸附剂对混合物中的各组分的吸附能力不同而使其分离的一种色谱方法。其操作过程包括如下几个步骤：

(1) 制板

即将吸附剂(氧化铝、硅胶、聚酰胺)涂布于平板上，形成薄层。载体板的选择：最常用的是玻璃板。

① 平面形状和大小：常用正方形或长方形。分析(20×20、10×20)cm^2；预试(2.6×7.6)cm^2；制备(20×40、20×100)cm^2。

② 薄层的涂布

干板：将固定相细粉直接均匀分布于平板上，多用于氧化铝薄层。

湿板：固定相＋黏合剂＋水，制成匀浆，倾注于板上，形成薄层，可用于硅胶、聚酰胺、氧化铝薄层，最常用的是硅胶；常用的黏合剂有煅石膏、淀粉、羧甲基纤维素(CMC)等。

硅胶 G 板：用硅胶 G(硅胶＋硫酸钙)和蒸馏水 1∶(3～4)的比例，在研钵或烧杯中调成糊状。

硅胶-CMC 板：用硅胶 H(硅胶＋羧甲基纤维素)和 0.3%～0.5%CMC 的水溶液以1∶(3～4)的比例调成糊状。

固定相的分布：倾注操作、浸渍操作、涂布操作和喷雾操作等。

薄层的干燥：先将潮湿的薄层板在空气中晾干，然后入烘箱中干燥。如硅胶或氧化铝板经 120 ℃加热 30 min 以上，得到具有活性的板，活化后的板存放在密闭容器中。

(2) 上样

即将欲分离的样品液滴到平板上。以检测镇痛片(APC)的成分为例说明，成分有阿司匹林、咖啡因、非那西丁。

① 准备标准液：分别准备阿司匹林、咖啡因、非那西丁溶液作为标准液。

② 准备分离液：研碎→放入玻璃滴管中→加入乙醇→接收流出液。

③ 点样：准备 3 块干燥的活性板，具边缘 1.5～2 cm 出划线，在线上点样，左边点标准液，右边点分离液，点样直径不大于 3 mm，两点之间距离 0.5～1 cm。

(3) 展开

即将样品中各组分展开。步骤如下：

① 色谱缸中倒入适量的展开剂，如本实验中的展开剂为无水乙醇/二氯甲烷/冰醋酸＝5 mL∶2 mL∶7 滴。

② 将薄层板点有样品的一端浸入展开剂。

③ 当展开剂迁移一定距离后，取出薄层板。

(4) 定位和显色

① 直接显色：有色物质。

② 荧光定位：紫外光灯下观察。

③ 显色剂定位：碘、碱性高锰酸钾、铁氰化钾－三氯化铁、浓硫酸－甲醇、荧光显色剂。

④ 直接微量升华定位。

⑤ 生物试验定位。

(5) 计算 R_f 值

根据公式(8-4)计算各斑点的 R_f 值。

三、气相色谱

1. 基本原理

气相色谱(GC)主要是利用物质的沸点、极性和吸附性质的差异来实现混合物的分离。待分析样品在汽化室汽化后被惰性气体(即载气，一般是 N_2 和 He 等)带入色谱柱，柱内含有液体或固体固定相，由于样品中各组分的沸点、极性或吸附性能不同，每种组分都倾向于在流动相和固定相之间形成分配或吸附平衡。但由于载气是流动的，这种平衡实际上很难建立起来，也正是由于载气的流动，样品组分在运动中进行反复多次地分配或吸附/解附，结果在载气中分配浓度大的组分先流出色谱柱，而在固定相中分配浓度大的组分后流出。当组分流出色谱柱后，立即进入检测器，检测器能够将样品组分的存在与否转变为电信号，而电信号的大小与被测组分的量或浓度成比例，当将这些信号放大并记录下来时即形成了色谱图。

2. 气相色谱的结构组成

气相色谱仪由气路系统、进样系统、色谱分离系统、检测记录系统等五大系统组成。组分能否分开，关键在于色谱柱，而分离后组分能否鉴定出来则在于检测器，所以分离系统和检测系统是仪器的核心。

(1) 载气

气相色谱所用的流动相气体叫载气。常用的载气有氮气、氢气、氦气、氩气、甲烷、乙烷和二氧化碳等。

(2) 色谱柱

色谱柱是气相色谱仪中分离的心脏，色谱柱的选择是确定色谱分析方法的中心环节。一般要求色谱柱具有效能高、选择性好、快速(几秒钟至几十分钟)等优点。色谱柱的特性主要由填充的固定相决定，进行选择时可遵循以下原则：① 按“相似相溶”原则：极性相似或官能团相似；② 按组分性质主要差别选，如沸点相差大的选非极性固定液，沸点相差小的选极性固定液；③ 柱温小于固定相最高使用温度，以防止固定液流失。

(3) 检测器

检测器是将流出色谱柱的载气中被分离组分的浓度和质量转化为电信号(电压或电流)变化的装置。气相色谱仪的检测器有 30 多种，常用的检测器主要有火焰离子化检测器(FID)、火焰热离子检测器(FTD)、火焰光度检测器(FPD)、热导检测器(TCD)和电子俘获检测器(ECD)等。

3. 基本操作

(1) 加热

由于气相色谱仪的生产厂家和质量的不同，测定温度的方式也不相同。对于用微机设数法或拨轮选择法给定温度，一般是直接设数或选择合适给定温度值加以升温。

（2）调池平衡

① 用池平衡或调零旋钮将记录仪指针调至合适位置；

② 自衰减至 16 倍左右，观察记录仪指针移动情况；

③ 用记录调零旋钮将记录仪指针调回原处；

④ 退回衰减，观察记录仪指针移动情况；

⑤ 用调零或池平衡旋钮将记录仪指针调回原处。

（3）点火

氢焰气相色谱仪开机时需要点火，有时因各种原因致使熄火后，也需要点火。下面介绍 2 种点火技巧。

① 加大氢气流量法　先加大氢气流量，点着火后，再缓慢调回工作状况，此法通用；

② 减少尾吹气流量法　先减少尾吹气流量，点着火后，再调回工作状况，此法适用于用氢气作载气和空气作助燃气的情况。

（4）气比的调节

氢焰气相色谱仪三气的流量比建议为氮气∶氢气∶空气＝1∶1∶10，气比应按下法调节：

① 氮气流量的调节

调节氮气流量时，要进样观察组分分离情况，直至氮气流量尽可能大且样品组分有较好分离为止。

② 氢气和空气流量的调节

氢气和空气流量的调节效果，可以用基流的大小来检验。先调节氢气流量，使之约等于氮气的流量，再调节空气流量。在调节空气流量时，要观察基流的改变情况，只要基流在增加，仍应相向调节，直至基流不再增加为止。最后，再将氢气流量上调少许。

（5）进样

在气相色谱分析中，一般是采用注射器或六通阀门进样。

① 进样量

进样量与气化温度、柱容量和仪器的线性响应范围等因素有关，也即进样量应控制在能瞬间气化，达到规定分离要求和线性响应的允许范围之内。填充柱冲洗法的瞬间进样量：液体样品或固体样品溶液一般为 0.01～10 μL，气体样品一般为 0.1～10 μL。在定量分析中，应保证进样量读数准确。

② 进样方法

双手持注射器，用一只手（通常是左手）把针插入垫片。注射大体积样品（即气体样品）或输入压力极高时，要防止从气相色谱仪来的压力把柱塞弹出（用右手的大拇指）让针尖穿过垫片尽可能地进入进样口，压下柱塞停留 1～2 s，然后尽可能快而稳地抽出针尖（继续压住柱塞）。

③ 进样时间

进样时间长短对柱效率影响很大，若进样时间过长，可使色谱区域加宽而降低柱效率。因此，对于冲洗法色谱而言，进样时间越短越好，一般必须小于 1 s。

4. 应用领域

① 在石化分析中的应用:原油分析、炼厂气分析;

② 在环境分析中的应用:大气污染分析(有毒有害气体、气体硫化物、氮氧化物等),饮用水分析(多环芳烃、农药残留、有机溶剂等);

③ 在食品分析中的主要应用:脂肪酸甲酯分析、农药残留分析、香精香料分析、食品添加剂分析、食品包装材料中挥发物的分析;

④ 在医药分析中的主要应用:雌三醇测定,尿中孕二醇和孕三醇测定,尿中胆甾醇测定,儿茶酚胺代谢产物的分析,血液中乙醇、麻醉剂以及氨基酸衍生物的分析,血液中睾丸激素的分析,某些挥发性药物的分析。

四、高效液相色谱

1. 简介

高效液相色谱法系采用高压输液泵将规定的流动相泵入装有填充剂的色谱柱,对供试品进行分离测定的色谱方法。注入的供试品,由流动相带入柱内,各组分在柱内被分离,并依次进入检测器,由积分仪或数据处理系统记录和处理色谱信号。

2. 特点

① 高压:高效液相色谱以液体为流动相(载液),为了迅速通过色谱柱,对载液施加高压,一般可达 $1.50\times10^7\sim3.50\times10^7$ Pa;

② 高速:分离工作一般在几分钟至几十分钟完成;

③ 高效:微粒型填料高压匀浆装柱技术的应用,使分离效率大大提高;

④ 高灵敏度:高灵敏度检测器的采用,提高了分析的灵敏度,如荧光检测器;

⑤ 适用范围广:气相色谱分离能力较好,灵敏度较高,分析速度快,操作也比较方便。但受条件的限制,沸点太高的物质或热稳定差的物质都难于应用气相色谱进行分析。高效液相色谱只要求试样能做成溶液,而不需要气化,因此不受试样挥发性的限制。对于高沸点、热稳定性差、相对分子质量大的有机物原则上都可以用高效液相色谱进行分析、分离。

3. 高效液相色谱的分类

① 吸附色谱:流动相为液体,固定相为吸附剂(如硅胶、氧化铝等),根据物质吸附作用的不同进行分离;

② 分配色谱:流动相为液体,固定相为液体,样品分子依据它们在流动相和固定相间的溶解度不同,分别进入两相分配而实现分离;

③ 体积排阻色谱:以多孔凝胶为固定相,依据样品相对分子质量大小达到分离;

④ 离子交换色谱:使用表面有离子交换基团的离子交换剂作固定相,带负电的交换基团用于阳离子的分离,带正电的交换基团用于阴离子的分离。

上述各种色谱的特点及区别如表 8-2 所示。

4. 高效液相色谱仪的组成

高效液相色谱仪由高压输液系统、进样系统、分离系统、检测系统、记录系统等五大部分组成(图 8-1)。分析前,选择适当的色谱柱和流动相,开泵,冲洗柱子,待柱子达到平衡而且基线平直后,用微量注射器把样品注入进样口,流动相把试样带入色谱柱进行分离,分离后的组分依次流入检测器的流通池,最后和洗脱液一起排入流出物收集器。当有样品组分流过流通池时，检测器把组分浓度转变成电信号，经过放大，用记录器记录下来就得到色谱图。色谱图是定性、定量和评价柱效高低的依据。

表 8-2　几种常见色谱分类

项目	吸附色谱	分配色谱	体积排阻色谱	离子交换色谱
固定相	固体吸附剂 表面吸附中心	液体 与流动相不溶	多孔凝胶 相对分子质量不同分离	离子交换剂 表面离子交换基团
流动相	不同极性有机溶剂	不同极性有机溶剂和水	有机溶剂或一定 pH 值的缓冲液	不同 pH 值的缓冲液
分离原理	吸附与解析	溶解与挥发	渗透或过滤	可逆的离子交换

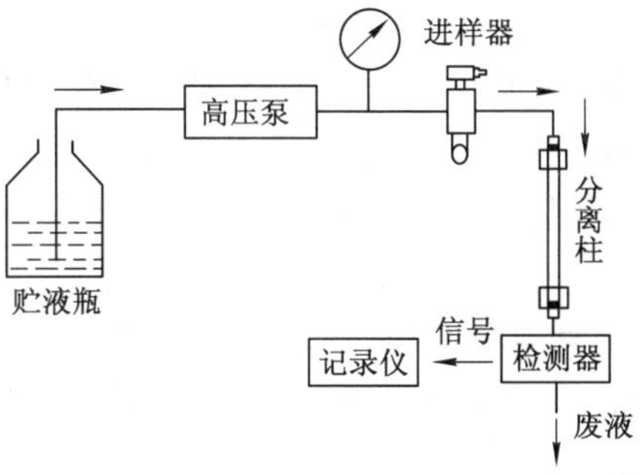

图 8-1　高效液相色谱仪的结构示意图

(1) 高压输液系统

高压输液系统由溶剂贮存器、高压泵、梯度洗脱装置和压力表等组成。

① 溶剂贮存器

溶剂贮存器一般由玻璃、不锈钢或氟塑料制成，容量为 1～2 L，用来贮存足够数量、符合要求的流动相。

② 高压输液泵

高压输液泵(图 8-2)是高效液相色谱仪中关键部件之一，其功能是将溶剂贮存器中的流动相以高压形式连续不断地送入液路系统，使样品在色谱柱中完成分离过程。

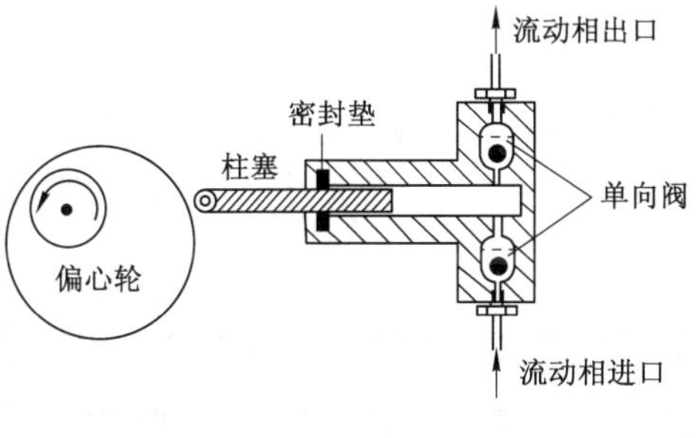

图 8-2　恒流柱塞泵

由于液相色谱仪所用色谱柱径较细，所填固定相粒度很小，因此，对流动相的阻力较大。为了使流动相能较快地流过色谱柱，就需要高压泵注入流动相。对泵的要求：输出压力高、流量范围大、流量恒定、无脉动，流量精度和重复性为0.5%左右。此外，还应耐腐蚀，密封性好。高压输液泵，按其性质可分为恒压泵和恒流泵2大类。恒流泵是能给出恒定流量的泵，其流量与流动相黏度和柱渗透无关。恒压泵是保持输出压力恒定，而流量随外界阻力变化而变化，如果系统阻力不发生变化，恒压泵就能提供恒定的流量。

③ 梯度洗脱装置

梯度洗脱就是在分离过程中使2种或2种以上不同极性的溶剂按一定程序连续改变它们之间的比例，从而使流动相的强度、极性、pH值或离子强度相应地变化，达到提高分离效果，缩短分析时间的目的。梯度洗脱装置分为2类：一类是外梯度装置（又称低压梯度），流动相在常温常压下混合，用高压泵压至柱系统，仅需一台泵即可。另一类是内梯度装置（又称高压梯度），将2种溶剂分别用泵增压后，按电器部件设置的程序，注入梯度混合室混合，再输至柱系统。梯度洗脱的实质是通过不断地变化流动相的强度，来调整混合样品中各组分的 k 值，使所有谱带都以最佳平均 k 值通过色谱柱。它在液相色谱中所起的作用相当于气相色谱中的程序升温，所不同的是，在梯度洗脱中溶质 k 值的变化是通过溶质的极性、pH值和离子强度来实现的，而不是借改变温度（温度程序）来达到。

(2) 进样系统

进样系统包括进样口、注射器和进样阀等，它的作用是把分析试样有效地送入色谱柱上进行分离。六通进样阀是最理想的进样器，其结构如图8-3所示。

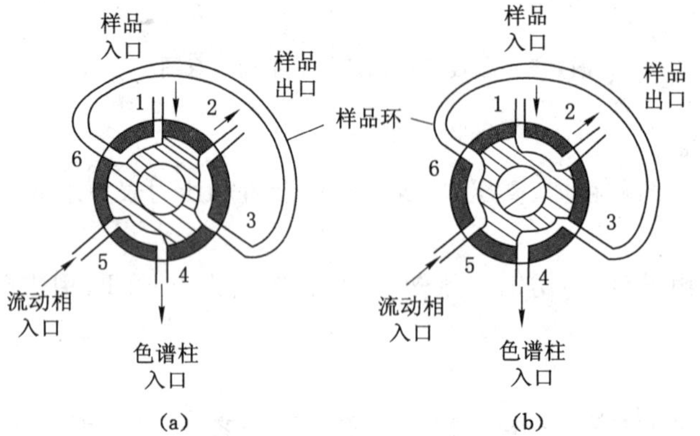

图8-3 六通进样阀装置

(3) 分离系统

分离系统包括色谱柱、恒温器和连接管等部件。色谱柱一般用内部抛光的不锈钢制成，其内径为2～6 mm，柱长为10～50 cm，柱形多为直形，内部充满微粒固定相，柱温一般为室温或接近室温，如图8-4所示。

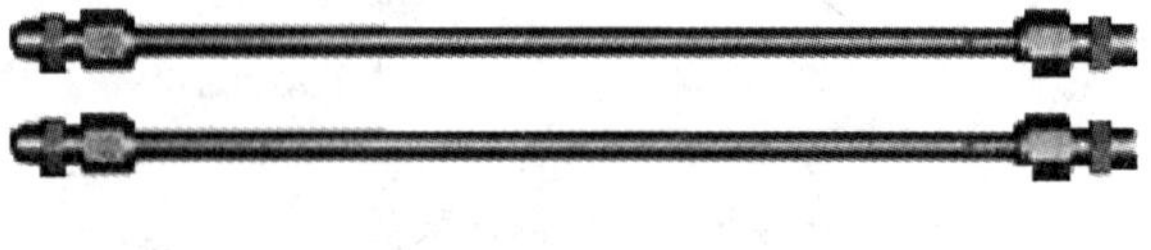

图8-4 常见色谱柱外形

（4）检测器

最常用的检测器为紫外吸收检测器，其典型结构如图 8-5 所示。

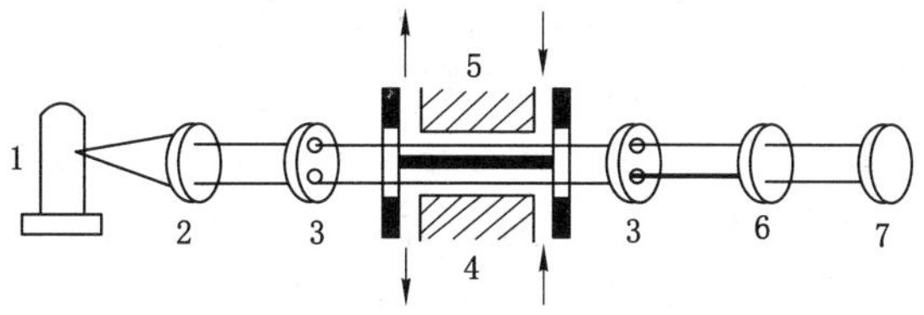

图 8-5　紫外检测器光路图

1——低压汞灯；2——透镜；3——遮光板；4——测量池；5——参比池；6——紫外滤光片；7——双紫外光敏电阻

检测器是液相色谱仪的关键部件之一，一般要求灵敏度高，重复性好、线性范围宽、死体积小以及对温度和流量的变化不敏感等。在液相色谱中，有两种类型的检测器，一类是溶质性检测器，它仅对被分离组分的物理或物理化学特性有响应，如紫外、荧光、电化学检测器等；另一类是总体检测器，它对试样和洗脱液总的物理和化学性质响应，如示差折光检测器等。

5．测定法

（1）内标法

按各品种项下的规定，精密称（量）取对照品和内标物质，分别配成溶液；精密量取各适量，混合配成校正因子测定用的对照溶液。取一定量注入仪器，记录色谱图。测量对照品和内标物质的峰面积或峰高，按式(8-6)计算校正因子 f。

$$f = \frac{A_s/C_s}{A_R/C_R} \tag{8-6}$$

式中，A_s 为内标物质的峰面积或峰高；A_R 为对照品的峰面积或峰高；C_s 为内标物质的浓度；C_R 为对照品的浓度。

再取各品种项下含有内标物质的供试品溶液，注入仪器，记录色谱图，测量供试品中待测成分和内标物质的峰面积或峰高，按式(8-7)计算含量 C_x。

$$C_x = f \times \frac{A_x}{\dfrac{A_{s内}}{C_{s内}}} \tag{8-7}$$

式中，A_x 为供试品（或其杂质）峰面积或峰高；C_x 为供试品（或其杂质）的浓度；$A_{s内}$ 为内标物质的峰面积或峰高；$C_{s内}$ 为内标物质的浓度；f 为校正因子。

采用内标法，可避免因样品前处理及进样体积误差对测定结果的影响。

（2）外标法

按各品种项下的规定，精密称（量）取对照品和供试品，配制成溶液；分别精密称取一定量，注入仪器，记录色谱图，测量对照品溶液和供试品溶液中待测成分的峰面积（或峰高），按式(8-8)计算含量。

$$C_x = C_R \frac{A_x}{A_R} \tag{8-8}$$

式中各符号意义同上。

由于微量注射器不易精确控制进样量，当采用外标法测定供试品中成分或杂质含量时，以定量环或自动进样器进样为好。

(3) 加校正因子的主成分自身对照法

测定杂质含量时，可采用加校正因子的主成分自身对照法。在建立方法时，按各品种项下的规定，精密称(量)取杂质对照品和待测成分对照品各适量，配制测定杂质校正因子的溶液，进样，记录色谱图，按上述(1)法计算杂质的校正因子。此校正因子可直接载入各品种中，用于校正杂质的实测峰面积。这些需作校正计算的杂质，通常以主成分为参照采用相对保留时间定位，其数值一并载入各品种项下。

测定杂质含量时，按各品种项下规定的杂质限度，将供试品溶液稀释成与杂质限度相当的溶液作为对照溶液，进样，调节仪器灵敏度(以噪音水平可接受为限)或进样量(以柱子不过载为限)，使对照溶液的主成分色谱峰高约达满量程的10%～25%或其峰面积能准确积分。通常含量低于0.5%的杂质，峰面积的相对标准偏差(RSD)应小于10%；含量在0.5%～2%的杂质，峰面积的RSD应小于2%。然后，取供试品溶液和对照品溶液适量，分别进样，供试品溶液的记录时间，除另有规定外，应为主成分色谱峰保留时间的2倍，测量供试品溶液色谱图上各杂质的峰面积，分别乘以相应的校正因子后与对照溶液主成分的峰面积比较，依法计算各杂质含量。

(4) 不加校正因子的主成分自身对照法

测定杂质含量时，若没有杂质对照品，也可采用不加校正因子的主成分自身对照法。同上述方法配制对照溶液并调节检测灵敏度后，取供试品溶液和对照溶液适量，分别进样，前者的记录时间，除另有规定外，应为主成分色谱峰保留时间的2倍，测量供试品溶液色谱图上各杂质的峰面积并与对照溶液主成分的峰面积比较，计算杂质含量。若供试品所含的部分杂质未与溶剂峰完全分离，则按规定先记录供试品溶液的色谱图Ⅰ，再记录等体积纯溶剂的色谱图Ⅱ。色谱图Ⅰ上杂质峰的总面积(包括溶剂峰)，减去色谱图Ⅱ上的溶剂峰面积，即为总杂质峰的校正面积，然后依法计算。

(5) 面积归一化法

按各品种项下的规定，配制供试品溶液，取一定量注入仪器，记录色谱图。测量各峰的面积和色谱图上除溶剂峰以外的总色谱峰面积，计算各峰面积占总峰面积的百分率。用于杂质检查时，由于峰面积归一化法测定误差大，因此，通常只能用于粗略考察供试品中的杂质含量。除另有规定外，一般不宜用于微量杂质的检查。

五、红外光谱

红外光谱 (Infrared Spectroscopy, IR) 的研究开始于20世纪初期，当时Coblentz发表了100多种有机化合物的红外光谱图，给有机化学家提供了鉴别未知化合物的有力手段。自1940年商品红外光谱仪问世以来，红外光谱在有机化学研究中得到广泛的应用。到50年代末就已经积累了丰富的红外光谱数据。到70年代，在电子计算机蓬勃发展的基础上，傅立叶变换红外光谱(FT-IR)实验技术进入现代化学家的实验室，成为结构分析的重要工具。它以高灵敏度、高分辨率、快速扫描、联机操作和高度计算机化的全新面貌使经典的红外光谱技术再获新生。

1. 原理概述

当一束具有连续波长的红外光通过物质，物质分子中某个基团的振动频率或转动频率和红外光的频率一样时，分子就吸收能量由原来的基态振（转）动能级跃迁到能量较高的振（转）动能级，分子吸收红外辐射后发生振动和转动能级的跃迁，该处波长的光就被物质吸收。所以，红外光谱法实质上是一种根据分子内部原子间的相对振动和分子转动等信息来确定物质分子结构和鉴别化合物的分析方法。将分子吸收红外光的情况用仪器记录下来，就得到红外光谱图。红外光谱图通常用波长（λ）或波数（σ）为横坐标，表示吸收峰的位置，用透光率（$T\%$）或者吸光度（A）为纵坐标，表示吸收强度。

2. 红外光谱的分区

（1）红外光谱的分区

通常将红外光谱分为 3 个区域：近红外区（13 330～4 000 cm^{-1}）、中红外区（4 000～400 cm^{-1}）和远红外区（400～10 cm^{-1}）。一般说来，近红外光谱是由分子的倍频、合频产生的，中红外光谱属于分子的基频振动光谱，而远红外光谱则属于分子的转动光谱和某些基团的振动光谱。

由于绝大多数有机物和无机物的基频吸收带都出现在中红外区，因此，中红外区是研究和应用最多的区域，积累的资料也最多，仪器技术最为成熟。通常所说的红外光谱即指中红外光谱。

（2）红外谱图的分区

按吸收峰的来源，可以将 4 000～400 cm^{-1} 的红外光谱图大体上分为特征频率区（4 000～1 300 cm^{-1}）以及指纹区（1 300～400 cm^{-1}）2 个区域。其中特征频率区中的吸收峰基本是由基团的伸缩振动产生，数目不是很多，但具有很强的特征性，因此，在基团鉴定工作上很有价值，主要用于鉴定官能团。如羰基，不论是在酮、酸、酯或酰胺等类化合物中，其伸缩振动总是在 1 700 cm^{-1} 左右出现 1 个强吸收峰，如谱图中 1 700 cm^{-1} 左右有一个强吸收峰，则大致可以断定分子中有羰基。指纹区的情况不同，该区峰多而复杂，没有强的特征性，主要是由一些单键 C—O、C—N 和 C—X（卤素原子）等的伸缩振动及 C—H、O—H 等含氢基团的弯曲振动以及 C—C 骨架振动产生。当分子结构稍有不同时，该区的吸收就有细微的差异。这种情况就像每个人都有不同的指纹一样，因而称为指纹区。指纹区对于区别结构类似的化合物很有帮助。

3. 红外光谱仪的应用

（1）定性分析

红外光谱是物质定性的重要方法之一。它的解析能够提供许多关于官能团的信息，可以帮助确定部分乃至全部分子类型及结构。其定性分析有特征性高、分析时间短、需要的试样量少、不破坏试样、测定方便等优点。

传统的利用红外光谱法鉴定物质通常采用比较法，即与标准物质对照和查阅标准谱图的方法，但是该方法对于样品的要求较高并且依赖于谱图库的大小。如果在谱图库中无法检索到一致的谱图，则可以用人工解谱的方法进行分析，这就需要有大量的红外知识及经验积累。大多数化合物的红外谱图是复杂的，即便是有经验的专家，也不能保证从一张孤立的红外谱图上得到全部分子结构信息。如果需要确定分子结构信息，就要借助其他的分析测试手段，如核磁、质谱、紫外光谱等。尽管如此，红外谱图仍是提供官能团信息最方便快捷的方法。

近年来，利用计算机方法解析红外光谱，在国内外已有了比较广泛的研究，新的成果不断涌现，不仅提高了解谱的速度，而且成功率也很高。随着计算机技术的不断进步和解谱思路的不断完善，计算机辅助红外解谱必将对教学、科研的工作效率产生更加积极的影响。

(2) 定量分析

红外光谱定量分析法的依据是朗伯-比尔定律。红外光谱定量分析法与其他定量分析方法相比，存在一些缺点，因此只在特殊的情况下使用。它要求所选择的定量分析峰应有足够的强度，即摩尔吸光系数大的峰，且不与其他峰相重叠。红外光谱的定量方法主要有直接计算法、工作曲线法、吸收度比法和内标法等，常常用于异构体的分析。

随着化学计量学以及计算机技术等的发展，利用各种方法对红外光谱进行定量分析也取得了较好的结果，如最小二乘回归、因子分析、遗传算法、人工神经网络等的引入，使得红外光谱对于复杂多组分体系的定量分析成为可能。

六、核磁共振

1. 简介

在强磁场的诱导下，一些原子核能发生核自旋能级裂分，当用一定频率的电磁波照射分子时，便能引起原子核自旋能级的跃迁，这种原子核在磁场中吸收一定频率的电磁波，而发生自旋能级跃迁的现象，称为核磁共振(NMR)。以核磁共振信号强度对照射频率(或磁场强度)作图，所得谱图称为核磁共振波谱(NMR Spectrum)。利用核磁共振波谱来进行结构测定、定性及定量分析的方法称为核磁共振光谱法(NMR Spectroscopy)。核磁共振以强大的结构解析能力确定了其在现代仪器分析中的地位，而共振谱线强度与谱线诱发核子个数成正比是核磁共振实验设计和核磁谱学结构解析的重要依据之一。

2. 核磁共振光谱分析法在药物分析中的优势

① 样品制备方法简单：NMR 样品预处理环节少，制样成本低，样品污染和丢失的风险小，便于质控。

② 鉴定和检测的同步性：在一些常规药物分析检测过程中，物质的鉴定和定量检测是两个分立的环节，而 NMR 实验可以同时提供物质结构和含量信息，制备一个样品即能完成对样品中物质的鉴别和含量的测定，因而核磁共振技术是一种高效快速的检测手段。

③ 对有机物的普适性：核磁共振实验是一种无偏向性的测试方法，可以实现混合物中多个组分的同时鉴定分析，为定量分析中基准物的选择提供了较为宽松的空间。

④ 异构体分析能力强：核磁共振对异构体独特的识别能力是许多测试技术所不能比拟的。此外，作为一种“无损伤”和低消耗的检测技术，核磁共振测试过程中除了样品制备试剂之外，几乎不需要其他额外耗材，且样品可以无损回收，因而核磁共振属经济型和环境友好型检测技术。

3. 核磁共振光谱分析法在药物分析中的应用

(1) 定量和定性分析方法

NMR 图谱中，可获得化学位移、偶合常数、共振峰面积或峰高。化学位移和偶合常数是结构测定的重要参数；而共振峰面积或峰高是定量分析的依据。共振峰面积或峰高直接与被测组分的含量成正比。定量分析时，一般只对该化合物中某一指定基团上质子引起的峰面积或峰高与参比标准中某一指定基团上质子引起的峰面积进行比较，即可求出其绝对含量。当分析混合物时，也可采用其各个组分的各自指定基团上质子产生的吸收峰强度进行相对比较，然后求得相对含量。因此，在测量峰面积或峰高以前，必须了解化合物的各组成基团上质子所产生共振峰的相应位置，也就是它们的化学位移值(值)，并选择一个合适的峰作为分析测量峰。

(2) 常用的 NMR 定量分析方法

① 内标法(绝对测量法)：在样品溶液中，直接加入一定量内标物质后，进行 NMR 光谱测定。将样品指定基团上的质子引起的共振峰(即吸收峰)面积与由内标物质指定基团上的质子引起的共振峰面积进行比较，当样品与内标均经精密称重时，则样品的绝对质量(W_u)可由式(8-9)求得。

$$W_u = \frac{W_s \cdot A_u \cdot EW_u}{A_s \cdot EW_s} \tag{8-9}$$

式中，A_u为样品测得的峰面积(不少于 5 次测定的平均值)；A_s为内标物测得的峰面积(不少于 5 次测定的平均值)；EW_u为样品在该化学位移处的质子当量；EW_s为内标在该化学位移处的质子当量。若样品质量为 W，则百分含量 $\varphi_{样}$ 为：

$$\varphi_{样}(\%) = \frac{W_u}{W} \times 100 \tag{8-10}$$

对内标物的要求：最好能产生单一的共振峰，在扫描的磁场区域中，参比共振峰与样品峰的位置至少有 30 Hz 的间隔；应溶于分析溶剂中；应有尽可能小的质子当量(EW_s)；不应与样品中任何组分相互作用。常用的内标物有：苯或苯甲酸苄酯(在 5.3 ppm 处，由 $C_6H_5COCH_2—C_6H_5$ 中的$—CH_2—$所致)，适用于非芳香化合物；马来酸，适用于非链烯型化合物。

② 相对测量法：当不能获得样品的纯品或合适的内标时，可用相对测量法进行分析。操作方法与内标法相同。计算相对含量是以样品指定基团上一个质子引起的吸收峰面积(A_1/n_1)和杂质指定基团上一个质子引起的吸收峰面积(A_2/n_2)进行比较，然后按式(8-11)计算样品与该杂质的相对百分含量 $\varphi_{杂}$。

$$\varphi_{杂}(\%) = \frac{\frac{A_1}{n_1}}{\frac{A_1}{n_1} + \frac{A_2}{n_2}} \times 100 \tag{8-11}$$

式中，n_1和 n_2是指定基团的质子数。本法适用于含有一二种杂质的样品的分析。

③ 外标法：欲测样品中某一组分的含量，可采用该组分的标准品做成一系列不同浓度的标准液，使样品液浓度在其范围内，然后进行 NMR 测定，由所得图谱中某一指定基团上质子引起的峰面积对浓度作图，即得标准品的校正曲线。在平行条件下，测定样品溶液组分指定基团上质子的峰面积，即可由校正曲线求得样品的浓度。

④ 峰高或峰位测量法：结构相似的混合物样品(如互为异构体)，由于其 NMR 峰分离效果不好，用峰面积定量法不能精确测定，误差较大，此时可考虑采用峰高测量法或峰位测量法。

峰高测量法：是基于峰高与样品中有关核的浓度成正比，各组分之间的峰高比只取决于样品的百分组成，而与样品的多少和仪器的性能无关。测定某一对异构体时，先用异构体Ⅰ和Ⅱ的纯品配成溶液，再用质子快速交换简化光谱。由简化的 NMR 光谱可知两异构体的吸收峰互不干扰，可测出各自峰高。两者摩尔数 $M_Ⅰ + M_Ⅱ = 1$，若两者的峰高为 $H_Ⅰ$ 和

H_{II}，则：

$$H_{\mathrm{I}} = M_{\mathrm{I}} \times C_{\mathrm{I}} = (1 - M_{\mathrm{II}}) \times C_{\mathrm{I}} \tag{8-12}$$

$$H_{\mathrm{II}} = M_{\mathrm{II}} \times C_{\mathrm{II}} \tag{8-13}$$

式中，C_{I}和C_{II}是异构体Ⅰ和Ⅱ的峰高系数，为已知，H_{I}和H_{II}可测得。据此可求得M_{I}和M_{II}。

峰位测量法：当样品中两种组分之间具有可进行质子快速交换的基团时，经质子快速交换后，原来两种组分基团的信号合并，在 NMR 光谱上得到单一信号，此峰的化学位移与两组分的摩尔分数有线性关系，因此，测出混合物的化学位移，可直接求出二组分的混合比例。如有机胺及其盐的 N—CH_a上的质子可以进行质子快速交换，可用 NMR 法定量测定有机胺酸性水溶液的氯仿提取液中游离胺及其盐的比例。混合物中 N—CH_a的化学位移(m)可按式(8-14)计算。

$$m = b + (a - b) X_a \tag{8-14}$$

式中：b和a为纯的游离胺及其盐的化学位移，X_a为盐的摩尔分数。以m对X_a或X_b(游离胺的摩尔分数)作图，应呈直线关系。因此，可先用纯品配成已知组成比例的混合物，测得其m并作出校正曲线后，再测得未知混合物的m，即可由校正曲线求得X_a或X_b。

第二节　在线检测

一、流动注射的基本原理

1. 概述

流动注射分析(Flow Injection Analysis，FIA)，是由丹麦技术大学的 J. Ruzicka 和 E. H. Hansen于 1975 年提出的新概念，即在热力学非平衡条件下，在液流中重现地处理试样或试剂区带的定量流动分析技术。流动注射分析与其他分析技术相结合极大地推动了自动化分析和仪器的发展，成为一门新型的微量、高速和自动化的分析技术。流动注射分析发展迅速，已被广泛应用于很多分析领域。目前，流动注射分析的主要应用领域有水质检测、土壤样品分析、农业和环境监测、科研与教学、发酵过程监测、药物研究、禁药检测、血液分析、食品和饮料、分光光度分析等。

2. 流动注射分析的特点

① 经济性　快速开关和结果显示，分析速度快，一般可达每小时进样 100～300 次，从样品注入到检测器响应的时间间隔一般小于 1 min。

② 预制的方法盒使操作简便，快捷。

③ 数字矩阵检测器可以削弱折射指数和气泡的影响。

④ 可至多同时 3 个参数。

⑤ 1～3 通道自由组合。

3. 流动注射分析的发展

目前国外 FIA 仪器产品可以分为 4 代：流动注射(1 代)、顺序注射(2 代)、微珠注射(3 代)和阀上实验室(4 代)。严格地讲，微珠注射和阀上实验室都属于顺序注射，只是与传统的顺序注射相比它们的自动化程度和集成度更高，这些系统在国外已经有商品化的仪器出售。下面分别对其基本流路及原理作简单介绍。

(1) 流动注射(FI)

传统的流动注射分析系统由一台高性能的多通道蠕动泵、一个注入阀、一个反应管和一台检测器(如带流通池的分光光度计)组成,其基本流路与图 8-6 所示流路相同。多通道蠕动泵以恒定流率驱动载液,并且脉冲响应小;带定量环的注入阀可每次向流路中注入精确体积的试样。典型的载液流率为 1 mL/min,试样体积为 50 μL,检测速度为 2～4 样/min。FI 广泛应用于水质监测(如检测铵盐、磷酸盐、硝酸盐和亚硝酸盐)、土壤样品分析、发酵过程监测、药物开发、科研和教学。

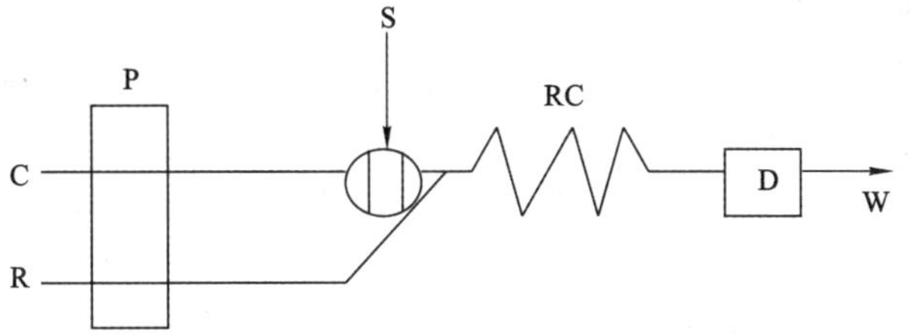

图 8-6　系统基本流路图

C——载液;R——试剂;P——蠕动泵;S——试样;RC——反应器;D——检测器;W——废液

(2) 顺序注射(SI)

顺序注射分析系统(图 8-7)包括一台单通道高精度的双向泵(如带三通阀的注射泵)、一个储存管、一个多通道选择阀和一台检测器。系统的核心部件是一个多通道选择阀,此阀的各个通道位置分别与检测器、样品、试剂等通道相连,公共通道与一个可以抽吸和推动液体的注射泵相通,通过泵的作用,顺序从不同的通道吸入一定体积的区带到泵与阀之间的储存管中,然后将这些溶液区带推至检测器,在这一过程中样品和试剂的区带之间在管道中由于径向和轴向的分散作用而互相渗透引起试剂与样品带的重叠和混合,试剂与样品发生化学反应,导致反应产物的形成。多通道选择阀内部有细微管道,管道的一端始终与阀中央的公共通道相联,另一端则可以在人为控制或计算机控制下切换到别的通道口,使公共通道与其互通,从而使注射泵能依次完成吸入试样、试剂及推送液体到检测器等动作。

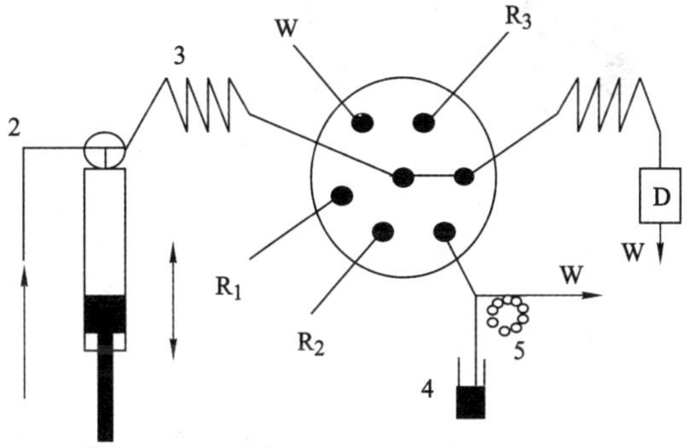

图 8-7　顺序注射分析系统

1——注射泵;2——载液;3——存储罐;4——试样;5——蠕动泵;

R_1、R_2、R_3——试剂 1、2、3;D——检测器;W——废液

在检测器中可以得到与正常流动注射分析中类似的峰型信号。与流动注射分析相比，顺序注射分析具有以下的特点：① 系统硬件简单可靠，计算机控制方便，样品和试剂的混合程度、反应时间可完全通过软件控制，最大程度减少了操作中的人为干预，控制的方便程度和精确程度比流动注射分析有大幅度地提高，容易实现集成化和微型化；② 可以用同一装置完成不同项目的分析而无须改变流路设置，特别适用于过程分析和多组同时分析；③ 样品和试剂的消耗量很小，适于长时间监测和试剂比较昂贵、样品来源限制的分析。SI 广泛应用于质谱分析、火焰温度-红外分析、荧光显微术、流动细胞计、荧光分析、电化学分析和化学传感器技术。

(3) 微珠注射(BI)

微珠注射通常用于生物化学研究，与顺序注射的操作方式相同，流路组成也基本相同(图 8-8)，同样有多通道选择阀，只是用微珠作为试剂的载体，微珠可再生。在进行微珠注射分析时，微珠表面上固化了一层合适的反应物，微珠被截留到 JR 流通池中，含有生物分子的溶液和载液以精确控制的流速流过微珠表面，进入检测器中检测，最后微珠自动从 JR 流通池底部排放掉。微珠注射分析在紫外、可见、红外光谱范围进行内检测，微珠可以选择性地捕获所选生物分子。在整个光谱范围内实时收集到的检测结果提供了生物分子的结合、解离和所捕获的生物配位体的类型方面的信息。微珠注射分析操作成功的关键之处是要注入精确定量的微珠并且它们能在指定的区带捕获生物分子。微珠注射广泛应用于生物配体交互作用研究，Ruzicka 等还预测微珠注射将会在细胞生物学和药物检测研究中发挥作用。

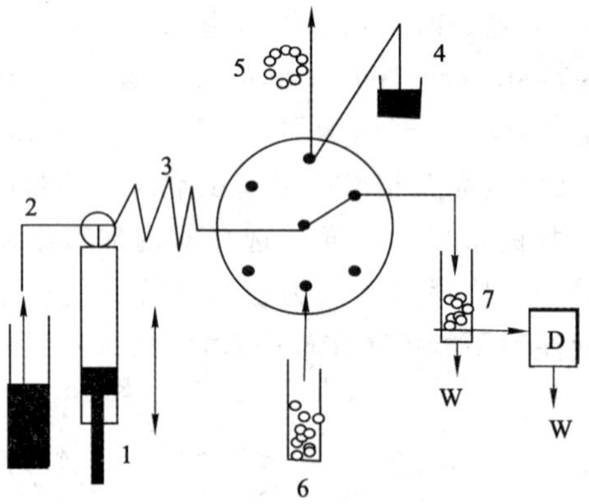

图 8-8　微珠注射分析系统

1——注射泵；2——载液；3——储存管；4——试样；5——蠕动泵；6——悬浮微珠；7——JR 流通池；D——检测器；W——废液

(4) 阀上实验室

阀上实验室系统是微型化设计的顺序注射系统(所有的部件都集成在一个整体阀上)，是目前集成程度和自动化程度最高的流动注射分析系统。这种精密制作的仪器将试样的注入口、反应通道及多功能流通池以特别设计的结构集成在多通道选择阀上，选择阀各端口在阀内部用微通道互相连接，可以在计算机控制下正向流动、逆向流动、停流，从而进行样品的稀释、试剂的添加、混合、培养和反应速率的测定。多功能流通池两端用光纤与检测器相联，进行检测。1、2、3 代系统的分析应用都可以使用阀上实验室系统(图 8-9)。值得一提的是，以上介绍的 4 代流动注射分析系统均已实现全系统微机控制，FIA 系统正沿着微型化、简单化、智能化的方向发展。可以预计，随着制造工艺的进步，集成化程度的进一步提高，分析方法的丰富，仪器的耐用性和易操作性的提高，制造成本的降低，FIA 系统必将作为常规的分析测试手段进入到众多的实验室及工厂生产线上，为科研和生产服务。

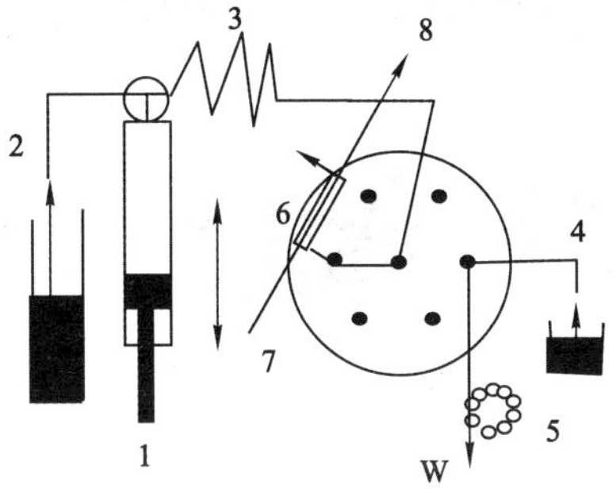

图 8-9　阀上实验室系统流路图

1——注射泵；2——载液；3——储存管；4——试样；5——蠕动泵；6——多功能流通池；7，8——检测器光源通过光纤射入和射出；W——废液

4. 流动注射分析的主要影响因素

试样和试剂的分散是所有 FIA 方法的核心问题，通常用分散系数 D 来描述试样的分散状态。D 的定义是：决定分析读数的流体微元组分在扩散过程发生前(C_0)与发生后(C_{max})的浓度比值，即 $D=C_0/C_{max}$。FIA 体系中的分散过程是许多不同因素的复杂函数，包括流速、管道长度、管径、试样体积与检测方式等。影响如下：

① 试样的进样体积越大，D 越小。

② 反应器管长度越大，D 越大。

③ 管路集合形状越复杂，试样在其中流动方向改变越多，D 越大，如直管反应器的 D 最小，盘管与编织管(3D)反应器的 D 较大。

④ 流速对 D 的影响与反应器的管径大小有关，关系较为复杂。

二、蠕动泵

蠕动泵又叫恒流泵和软管泵，其机械原理十分简单，是通过对泵管进行交替挤压和释放来泵送流体的，就像用两根手指夹挤一根充满液体的软管一样。随着手指的移动，管内形成负压，液体随之流动。

蠕动泵就是将软管装卡在转子和定子之间，以此达到泵送的目的。工作中，在两个滚轮之间的一段泵管形成泵室，泵室的大小取决于泵管的内径和转子的尺寸。理论流量为泵室的容积、360°内泵室数量和泵速三者间的乘积。拿回转直径相同的泵相比较，产生较大泵室的泵，其转子每转一圈所输送的流体容积也较大，但产生的脉冲也较大。相反，产生较小泵室的泵，其转子每转一圈所输送的流体容积也较小，但产生的脉冲也较小。但快速、连续的泵送可以非常理想地降低脉冲，因此，在一些小流量、要求非常小的脉冲场合，泵头的选择就显得非常关键。

1. 蠕动泵图解说明

蠕动泵头分为两部分：转子和泵壳。泵管被固定放置于转子与泵壳之间，转轮压紧泵内的泵管[图 8-10(a)]。转子上的转轮依次碾过泵管，将管中的流体向前推挤。转轮碾过后的泵管因自身弹性恢复原形，在泵管吸入端形成真空，液体因为真空而被吸入[图 8-10(b)]。在转轮之间有一个距离，这个距离会让泵管形成一个封闭空间即泵室，其泵室容积大小与泵管内径及转轮的回转直径与轮距有关。流速取决于泵头上转轮的速度与泵室的大小的乘积[图 8-10(c)]。

(a) (b) (c)

图 8-10 蠕动泵作用示意图

蠕动泵的负压与液体吸入是靠泵管自身的弹力产生的，泵管的回弹速度与时间是固定的，泵管的回弹力也是固定的。因为这种特性，决定了蠕动泵所产生的吸程会受泵管硬度的影响，常见的实验型蠕动泵无法快速地输送流动性差及自由流动缓慢的液体，需要输送这些流动性差及黏度高的液体就需要采用更高压力的硬度更高、回弹力更强的蠕动泵。蠕动泵每转一圈将产生一个固定不变的液体量。因此，蠕动泵可以通过调节泵的转速改变流量大小，同时输送的精度也非常高。

2. 蠕动泵的优点

(1) 清洁无污染

流体只通过和接触蠕动泵软管。因为输送的物质只接触蠕动泵的软管，蠕动泵所使用的蠕动泵管都是达到 GMP、USP Class VI、FDA 及 NSF 等洁净认证标准的，不含有各种有毒有害的物质。同时因为软管可以很容易被更换和消毒，消毒方法因泵管的不同可以采用环氧乙烷(ETO)、射线、灭菌锅可重复高温高压消毒等方式。

(2) 恒流，精度高，流量可调节

蠕动泵重复精度高，稳定性能强，流量方便调节。由于蠕动泵每转一圈，所泵出的容积是恒定不变的，因此，其排出来的液体重现精度最高可以达到千分之五，一般情况均可达到正负百分之一。蠕动泵在恒流和高精度的情况下可以轻松地通过改变泵的转速实现流量的自由调节和校准。

(3) 低剪切力

蠕动泵是输送剪切敏感、侵蚀性强流体的理想工具。低剪切力主要是针对其他的常规泵种如叶轮泵和机械泵而言，如离心泵，在叶轮运转的时候会对液体形成剪切力，对于某些含有固形物的液体，这种剪切力会对固形物产生致命的破坏。

(4) 耐腐蚀能力

蠕动泵可以输送各种流体，如有机溶剂、腐蚀性液体。有些有腐蚀性的液体对叶轮泵等机械泵会产生侵入和分解损坏，而蠕动泵可以更换不同材质的泵管，从而实现输送不同种类的液体。

(5) 可空转、干运转

蠕动泵可以长时间干运转，无水输送，也可以输送空气，气液固三相混合输送。蠕动泵在运转的时候最高转速大多在600转以内，即时输送空气也不会产生过高的温度，不会损坏泵体，蠕动泵因此可以空气、液体、固液混合、气液固三相混合输送。

(6) 具备自吸能力

蠕动泵可以自吸，无须灌泵，无须排空。根据蠕动泵原理，泵轮会压紧泵管，液体在泵轮位移中泵管的进口端会产生负压从而吸入液体，因此，蠕动泵可以自吸，无须灌泵和排空。其吸程的高度随泵管的硬度不同，可以达到5 m、8 m甚至更高水柱吸入能力。

(7) 截止阀功能、不会虹吸、无密封件

蠕动泵具体良好的密封性，有截止阀和单向阀功能。蠕动泵的转轮在工作过程中始终会有泵轮压紧泵管，因此，液体只会向着转轮移动的方向流动而不会倒流形成单向阀功能，在泵停止工作的时候，液体也不会倒流和虹吸从而起到截止阀的功能。蠕动泵因此也无须任何机械封件。

(8) 双向输送功能

只要改变泵转轮的方向就可以实现反抽和回吸功能。蠕动泵在转轮的挤压位移下产生泵送，因此，可以很容易地更换转轮转动的方向，从而很容易就实现泵送方向的改变。

(9) 维护简单

只需更换蠕动泵软管，无阀门和密封件的更换。蠕动泵由于没有这些阀门和密封件，蠕动泵的结构也非常简单并可靠，因此，除了需要更换泵管以外就没有其他需要特别维护的地方了。

(10) 可以耐受较高的温度

蠕动泵的泵管最高工作温度可以达到100 ℃。蠕动泵输送用的泵管可以在100 ℃的高温下保持回弹能力，因此蠕动泵也可以连续和长时间输送高温的液体。

3. 蠕动泵的缺点

(1) 蠕动泵会产生脉冲

蠕动泵在泵送的过程中，由于转轮需要交替释放，因此，在释放的瞬间会产生一个液体回吸从而造成排出的液体突然减少，这就会造成蠕动泵输送的脉冲。要解决蠕动泵的脉冲有两个方法，一是采用双泵头将转轮角度进行错位安装，实现脉冲自然抵消；二是采用脉冲缓阻器。

(2) 蠕动泵管是易损件

蠕动泵的泵管在工作中需要受到转轮不断的挤压，因此泵管很容易在连续工作的情况下老化失去弹性或者破损。通常在转轮100 r/min的速度下连续运转的时候普通的硅胶泵管其寿命通常在200 h左右，一些进口的热塑性高弹体泵管的寿命可达2 000 h以上。因此，泵管如果需要蠕动泵长时间运转或者很少更换泵管就需要尽量降低蠕动泵的转速或者选用寿命更长的蠕动泵管。

第三节　常用物性的测定

一、熔点测定

依照待测物质的性质不同，测定法分为下列 3 种。各品种项下未注明时，均系指第一法。

1. 第一法　测定易粉碎的固体药品

(1) 传温液加热法

取供试品适量，研成细粉，除另有规定外，应按照各药品项下干燥失重的条件进行干燥。若该药品为不检查干燥失重、熔点范围低限在 135 ℃以上、受热不分解的供试品，可采用 105 ℃干燥；熔点在 135 ℃以下或受热分解的供试品，可在五氧化二磷干燥器中干燥过夜或用其他适宜的干燥方法干燥，如恒温减压干燥。

分取供试品适量，置熔点测定用毛细管（简称毛细管，由中性硬质玻璃管制成，长 9 cm 以上，内径 0.9～1.1 mm，壁厚 0.10～0.15 mm，一端熔封；当所用温度计浸入传温液在 6 cm以上时，管长应适当增加，使露出液面 3 cm 以上）中，轻击管壁或借助长短适宜的洁净玻璃管，垂直放在表面皿或其他适宜的硬质物体上，将毛细管自上口放入使自由落下，反复数次，使粉末紧密集结在毛细管的熔封端。装入供试品的高度约为 3 mm。另将温度计（分浸型，具有 0.5 ℃刻度，经熔点测定用对照品校正）放入盛装传温液（熔点在 80 ℃以下者，用水；熔点在 80 ℃以上者，用硅油或液状石蜡）的容器中，使温度计汞球部的底端与容器的底部距离 2.5 cm 以上（用内加热的容器，温度计汞球与加热器上表面距离 2.5 cm 以上）；加入传温液以使传温液受热后的液面在温度计的分浸线处。将传温液加热，等温度上升至较规定的熔点低限约低 10 ℃时，将装有供试品的毛细管浸入传温液，贴附在温度计上（可用橡皮圈或毛细管夹固定），位置须使毛细管的内容物部分处在温度计汞球中部；继续加热，调节升温速率为 1.0～1.5 ℃/min，加热时须不断搅拌使传温液温度保持均匀，记录供试品在初熔至全熔时的温度，重复测定 3 次，取其平均值，即得。

“初熔”系指供试品毛细管内开始局部液化出现明显液滴时的温度，“全熔”系指供试品全部液化时的温度。

测定熔融同时分解的供试品时，方法如上述，但调节升温速率使上升 2.5～3.0 ℃/min；供试品开始局部液化时（或开始产生气泡时）的温度作为初熔温度；供试品固相消失全部液化时的温度作为全熔温度。遇有固相消失不明显时，应以供试品分解物开始膨胀上升时温度作为全熔温度。某些药品无法分辨其初熔、全熔时，可以其发生突变时的温度作为熔点。

(2) 电热块空气加热法

电热块空气加热法系采用自动熔点仪的熔点测定法。自动熔点仪有 2 种测光方式：一种是透射光方式，一种是反射光方式，某些仪器兼具 2 种测光方式。大部分自动熔点仪可置多根毛细管同时测定。

分取经干燥处理[同(1)法]的供试品适量，置熔点测定用毛细管[同(1)法]中；将自动熔点仪加热块加热至较规定的熔点低限约 10 ℃时，将装有供试品的毛细管插入加热块中，继续加热，调节升温速率为 1.0～1.5 ℃/min，重复测定 3 次，取其平均值，即得。

测定熔融同时分解的供试品时，方法如上述，但调节升温速率为 2.5～3.0 ℃/min。

遇有色粉末、熔融同时分解，固相消失不明显且生成分解物导致体积膨胀或含结晶水（或结晶溶剂）的供试品时，可适当调整仪器参数，提高判断熔点变化的准确性。当透射和反射测光方式受干扰明显时，可允许目视观察熔点变化；通过摄像系统记录熔化过程并进行追溯评估，必要时，测定结果的准确性需经(1)法验证。

自动熔点仪的温度示值要定期采用熔点标准品进行校正。必要时，供试品测定应随行采用标准品校正。

若对(2)法测定结果持有异议，应以(1)法测定结果为准。

2. 第二法　测定不易粉碎的固体药品

第二法适于脂肪、脂肪酸、石蜡和羊毛脂等不易粉碎固体药品的熔点测定。

取供试品，注意用尽可能低的温度熔融后，吸入两端开口的毛细管（同第一法，但管端不熔封）中，使高约 10 mm。在 10 ℃或 10 ℃以下的冷处静置 24 h，或置冰上放冷不少于 2 h，凝固后用橡皮圈将毛细管紧缚在温度计上（同第一法），使毛细管的内容物部分处在温度计汞球中部。照第一法将毛细管连同温度计浸入传温液中，供试品的上端应在传温液液面下约 10 mm 处；小心加热，等温度上升至较规定的熔点低限尚低约 5 ℃时，调节升温速率使上升不超过 0.5 ℃/min，至供试品在毛细管中开始上升时，检读温度计上显示的温度，即得。

3. 第三法　测定凡士林或其他类似物质

取供试品适量，缓缓搅拌并加热至温度达 90～92 ℃时，放入一平底耐热容器中，使供试品厚度达到 12±1 mm，放冷至较规定的熔点上限高 8～10 ℃；取刻度为 0.2 ℃、水银球长 18～28 mm、直径 5～6 mm 的温度计（其上部预先套上软木塞，在塞子边缘开一小槽），使冷至 5 ℃后，擦干并小心地将温度计汞球部垂直插入上述熔融的供试品中，直至碰到容器的底部（浸没 12 mm），随即取出，直立悬置，待黏附在温度计球部的供试品表面浑浊，将温度计浸入 16 ℃以下的水中 5 min，取出，再将温度计插入一外径约 25 mm、长 150 mm 的试管中，塞紧，使温度计悬于其中，并使温度计球部的底端距试管底部约为 15 mm；将试管浸入约 16 ℃的水浴中，调节试管的高度使温度计上分浸线同水面相平；加热使水浴温度以每分钟 2 ℃的速率升至 38 ℃，再以每分钟 1 ℃的速率升温至供试品的第一滴脱离温度计为止；检读温度计上显示的温度，即可作为供试品的近似熔点。再取供试品，照前法反复测定数次，如前后 3 次测得的熔点相差不超过 1 ℃，可取 3 次的平均值作为供试品的熔点；如 3 次测得的熔点相差超过 1 ℃时，可再测定 2 次，并取 5 次的平均值作为供试品的熔点。

二、微量法测沸点

1. 沸点测定原理

当液体的蒸气压增大到与外界施于液面的总压力（通常是大气压力）相等时，就有大量气泡从液体内部逸出，即液体沸腾，这时的温度称为液体的沸点。

通常所说的沸点是指在 101.3 kPa 下液体沸腾时的温度。在一定外压下，纯液体有机化合物都有一定的沸点，而且沸点变化在 1～3 ℃，若含有杂质，则溶剂的蒸气压降低，沸点随之下降，沸程也扩大，沸点变化范围（沸程）将超过 3～5 ℃，所以测定沸点是鉴定有机化合物和判断物质纯度的依据之一，是衡量物质纯度的一个标准。但是具有固定沸点的液态有机物不一定都是纯的有机物，因为某些有机物常与其他组分形成二元或三元的共沸混合物，它们也有一定的沸点。测定沸点常用的方法有常量法（蒸馏法）和微量法（沸点管法）2种，微量法测定沸点装置如图 8-11 所示。

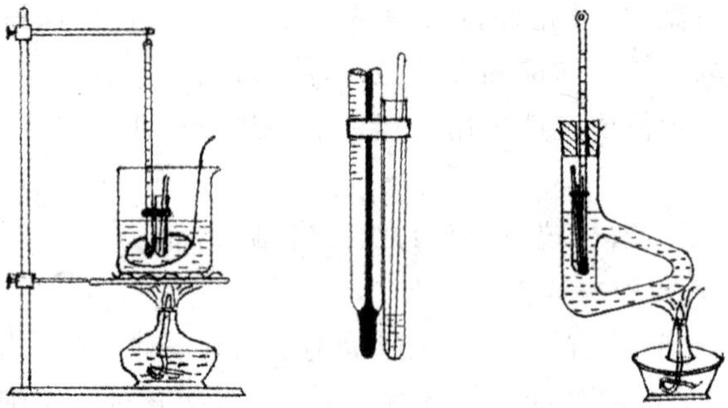

图 8-11　微量法测定沸点装置

2. 实验步骤

方法一：取 4～5 滴待测样品滴入沸点管的外管中，将内管开口向下插入外管中，然后用小橡皮圈把沸点管附于温度计旁，小橡皮圈不能浸入导热液中，使装样品的中心位于温度计水银球的中部，再把该温度计的水银球位于 b 形管上下两叉管中间，然后加热。加热时由于气体膨胀，内管中会有小气泡缓缓逸出，当温度升到比沸点稍高时，管内会有一连串的小气泡快速而连续逸出，表明毛细管内压力超过了大气压。这时停止加热，使溶液自行冷却，气泡逸出的速度即渐渐减慢。在最后一气泡不再冒出并要缩回内管的瞬间记录温度，或者液体刚要进入毛细管、毛细管外液面与毛细管内液面等高时，即为毛细管内蒸气压与外界压力正好相等，此瞬间的温度即为该液体的沸点。待温度下降 15～20 ℃后，可重新加热再测 2 次（3 次所得温度数值不得相差±1 ℃）。

方法二：取 4～5 滴待测样品滴入沸点管的外管中，将内管开口向下插入外管中，然后用小橡皮圈把沸点管附于温度计旁，小橡皮圈不能浸入导热液中，使装样品的中心位于温度计水银球的中部，一起浸入小烧杯内水浴加热，并用搅拌器不断上下搅动，使水浴温度均匀。加热时由于气体膨胀，内管中会有小气泡缓缓逸出，当温度升到比沸点稍高时，管内会有一连串的小气泡快速而连续逸出，表明毛细管内压力超过了大气压。这时停止加热，使溶液自行冷却，气泡逸出的速度即渐渐减慢。在最后一个气泡不再冒出并要缩回内管的瞬间记录温度，或者液体刚要进入毛细管、毛细管外液面与毛细管内液面等高时，即为毛细管内蒸气压与外界压力正好相等，此瞬间的温度即为该液体的沸点。待温度下降 15～20 ℃后，可重新加热再测定 2 次（3 次所得温度数值不得相差±1 ℃）。

三、折光率的测定

1. 原理

当光线从一种透明介质进入另一种透明介质时，如 2 种介质的密度不同，则光线在这 2 种介质中的传播速度不同，其进行方向就会改变，使光线在 2 种介质平滑界面上发生折射。常用的折光率系指光线在空气中进行的速度与其在供试品中进行速度的比值。根据折射

定律折光率 n 也是光线入射角的正弦 $\sin i$ 与折射角的正弦 $\sin r$ 的比值。

$$n=\frac{\sin i}{\sin r} \tag{8-15}$$

当光线从光疏介质进入光密介质，它的入射角接近或等于 90°时，折射角就达到最高限度，此时的折射角称为临界角 r_c，而此时的折光率应为：

$$n=\frac{\sin i}{\sin r_c}=\frac{\sin 90^\circ}{\sin r_c}=\frac{1}{\sin r_c} \tag{8-16}$$

因此，只要测定了临界角，即可计算出折光率。

基于该原理，折光计通过测定待测样品的临界角，从而测定折光率。折光计的种类有普氏(Pulfrich)折光计、浸入式(Immersion)折光计和阿贝(Abbe)折光计等，通常使用的都是阿贝氏折光计。阿贝氏折光计主要由 2 个折射棱镜、色散棱镜、观测镜筒、刻度盘和仪器支架等组成。仪器的 2 个折射棱镜中间可放入液体样品，当光线从液层以 90°射入棱镜时，则其折射角 r_c 为临界角。由于临界光线的缘故，产生受光与不受光照射的地方，因而在观测镜筒内视野有明、暗区域，将明暗交界面恰好调至镜筒视野内的十字形发丝交叉处，此值在仪器上即显示为折光率。

折光率的大小与光线所经过的第二种物质性质有关，并与测定时的温度以及光线的波长有关。温度升高，折光率变小，光线的波长愈短，折光率就愈大，折光率常以 n_D^t 表示，D 为钠光谱 D 线(589.3 nm)。温度除另有规定外，供试品温度应为 20 ℃。测定折光率可以区别不同油类或检查某些药物的纯杂程度。

2. 仪器与性能测试

目前国内折光计测量范围多为 1.3～1.7，最小读数为 0.000 1，符合《中国药典》要求。仪器的准确度可用仪器附有的标准折光率玻璃校正，上面注明使用温度和规定值，使用时核对读数值与规定值是否相符。如有误差，可在测定后加减误差值，或调整仪器读数使其符合规定值。最简单的校正方法是用纯水校正，20 ℃纯水折光率为 1.333 0，温度每上升或下降 1 ℃折光率降低或升高 0.000 1。《中国药典》2015 年版附录规定，折光计应使用校正用玻璃或水进行校正，水的折光率 20 ℃时为 1.333 0，25 ℃时为 1.332 5，40 ℃时为 1.330 5。

3. 样品测定操作方法

折光率的测定，主要用于一些油类性状项下的物理常数检查，也有些文献和资料用以测定纯度和含量，但后者由于专属性不高和测定时有一定误差，一般很少使用。《中国药典》规定的折光率均为上下限值。要求测定结果在此限度内即为合格。除另有规定外，要求测定温度均为 20±0.5 ℃。

测定时应先将仪器置于有充足光线的平台上，但不可受日光直射，并装上温度计，置于 20 ℃恒温室中至少 1 h 或连接 20 ℃恒温水浴至少 0.5 h，以保持稳定温度，然后使折射棱镜上透光处朝向光源，将镜筒拉向观察者，使成一适当倾斜度，对准反射镜，使视野内光线最明亮为止。将上下折射棱镜拉开，用玻棒或吸管蘸取供试品约 1～2 滴，滴于下棱镜面上，然后将上下棱镜关合并拉紧扳手。转动刻度尺调节钮，使读数在供试品折光率附近，旋转补偿旋钮，使视野内虹彩消失，并有清晰的明暗分界线。再转动刻度尺的调节钮，使视野的明暗分界线恰位于视野内十字交叉处，记下刻度尺上的读数。投影式折光计在读数时眼睛应与读数垂直，测量后要求再重复读数 2 次，取 3 次读数的平均值，即为供试品的折光率。

用标准玻片校正仪器时，应先将仪器置于光线明亮处，光线不经反射镜而直接射入棱镜，将下面的棱镜拉开。上面的棱镜平放，镜筒略向观察者下方，取标准玻片，大光滑面用溴萘黏附在上面棱镜的光滑面上，并使玻片的小光滑面朝向光线，然后旋转补偿旋钮，使视野内虹彩基本消失，并转动刻度的调节钮，使视野的明暗分界线恰位于视野内十字交叉处，记下刻度尺读数。此时明暗两半的位置与正常观察时方向相反，但不影响读数结果，测量后再重复测量2次，取3次读数的平均值。如读数与玻片规定值相符，则折光计不需校正，否则可将棱镜恰好调至玻片规定的折光率处，再用附件的小钥匙插向镜筒旁的小方孔内螺丝上，轻微转动，直至明暗交界处恰好移至十字交叉处即可。投影式折光计校正方法同上，但标准玻片黏附在下面棱镜处。

(4) 注意事项

① 仪器必须置于有充足光线和干燥的房间，不可在有酸碱气或潮湿的实验室中使用，更不可放置仪器于高温炉或水槽旁。

② 大多数供试品的折光率受温度影响较大，一般是温度升高折光率降低，但不同物质升高或降低的值不同，因此，在测定时温度恒定至少30 min。

③ 上下棱镜必须清洁，勿用粗糙的纸或酸性乙醚擦拭棱镜，勿用折光计测试强酸性或强碱性供试品或有腐蚀性的供试品。

④ 滴加供试品时注意棒或滴管尖不要触及棱镜，防止棱镜造成划痕。加入量要适中，使在棱镜上生成一均匀的薄层，检品过多，会流出棱镜外部，检品太少使视野模糊不清。同时勿使气泡进入样品，以免气泡影响折光率。

⑤ 读数时视野中的黑白交叉线必须明显，且明确地位于十字交叉线上，除调节色散补偿旋钮外，还应调整下部反射镜或上棱镜透光处的光亮强度。

⑥ 测定挥发性液体时，可将上下棱镜关闭，将测定液沿棱镜进样孔流入，要随加随读，测固体样品或用标准玻片校正仪器时，只能将供试品或标准玻片置于测定棱镜上，而不能关闭上下棱镜。

⑦ 测定结束时，必须用能溶解供试品的溶剂，如水、乙醇或乙醚，将上下棱镜擦拭干净，晾干，放入仪器箱内，并放入硅胶防潮。

四、旋光度的测定

1. 基本原理

物质能使偏振光的振动面发生旋转的性质，称为旋光活性或光学活性，这些物质被称为旋光活性物质或光学活性物质，它们使偏振光的振动平面旋转的角度叫旋光度。物质的旋光性与其分子结构有关，具有旋光活性的物质都是手性分子，不同的手性分子使偏振光的振动面旋转的方向和角度都是不一样的，它是有机化合物特征物理常数之一。可见，旋光度的测定对于研究这些有机化合物的分子结构具有重要意义。此外，旋光度的测定对于确定某些有机反应的反应机理也是很有意义的。

测定手性化合物旋光度的仪器称为旋光仪。目前使用的旋光仪有2种类型，一种是目测的，另一种是数显的。目测的旋光仪基本结构如图8-12所示。

目测的旋光仪主要是由光源、起偏镜、样品管(也叫旋光管)和检偏镜几部分组成。光线从光源经过起偏镜形成偏振光，此光经过盛有旋光性物质的旋光管时，因物质的旋光性

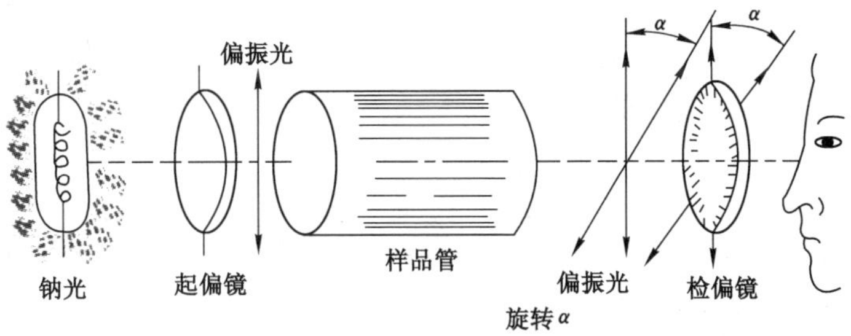

图 8-12　目测旋光仪的结构及工作原理

致使偏振光不能通过第二个棱镜(检偏镜),必须将检偏镜扭转一定角度后才能通过,因此要调节检偏镜进行配光,由装在检偏镜上的标尺盘上转动的角度,可指示出检偏镜转动的角度,该角度即为待测物质的旋光度。使偏振光平面顺时针方向旋转的旋光性物质称为右旋体,逆时针方向旋转的称为左旋体。

在测量中,由于人的眼睛对寻找最亮点和最暗点(全黑)并不灵敏,故在起偏镜后面加上一块半阴片以帮助进行比较。半阴片是由石英和玻璃构成的圆形透明片,当偏振光通过石英时,由于石英有旋光性,把偏振光旋转了一个角度,如图 8-13 所示。

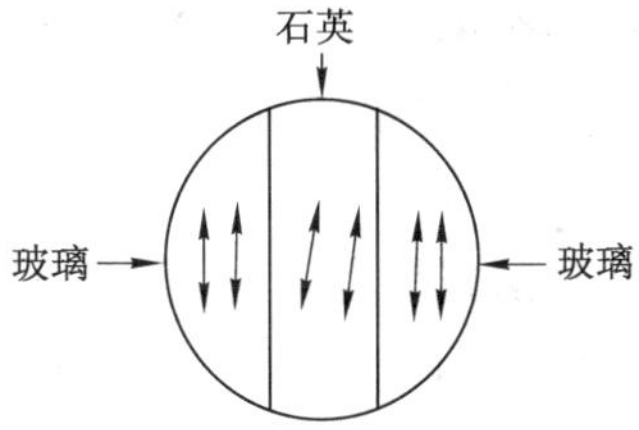

图 8-13　半阴片

因此,通过半阴片的偏振光就生成振动方向不同的两部分,这两部分偏振光到达检偏镜时,通过调节检偏镜的晶轴,可以使三分视场出现以下 3 种情况,如图 8-14 所示。

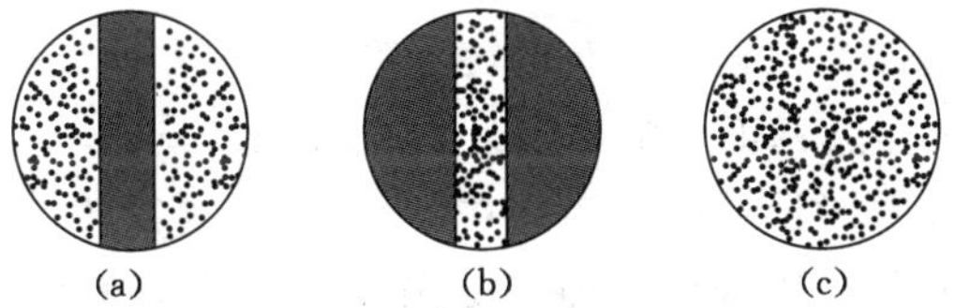

图 8-14　三分视场变化示意图

图 8-14(a)表示视场左、右的偏振光可以通过,而中间的不能透过;图 8-14(b)表示视场左、右的偏振光不能通过,而中间的可以透过。很明显调节检偏镜,必然存在一种介于上述 2 种情况中间的位置,在三分视场中能看到左、中、右明暗度相同而分界线消失,如图 8-14(c)所示。因此,利用半阴片,通过比较中间与左、右明暗度相同作为调节的标准,使测定的准确性提高。

物质的旋光度与测定时所用溶液的质量浓度、样品管长度、温度、所用光源的波长及溶剂的性质等因素有关。因此常用比旋光度[α]来表示物质的旋光性。当光源、温度和溶剂固定时，比旋光度等于溶液质量浓度为 1 g/mL、样品管长度 1 dm 时的物质的旋光度。

溶液的比旋光度与旋光度的关系为：

$$[\alpha]_D^t = \frac{\alpha}{\rho \times L} \tag{8-17}$$

式中，$[\alpha]_D^t$ 为比旋光度；t 为测定时的温度，℃；D 表示钠光，波长 $\lambda = 589.3$ nm；α 为观测的旋光度；ρ 为溶液的质量浓度，g/mL；L 为样品管的长度，dm。

如果被测定的旋光性物质为纯液体，可直接装入样品管中进行测定，这时比旋光度可由式(8-18)求出。

$$[\alpha]_D^t = \frac{\alpha}{d \times L} \tag{8-18}$$

式中，d 为纯液体的密度，g/mL。

(2) 测定方法

① 样品管的填充

样品管有 1 dm、2 dm 等几种规格。选用适当的样品管，将样品管一端的螺帽旋下，取下玻璃盖片(小心不要掉在地上摔碎)，先用蒸馏水洗干净，再用待测液洗 2～3 次。将样品管竖直，管口朝上。用滴管注入待测溶液或蒸馏水至管口，并使溶液的液面凸出管口。小心将玻璃盖片沿管口方向盖上，把多余的溶液挤压溢出，使管内不留气泡，盖上螺帽。管内如有气泡存在，需重新填装。装好后，将样品管外部擦净，以免沾污仪器的样品室。

② 校正旋光仪零点

开启电源开关 5～10 min 后，当钠光灯发光正常(黄光)时，将充满蒸馏水的样品管放入旋光仪的样品室，旋转视野调节螺旋，直到三分场界限变得清晰，达到聚焦为止。旋动刻度盘手轮，使三分场明暗程度一致，并使游标尺上的零度线置于刻度盘零度左右。如此重复测定 3～5 次，取其平均值，如果仪器正常，此数即为仪器的零点。

③ 样品旋光度的测定

将充满待测样品溶液的样品管放入旋光仪内，此时三分视场的亮度出现差异，旋转检偏镜，使三分视场明暗度一致，记录刻度盘读数。重复 3～5 次，取其平均值，即为测定结果。此读数与零点之间的差值即为该物质真正的旋光度。如仪器的零点值为－0.05°，样品旋光度的观测值为＋9.85°，则样品真正的旋光度为 $\alpha = +9.85° - (-0.05°) = +9.90°$。

对观察者来说偏振面顺时针的旋转为向右(＋)，这样测得的＋α，既符合于右旋 α，也可以代表 $\alpha \pm n \times 180°$ 的所有值。因为偏振面在旋光仪中旋转 α 度后，它所在这个角度可以是 $\alpha \pm n \times 180°$。例如读数为＋38°，实际读数可能是 218°、398°或－142°等。因此，在测定一个未知物时，至少要做改变浓度或样品管长度的测定。如观察值为 38°，在稀释 5 倍后，读数为＋7.6°，则此未知物的 α 应为 $7.6 \times 5 = 38°$。

附　录

附录一　关于毒性危险性化学药品的知识

一、毒性危险性无机药品

附表 1　毒性危险性无机药品

名称	TLV[1]/(mg/m³)	名称	TLV/(mg/m³)
羰基铁	0.001	二氧化硫	3
汞化合物	0.01	亚硝酰胺	5
臭氧	0.1	氰化物(无机)	5
光气	0.1	氰	10
溴	0.1	氰化氢	10
磷化氢	0.3	硫化氢	10
氯	1	二硫化碳	20
氟化氢	1	一氧化碳	50

[1] TLV(Threshold Limit Value)极限安全值,即空气中含此毒物蒸气或粉尘的浓度,在此极限以内,一般接触不致受害。

二、毒性危险性有机药品

1. 胺类

低级的脂肪族胺的蒸气有毒。芳胺以及它们的烷氧基、卤素、硝基取代物都有毒,典型例子如附表 2 所示。

附表 2　胺类有毒物

名称	TLV	名称	TLV
对苯二胺(及其异构体)	0.1 mg/m³	苯胺	5×10^{-6}
甲氧苯胺	0.5 mg/m³	邻甲苯胺	10×10^{-6}
对硝基苯胺(及其异构体)	1×10^{-6}	二甲胺	10×10^{-6}
N-甲基苯胺	2×10^{-6}	乙胺	10×10^{-6}
N,*N*-二甲基苯胺	5×10^{-6}	三乙胺	25×10^{-6}

2. 酚类和芳香族硝基化合物

附表 3　　酚类和芳香族硝基化合物

名称	TLV	名称	TLV
苦味酸	0.1 mg/m^3	硝基苯	1×10^{-6}
二硝基苯酚	0.2 mg/m^3	苯酚	5×10^{-6}
二硝基甲苯酚	0.2 mg/m^3	甲苯酚	5×10^{-6}
对硝基氯苯	1 mg/m^3		

3. 其他危险性有机化合物

附表 4　　其他危险性有机化合物

名称	$TLV/10^{-6}$	名称	$TLV/10^{-6}$
异氰酸甲酯	0.02	四氯乙烷	5
丙烯醛	0.1	碘甲烷	5
重氮甲烷	0.2	四氯化碳	10
溴仿	0.5	苯	10
草酸和草酸盐	1	溴甲烷	15
3-氯-1-丙烯	1	1,2-二溴乙烷	20
2-氯乙醇	1	1,2-二氯乙烷	50
硫酸二甲酯	1	氯仿	50
硫酸二乙酯	1	溴乙烷	200
四溴乙烷	1	甲醇	200
烯丙醇	2	乙醚	400
2-丁烯醛	2	二氯甲烷	500
		乙醇	1 000
		丙酮	1 000

三、致癌物质

目前发现的化学致癌物日愈繁多，其中有机物易被人吸收，危害最大，现分类阐述如下：

1. 多环芳烃类

在煤气、煤焦油烟气中，都含有多环芳烃，所以消除烟道灰和处理煤焦油的工人患皮肤癌和阴囊癌较多。多环芳烃含有三个以上环的其面积小于 12 nm，可推测它有致癌性。如有甲基取代基可改变其致癌力。7,12-二甲基苯并(α)蒽的致癌力较强。多环芳烃致癌物的名称及结构如附表 5 所示。

附表 5　　　　**多环芳烃致癌物**

名称	结构式	名称	结构式
苯并(α)蒽	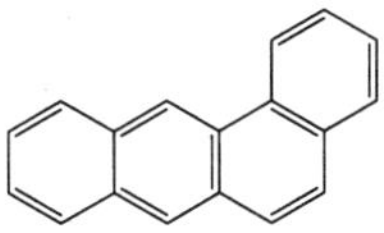	苯并(α)芘	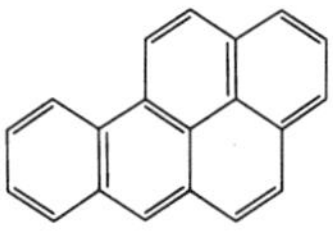
二苯并(α,h)蒽	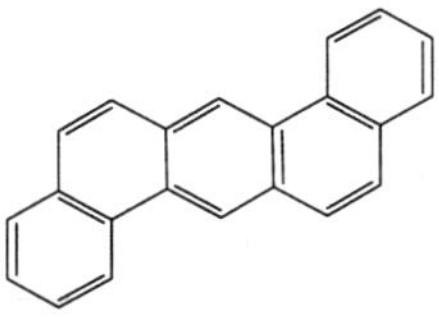	苯并(J)萤蒽	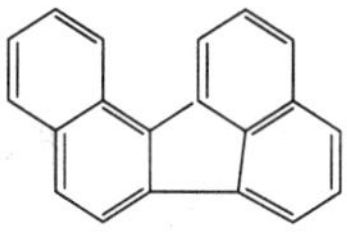
7,12-二甲基苯并(α, h)蒽	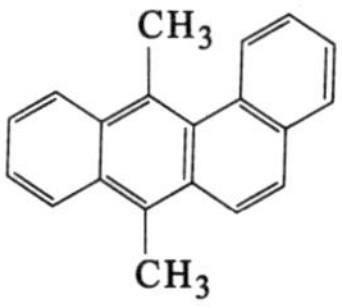	二苯并(α, h)芘	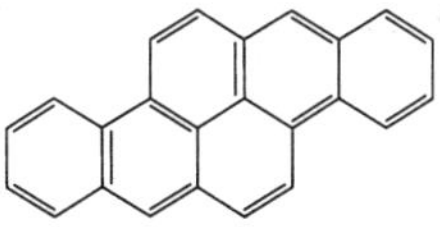
3-甲基胆蒽	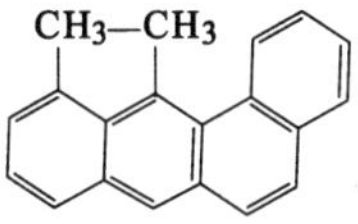		

2. 芳香胺类

附表 6　　　　**芳香胺类致癌物**

名称	结构式	名称	结构式
2,4 二氨基甲苯	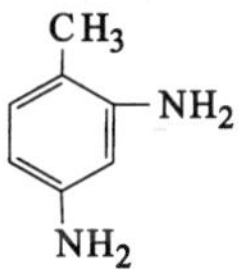	2-萘胺	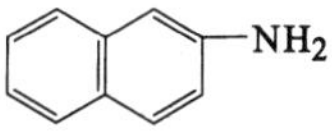
3-甲基-2-萘胺	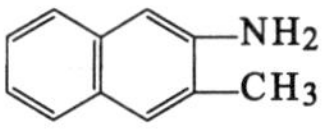	联苯胺	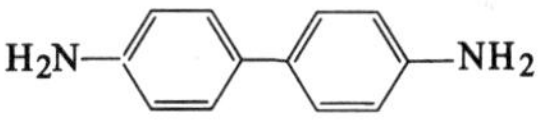
芴胺	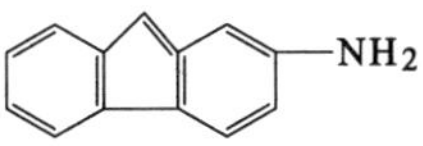	2-蒽胺	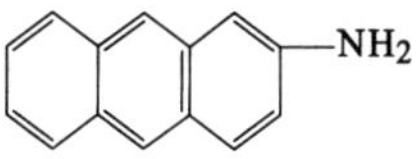

续附表 6

名称	结构式	名称	结构式
2-乙酰胺基芴	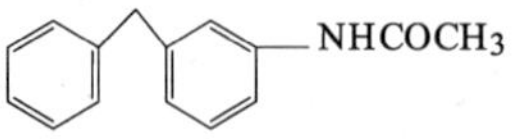	4-氨基联苯	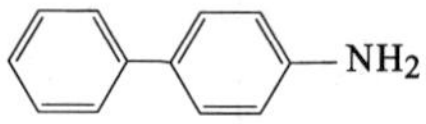
苯基二甲胺基苯乙烯	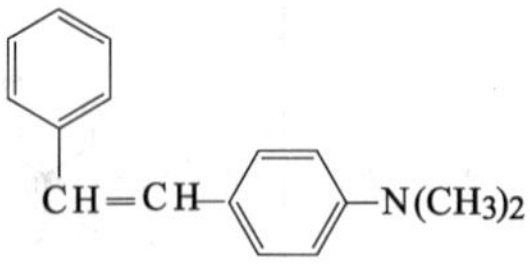	2′,3-二甲基-联苯胺	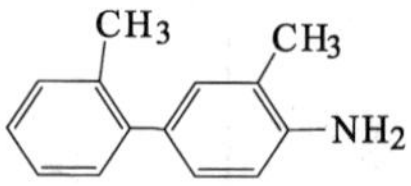

3. 氨基偶氮染料类致癌物

附表 7　氨基偶氮染料类致癌物

名称	结构式	名称	结构式
4-二甲胺基偶氮苯	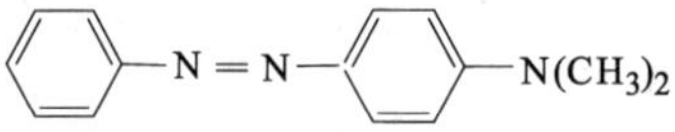	二(氯甲基)醚	$ClH_2C—O—CH_2Cl$
3′-甲基-4-二甲胺基偶氮苯	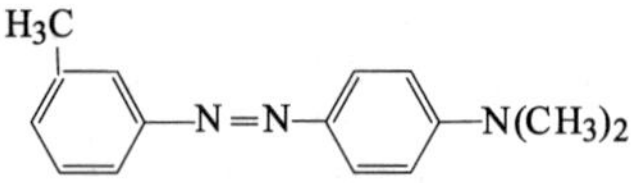	乙撑亚胺	$H_2C—CH_2$ N
二烷基亚硝胺	NO | $R—NH_2—R'$	2,3-二甲基-4-二甲胺基偶氮苯	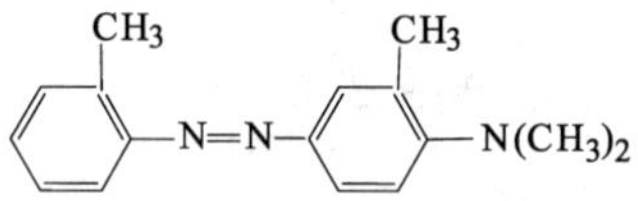
N-亚硝基嘧啶	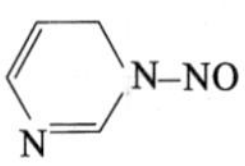	4-二甲胺基偶氮基萘	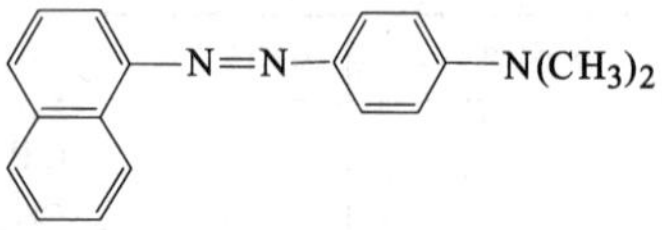

4. 天然致癌物

附表 8　天然致癌物

名称	结构式	名称	结构式
黄曲霉素 B_1	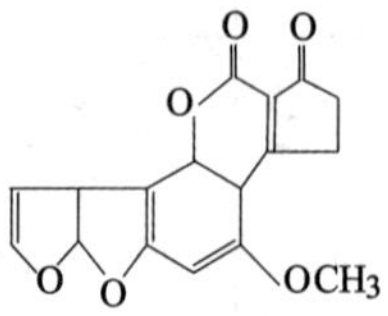	黄樟素	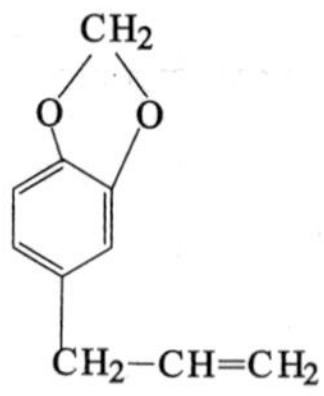

续附表 8

名称	结构式	名称	结构式
黄曲霉素 G_1	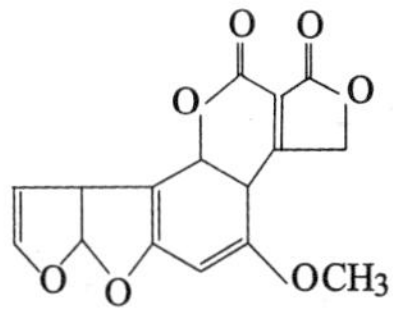	β-细辛脑	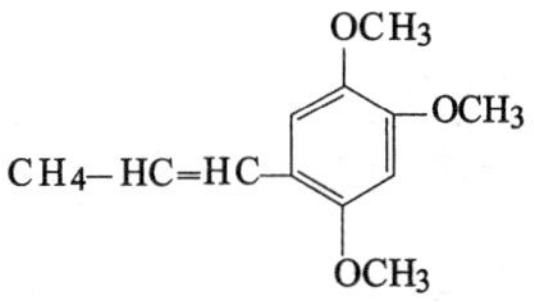

5. 具有致癌性的化学物质

附表 9　　具有致癌性的化学物质(摘自《现代化工》,1983,4: 70)

化学物质	接触方式	靶脏器
石棉	职业、环境污染	肺、消化器
煤烟、煤焦油	职业、环境污染	皮肤、肺
丙烯腈	职业	肺、大肠
4-氨基联苯	职业	膀胱
氯乙烯	职业	肝、脑
金胺	职业	膀胱
烟卷		肺
铬化合物		肺
氯甲醚	职业	肺
氧化镉	职业	前列腺
赤铁矿		肺
2-萘胺	职业	膀胱
镍化合物	职业	肺、鼻腔
芥子气	职业	肺
苯	职业	膀胱
砷	职业、医药品	皮肤、肺
硫唑嘌呤	医药品	网状红细胞瘤
氯霉素	医药品	白血病
氯那法金	医药品	膀胱
环磷酰胺(抗癌物)	医药品	白血病
二苯基乙内酰脲	医药品	淋巴肉瘤
己烯雌酚		乳腺、阴道、子宫
甾族避孕药	医药品	肝
非那西丁	医药品	肾盂
米尔法兰		骨髓性白血病
液状石蜡	医药品	胃、大肠、直肠

附录二　常用缓冲溶液的配制

附表 10　　常用缓冲溶液的配制及 pH 值

缓冲溶液组成	pK_a	缓冲液 pH	配制方法
氨基乙酸-HCl	2.35(pK_{a1})	2.3	取 150 g 氨基乙酸溶于 500 mL 水中后，加 80 mL 浓 HCl 溶液，加水稀释至 1 L
H_3PO_4-柠檬酸盐		2.5	取 113 g $Na_2HPO_4 \cdot 12H_2O$ 溶于 200 mL 水中后，加 387 g 柠檬酸，溶解，过滤，加水稀释至 1 L
一氯乙酸-NaOH	2.86	2.8	取 200 g 一氯乙酸溶于 200 mL 水中，加 40 g NaOH 溶解后，加水稀释至 1 L
邻苯二甲酸氢钾-HCl	2.95(pK_{a1})	2.9	取 500 g 邻苯二甲酸氢钾溶于 500 mL 水中后，加 80 mL 浓 HCl 溶液，加水稀释至 1 L
甲酸-NaOH	3.76	3.7	取 95 g 甲酸和 40 g NaOH 溶于 500 mL 水中后，加水稀释至 1 L
NaAC-HAC	4.74	4.7	取 83 g 无水 NaAC 溶于水中，加入 60 mL 冰乙酸 HAC，加水稀释至 1 L
六亚甲基四胺-HCl	5.15	5.4	取 40 g 六亚甲基四胺溶于 200 mL 水中，加入 10 mL 浓 HCl，加水稀释至 1 L
Tris-HCl（三羟甲基氨基甲烷）	8.21	8.2	取 25 g Tris 试剂溶于水中，加入 8 mL 浓 HCl，加水稀释至 1 L
NH_3-NH_4Cl	9.26	9.2	取 54 g NH_4Cl 溶于水中，加入 63 mL 浓氨水，加水稀释至 1 L

附录三　常用酸碱溶液的密度和百分组成表

附表 11　　盐酸溶液

HCl 质量分数/%	密度 $D_{4℃}^{20℃}$	HCl 克数/100 mL	HCl 质量分数/%	密度 $D_{4℃}^{20℃}$	HCl 克数/100 mL
1	1.003 2	1.003	22	1.108 3	24.38
2	1.008 2	2.006	24	1.118 7	26.85
4	1.018 1	4.007	26	1.129 0	29.35
6	1.027 9	6.167	28	1.139 2	31.90
8	1.037 6	8.301	30	1.149 2	34.48
10	1.047 4	10.47	32	1.159 3	37.10
12	1.057 4	12.69	34	1.169 1	39.75
14	1.067 5	14.95	36	1.178 9	42.44
16	1.077 6	17.24	38	1.188 5	45.16
18	1.087 8	19.58	40	1.198 0	47.92
20	1.098 0	21.96			

附表 12　　硫酸溶液

H_2SO_4质量分数/%	密度 $D_{4℃}^{20℃}$	H_2SO_4克数/100 mL	H_2SO_4质量分数/%	密度 $D_{4℃}^{20℃}$	H_2SO_4克数/100 mL
1	1.005 1	1.005	65	1.553 3	101.0
2	1.011 8	2.024	70	1.610 5	112.7
3	1.018 4	3.055	75	1.669 2	125.2
4	1.025 0	4.100	80	1.727 2	138.2
5	1.031 7	5.159	85	1.778 6	151.2
10	1.066 1	10.66	90	1.814 4	163.3
15	1.102 0	16.53	91	1.819 5	165.6
20	1.139 4	22.79	92	1.824 0	167.8
25	1.178 3	29.46	93	1.827 9	170.0
30	1.218 5	36.56	94	1.831 2	172.1
35	1.257 9	44.10	95	1.833 7	174.2
40	1.302 8	52.11	96	1.835 5	176.2
45	1.347 6	60.64	97	1.836 4	178.1
50	1.395 1	69.76	98	1.836 1	179.9
55	1.445 3	79.49	99	1.834 2	181.6
60	1.498 3	89.90	100	1.830 5	183.1

附表 13　　硝酸溶液

HNO_3质量分数/%	密度 $D_{4℃}^{20℃}$	HNO_3克数/100 mL	HNO_3质量分数/%	密度 $D_{4℃}^{20℃}$	HNO_3克数/100 mL
1	1.003 6	1.004	65	1.391 3	90.43
2	1.009 1	2.018	70	1.413 4	98.94
3	1.014 6	3.044	75	1.433 7	107.5
4	1.020 1	4.080	80	1.452 1	116.2
5	1.025 6	5.128	85	1.468 6	124.8
10	1.054 3	10.54	90	1.482 6	133.4
15	1.084 2	16.26	91	1.485 0	135.1
20	1.115 0	22.30	92	1.487 3	136.8
25	1.146 9	28.67	93	1.489 2	138.5
30	1.180 0	35.40	94	1.491 2	140.2
35	1.214 0	42.49	95	1.493 2	141.9
40	1.246 3	49.85	96	1.495 2	143.5
45	1.278 3	57.52	97	1.497 4	145.2
50	1.310 0	65.50	98	1.500 8	147.1
55	1.339 3	73.66	99	1.505 6	149.1
60	1.366 7	82.00	100	1.512 9	151.3

附表 14 **乙酸溶液**

CH_3COOH 质量分数/%	密度 $D_{4℃}^{20℃}$	CH_3COOH 克数/100 mL	CH_3COOH 质量分数/%	密度 $D_{4℃}^{20℃}$	CH_3COOH 克数/100 mL
1	0.999 6	0.999 6	65	1.066 6	69.33
2	1.001 2	2.002	70	1.068 5	74.80
3	1.002 5	3.008	75	1.069 6	80.22
4	1.004 0	4.016	80	1.070 0	85.60
5	1.005 5	5.028	85	1.068 9	90.86
10	1.012 5	10.13	90	1.066 1	95.95
15	1.019 5	15.29	91	1.065 2	96.93
20	1.026 3	20.53	92	1.064 3	97.92
25	1.032 6	25.82	93	1.063 2	98.88
30	1.038 4	31.15	94	1.061 9	99.82
35	1.043 8	36.53	95	1.060 5	100.7
40	1.048 8	41.95	96	1.058 8	101.6
45	1.053 4	47.40	97	1.057 0	102.5
50	1.057 5	52.88	98	1.054 9	103.4
55	1.061 1	58.36	99	1.052 4	104.2
60	1.064 2	63.85	100	1.049 8	105.0

附表 15 **甲酸溶液**

HCOOH 质量分数/%	密度 $D_{4℃}^{20℃}$	HCOOH 克数/100 mL	HCOOH 质量分数/%	密度 $D_{4℃}^{20℃}$	HCOOH 克数/100 mL
1	1.001 9	1.002	65	1.154 3	75.03
2	1.004 4	2.009	70	1.165 5	81.59
3	1.007 0	3.021	75	1.176 9	88.27
4	1.009 3	4.037	80	1.186 0	94.88
5	1.011 5	5.058	85	1.195 3	101.6
10	1.024 6	10.25	90	1.204 4	108.4
15	1.037 0	15.66	91	1.205 9	109.7
20	1.048 8	20.98	92	1.207 8	111.1
25	1.060 9	26.52	93	1.209 9	112.5
30	1.072 9	32.19	94	1.211 7	113.9
35	1.084 7	37.96	95	1.214 0	114.3
40	1.096 3	43.85	96	1.215 8	116.7
45	1.108 5	49.88	97	1.217 0	118.0
50	1.120 7	56.04	98	1.218 3	119.0
55	1.132 0	62.26	99	1.220 2	120.8
60	1.142 4	68.54	100	1.221 2	122.1

附表 16 磷酸溶液

H_3PO_4质量分数/%	密度 $D_{4℃}^{20℃}$	H_3PO_4克数/100 mL	H_3PO_4质量分数/%	密度 $D_{4℃}^{20℃}$	H_3PO_4克数/100 mL
2	1.009 2	2.018	60	1.426	85.56
4	1.020 0	4.080	65	1.475	95.88
6	1.030 9	6.185	70	1.526	106.8
8	1.042 0	8.336	75	1.579	18.4
10	1.053 2	10.53	80	1.633	130.6
20	1.113 4	22.27	85	1.689	143.6
30	1.180 5	35.42	90	1.746	157.1
35	1.216	42.56	92	1.770	162.8
40	1.254	50.16	94	1.794	168.6
45	1.293	58.19	96	1.819	174.6
50	1.335	66.75	98	1.844	180.7
55	1.379	75.85	100	1.870	187.0

附表 17 氢溴酸溶液

HBr 质量分数/%	密度 $D_{4℃}^{20℃}$	HBr 克数/100 mL	HBr 质量分数/%	密度 $D_{4℃}^{20℃}$	HBr 克数/100 mL
10	1.072 3	10.7	45	1.444 6	65.0
20	1.157 9	23.2	50	1.517 3	75.8
30	1.258 0	37.7	55	1.595 3	87.7
35	1.315 0	46.0	60	1.678 7	100.7
40	1.377 2	56.1	65	1.767 5	114.9

附表 18 氢碘酸溶液

HI 质量分数/%	密度 $D_{4℃}^{15℃}$	HI 克数/100 mL	HI 质量分数/%	密度 $D_{4℃}^{15℃}$	HI 克数/100 mL
20.77	1.175 8	24.4	56.78	1.699 8	96.6
31.77	1.296 2	41.2	61.97	1.821 8	112.8
42.7	1.448 9	61.9			

附表 19 发烟硫酸溶液

游离 SO_3 质量分数/%	密度 $D_{20℃}^{20℃}$	游离 SO_3 克数/100 mL	游离 SO_3 质量分数/%	密度 $D_{15℃}^{15℃}$	SO_3 总量质量分数/%
1.54	1.860	2.8	10	1.888	83.46
2.66	1.865	5.0	20	1.920	85.30
4.28	1.870	8.0	30	1.957	87.14
5.44	1.875	10.2	50	2.009	90.81
6.42	1.880	12.1	60	2.020	92.65

续附表 19

游离 SO_3 质量分数/%	密度 $D_{20℃}^{20℃}$	游离 SO_3 克数/100 mL	游离 SO_3 质量分数/%	密度 $D_{15℃}^{15℃}$	SO_3 总量质量分数/%
7.29	1.885	13.7	70	2.018	94.48
8.16	1.890	15.4	90	1.990	98.16
9.43	1.895	17.7	100	1.984	100
10.07	1.900	19.1			
10.56	1.905	20.1			
11.43	1.910	21.8			
13.33	1.915	25.5			
15.95	1.920	30.6			
18.67	1.925	35.9			
21.34	1.930	41.2			
25.65	1.935	49.6			

注：含游离 SO_3 0～30%的发烟硫酸在 15 ℃是液体；含游离 SO_3 30%～56%的发烟硫酸在 15 ℃是固体；含游离 SO_3 56%～73%的发烟硫酸在 15 ℃是液体；含游离 SO_3 73%～100%的发烟硫酸在 15 ℃是固体。

附表 20　　氨的水溶液

NH_3 质量分数/%	密度 $D_{4℃}^{20℃}$	NH_3 克数/100 mL	NH_3 质量分数/%	密度 $D_{4℃}^{20℃}$	NH_3 克数/100 mL
1	0.993 9	9.94	16	0.936 2	149.8
2	0.989 5	19.79	18	0.929 5	167.3
4	0.981 1	39.24	20	0.922 9	184.6
6	0.973 0	58.38	22	0.916 4	201.6
8	0.965 1	77.21	24	0.910 1	218.4
10	0.957 5	95.75	26	0.904 0	235.0
12	0.950 1	114.0	28	0.898 0	251.4
14	0.943 0	132.0	30	0.892 0	267.6

附表 21　　氢氧化钠溶液

NaOH 质量分数/%	密度 $D_{4℃}^{20℃}$	NaOH 克数/100 mL	NaOH 质量分数/%	密度 $D_{4℃}^{20℃}$	NaOH 克数/100 mL
1	1.009 5	1.010	26	1.284 8	33.40
2	1.020 7	2.041	28	1.306 4	36.58
4	1.042 8	4.171	30	1.327 9	39.84
6	1.064 8	6.389	32	1.349 0	43.17
8	1.086 9	8.695	34	1.369 6	46.57
10	1.108 9	11.09	36	1.390 0	50.04
12	1.130 9	13.57	38	1.410 1	53.58
14	1.153 0	16.14	40	1.430 0	57.20
16	1.175 1	18.80	42	1.449 4	60.87
18	1.197 2	21.55	44	1.468 5	64.61
20	1.219 1	24.38	46	1.487 3	68.42
22	1.241 1	27.30	48	1.506 5	72.31
24	1.262 9	30.31	50	1.525 3	76.27

附表 22　　　　氢氧化钾溶液

KOH 质量分数/%	密度 $D_4^{20℃}$	KOH 克数/100 mL	KOH 质量分数/%	密度 $D_4^{20℃}$	KOH 克数/100 mL
1	1.008 3	1.008	28	1.269 5	35.55
2	1.017 5	2.035	30	1.290 5	38.72
4	1.035 9	4.144	32	1.311 7	41.97
6	1.054 4	6.326	34	1.333 1	45.33
8	1.073 0	8.584	36	1.354 9	48.78
10	1.091 8	10.92	38	1.376 9	52.32
12	1.110 8	13.33	40	1.399 1	55.96
14	1.129 9	15.82	42	1.421 5	59.70
16	1.149 3	19.70	44	1.444 3	63.55
18	1.168 8	21.04	46	1.467 3	67.50
20	1.188 4	23.77	48	1.490 7	71.55
22	1.208 3	26.58	50	1.514 3	75.72
24	1.228 5	29.48	52	1.538 2	79.99
26	1.248 9	32.47			

附表 23　　　　碳酸钠溶液

Na_2CO_3质量分数/%	密度 $D_4^{20℃}$	Na_2CO_3克数/100 mL	Na_2CO_3质量分数/%	密度 $D_4^{20℃}$	Na_2CO_3克数/100 mL
1	1.008 6	1.009	12	1.123 3	13.49
2	1.019 0	2.038	14	1.146 3	16.05
4	1.039 8	4.159	16	1.168 2	18.50
6	1.060 6	6.364	18	1.190 5	21.33
8	1.081 6	8.653	20	1.213 2	24.26
10	1.102 9	10.03			

附表 24　　　　碳酸钾溶液

K_2CO_3质量分数/%	密度 $D_4^{20℃}$	K_2CO_3克数/100 mL	K_2CO_3质量分数/%	密度 $D_4^{20℃}$	K_2CO_3克数/100 mL
1	1.007 2	1.007	20	1.189 8	23.80
2	1.016 3	2.033	22	1.210 7	26.64
4	1.034 5	4.138	24	1.232 0	29.57
6	1.052 9	6.317	26	1.253 6	32.59
8	1.071 5	8.572	28	1.275 6	35.72
10	1.090 4	10.90	30	1.297 9	38.94
12	1.109 6	13.32	35	1.354 8	47.42
14	1.129 1	15.81	40	1.414 1	56.56
16	1.149 0	18.38	45	1.475 9	66.42
18	1.169 2	21.05	50	1.540 4	77.02

参考文献

[1] 蔡翠芳.中药制药技术综合实训教程[M].北京:化学工业出版社,2011.
[2] 蔡松,谢新平,杨秀林.肠康片工艺优化及质量标准提高研究[J].中国现代药物应用,2015,(11):269-271.
[3] 常宏宏.制药工程专业实验[M].北京:化学工业出版社,2014.
[4] 陈斌.天然药物提取分离技术[M].郑州:河南科学技术出版社,2007.
[5] 陈长华.发酵工程实验[M].北京:高等教育出版社,2009.
[6] 陈国松.仪器分析实验[M].南京:南京大学出版社,2015.
[7] 陈玮,董秀芹.微生物学及实验实训技术[M].北京:化学工业出版社,2007.
[8] 范望喜.有机化学实验[M].第3版.武汉:华中师范大学出版社,2015.
[9] 方亮.药剂学[M].第3版.北京:中国医药科技出版社,2016.
[10] 傅超美,刘文.中药药剂学实验[M].北京:中国医药科技出版社,2015.
[11] 葛秀涛.化学科学实验基础[M].合肥:中国科学技术大学出版社,2012.
[12] 郭孟萍.制药工程与药学专业实验[M].北京:北京理工大学出版社,2011.
[13] 郭兴杰.分析化学[M].第3版.北京:中国医药科技出版社,2015.
[14] 国家药典委员会.中华人民共和国药典[M].北京:化学工业出版社,2015.
[15] 韩爱鸿,李艳霞,张建夫.化学分析方式及仪器研究[M].北京:中国水利水电出版社,2014.
[16] 杭太俊. 药物分析[M].第7版.北京:人民卫生出版社,2011.
[17] 黄长干,徐翠莲.有机化学实验[M].北京:中国农业出版社,2013.
[18] 焦瑞身,周德庆.微生物生理代谢实验技术[M].北京:科学出版社,1990.
[19] 李丽娟.化工实验及开发技术[M].北京:化学工业出版社,2012.
[20] 李述文,范如霖.实用有机化学手册[M].上海:上海科学技术出版社,1981.
[21] 李雅轩,赵昕.遗传学综合实验[M].北京:科学出版社,2006.
[22] 李医明.中药化学实验(双语教材)M].北京:科学出版社,2009.
[23] 李志富,陈建平.分析化学[M].武汉:华中科技大学出版社,2015.
[24] 梁敬钰.天然药物化学实验与指导[M].第2版.北京:中国医药科技出版社,2010.
[25] 梁述忠,王炳强.药物分析[M].第2版.北京:化学工业出版社,2010.
[26] 梁新乐,李余东,张蕾,等.现代微生物学实验指导[M].杭州:浙江工商大学出版社,2014.
[27] 刘宏民.实用有机光谱解析[M].郑州:郑州大学出版社,2010.
[28] 刘娟丽,王丽君,刘艳凤.化学分析原理与应用研究[M].北京:中国水利水电出版社,2015.

[29] 刘丽.药剂学实训[M].南京:东南大学出版社,2013.
[30] 孟江平,张进,徐强.制药工程专业实验[M].北京:化学工业出版社,2015.
[31] 潘赢,王学涛,王峰.人工牛黄甲硝唑胶囊评价抽验质量分析[J].中国药师,2016,19(8):1603-1605.
[32] 彭松,林辉.有机化学实验[M].北京:中国中医药出版社,2006.
[33] 平其能.药剂学实验与指导[M].北京:中国医药科技出版社,1994.
[34] 任明,郝筱诗,叶伶艳,等.人参多糖的提取分离及其体外抗肿瘤作用[J].吉林大学学报(医学版),2014,40:812-815.
[35] 沈宝亨.应用药物制剂技术[M].北京:中国医药科技出版社,2000.
[36] 史高杨.有机化学实验[M].合肥:合肥工业大学出版社,2015.
[37] 舒海燕,田保明.遗传学实验[M].郑州:郑州大学出版社,2008.
[38] 宋航.制药工程专业实验[M].北京:化学工业出版社,2005.
[39] 宋航.制药工程专业实验[M].第2版.北京:化学工业出版社,2016.
[40] 宋航.制药工程专业实验[M].第2版.北京:化学工业出版社,2010.
[41] 陶春元,占昌朝,付小兰.精细化工实验技术[M].北京:化学工业出版社,2009.
[42] 天津大学等.制药工程专业实验指导[M].北京:化学工业出版社,2005.
[43] 田艳平.阿司匹林肠溶片[J].大众健康,2008,(10):30-30.
[44] 万海同.生物与制药工程实验[M].杭州:浙江大学出版社,2008.
[45] 王凤山,张天民.胸腺素的简易制备工艺[J].氨基酸杂志,1988:4-5.
[46] 王钦岚,陈渝军,林晶.复方板蓝根冲剂的制备及质量控制[J].中国医药导报,2009,6(7):61-62.
[47] 王铁生.中国人参[M].沈阳:辽宁科学技术出版社,2001.
[48] 王小逸,夏定国.化学实验研究的基本技术与方法[M].北京:化学工业出版社,2011.
[49] 王学民.生物药物制剂技术[M].北京:化学工业出版社,2010.
[50] 王铮.有机化学实验[M].北京:清华大学出版社,2015.
[51] 卫强.天然药物化学实验指导[M].合肥:安徽大学出版社,2014.
[52] 夏玉宇.化学实验室手册[M].第3版.北京:化学工业出版社,2015.
[53] 湘潭大学化学学院无机化学教研室.无机化学实验[M].长沙:湖南科学技术出版社,2002.
[54] 谢文林,刘汉文.有机化学实验[M].湘潭:湘潭大学出版社,2012.
[55] 徐敏.贝诺酯的制备及应用[J].化学工程与装备,2009,(4):104-105.
[56] 杨达,靳惠娟.3,5-二氯苯甲酰氯的制备[J].河北化工,2006,29(3):30-31.
[57] 杨大伟,林中祥.对羟基苯乙酸酯还原法制备对羟基苯乙醇的工艺研究[J].精细化工中间体,2008,38(1):22-26.
[58] 杨广德,傅强.药学实验指导[M].西安:西安交通大学出版社,2013.
[59] 杨洪涛,赵勇山,来琳琳,等.响应面法优化金霉素发酵培养基[J].沈阳药科大学学报,2013,30:464-469.
[60] 杨玲娟,陈亚玲,马茹燕.化学分析技术与原理研究[M].北京:中国水利水电出版社,2014.

[61] 姚开安，赵登山. 仪器分析[M]. 南京：南京大学出版社，2017.
[62] 尹军霞. 微生物学实验指导[M]. 南京：南京大学出版社，2015.
[63] 于淑萍. 微生物基础[M]. 北京：化学工业出版社，2005.
[64] 袁寿其，施卫东，刘厚林. 泵理论与技术[M]. 北京：机械工业出版社，2014.
[65] 曾楚杰，罗志辉. 仪器分析实验[M]. 西安：西南交通大学出版社，2015.
[66] 曾苏. 药物分析学[M]. 第 2 版. 北京：高等教育出版社，2013.
[67] 曾昭琼. 有机化学实验[M]. 北京：高等教育出版社，2000.
[68] 曾昭琼. 有机化学实验[M]. 第 2 版. 北京：高等教育出版社，1993.
[69] 张米利. 液氮冻存细胞中四种保护剂的比较研究[J]. 上海第二医学院学报，1984，(1)：47-49.
[70] 张汝华，郑俊民. 片剂的制造工艺和原理[M]. 北京：人民卫生出版社，1991.
[71] 张小华，陈小权，葛竹兴，等. 大黄苏打片中碳酸氢钠的含量测定方法改进[J]. 中国兽药杂志，2001，35(5)：27-28.
[72] 张艳敏，林洁，孙露敏. 有机化学[M]. 北京：中国轻工业出版社，2015.
[73] 赵浩如. 现代中药制剂新技术[M]. 北京：江苏科学技术出版社，2007.
[74] 赵永芳. 生物化学技术原理及应用[M]. 北京：科学出版社，2011.
[75] 赵子剑，赵紫犁. 植物化学实验[M]. 西安：西安电子科技大学出版社，2013.
[76] 钟世华. 制药工程专业实验[M]. 长沙：湖南师范大学出版社，2012.
[77] 周建平. 药剂学[M]. 北京：化学工业出版社，2004.
[78] 朱凤岗. 农科化学实验[M]. 北京：中国农业出版社，2003.
[79] 朱佳珍. 食品微生物学[M]. 北京：中国轻工业出版社，1992.
[80] 诸葛健. 工业微生物实验与研究技术[M]. 北京：科学出版社，2007.
[81] 卓超，沈永嘉. 制药工程专业实验[M]. 北京：高等教育出版社，2007.